厚基础·促应用·强交叉
人工智能人才培养新形态精品教材

人工智能应用实践教程

（Python 实现｜慕课版）

陈景强 周剑 薛景 陈可佳 汪云云◎编著

A Practice Coursebook for
Artificial Intelligence Applications

人民邮电出版社
北 京

图书在版编目（ＣＩＰ）数据

人工智能应用实践教程：Python实现：慕课版 /
陈景强等编著. -- 北京：人民邮电出版社，2024.1
（人工智能人才培养新形态精品系列）
ISBN 978-7-115-62658-5

Ⅰ．①人… Ⅱ．①陈… Ⅲ．①人工智能－教材②软件
工具－程序设计－教材 Ⅳ．①TP18②TP311.561

中国国家版本馆CIP数据核字(2023)第173378号

内 容 提 要

本书主要介绍主流的人工智能理论、算法以及 Python 实现方法，目的是使学生学会人工智能理论及推导过程，并且掌握调用 Python 人工智能库和自定义编码的方法。全书共分 10 章，分别为人工智能与 Python 概述、Python 基础、线性回归及其 Python 实现、逻辑斯蒂分类及其 Python 实现、最大熵模型及其 Python 实现、K-近邻分类与 K-均值聚类及其 Python 实现、朴素贝叶斯分类及其 Python 实现、决策树及其 Python 实现、神经网络及其 Python 实现、图像识别领域的应用案例。读者可登录"中国大学 MOOC"网站观看本书慕课。

本书可作为计算机专业相关课程的教材，也可作为程序设计人员的参考书。

◆ 编　著　陈景强　周　剑　薛　景　陈可佳　汪云云
责任编辑　李　召
责任印制　王　郁　陈　犇

◆ 人民邮电出版社出版发行　　北京市丰台区成寿寺路 11 号
邮编　100164　电子邮件　315@ptpress.com.cn
网址　https://www.ptpress.com.cn
涿州市京南印刷厂印刷

◆ 开本：787×1092　1/16
印张：15.25　　　　　　　　　　2024 年 1 月第 1 版
字数：371 千字　　　　　　　　　2024 年 1 月河北第 1 次印刷

定价：59.80 元

读者服务热线：(010)81055256　印装质量热线：(010)81055316
反盗版热线：(010)81055315
广告经营许可证：京东市监广登字 20170147 号

人工智能是计算机科学的分支学科，起源于 20 世纪 50 年代，其发展经历了多次高潮和低谷。自 2006 年深度学习被提出以来，人工智能进入了第三次发展高潮，在计算机视觉、自然语言处理、语音识别等领域实现了巨大突破，并在各行各业中得到成功的应用。

经过数十年的发展，人工智能已成为一门重要而热门的学科，各大高等院校纷纷开设了人工智能学院，以推进人工智能教学、研究和应用。Python 是目前主流的编程语言之一，广泛应用于人工智能领域，被称为"人工智能第一语言"。因此，结合 Python 进行人工智能教学，是一个重要且具有现实意义的教学思路。

本书将 Python 的教学融入具体的人工智能应用场景，遵循循序渐进、知行合一的教学规律。首先介绍 Python 基础，然后从实际应用场景入手，引出人工智能的主要理论和技术，最后使用 Python 实现人工智能的主要模型。本书非常适合高等院校计算机相关专业的学生学习，也适合对人工智能和 Python 有兴趣的、具有一定编程基础的人员学习。

全书共 10 章，内容覆盖 Python 基础、线性回归、逻辑斯蒂分类、K-近邻分类、K-均值聚类、朴素贝叶斯分类、决策树、神经网络和深度学习等，涵盖人工智能核心领域机器学习和深度学习的主流模型算法。此外，本书的配套资源及相关案例数据，读者可登录人邮教育社区（www.ryjiaoyu.com）进行下载。

本书的主要特点如下。

（1）本书面向具有一定编程基础的人员，仅用一章介绍 Python 的基础语法，其余部分重点介绍人工智能的主要模型及其 Python 实现。

（2）对于人工智能主要模型的学习，本书本着使读者"知其然，知其所以然"的宗旨。首先，对涉及的每个模型，通过一个案例介绍其公式推导过程，读者能够掌握模型的基本原理。随后，使用现成的机器学习库（如 scikit-learn、Keras、TensorFlow 等）编程实现对应模型。最后，通过自定义程序（不使用机器学习库）实现对应模型。这使得读者在掌握模型基本原理的基础上，不仅会调用机器学习库，而且会自行编程实现，真正学懂模型、掌握 Python 编程。

（3）本书采用案例教学形式，读者能够在解决实际问题的过程中学习 Python 和人工智能。

本书是编写组多年教学经验和研究的凝练、总结，更是课程组集体智慧的结晶。第 1 章、第 3 章、第 4 章、第 6 章、第 7 章、第 10 章由陈景强编写，第 2 章由薛景编写，第 5 章由汪云云编写，第 8 章、第 9 章由周剑编写，陈可佳负责全文校稿，陈景强负责最后统稿。此外，南京邮电大学程序设计课程组的各位老师对本书也提出了许多宝贵建议，在此对他们的辛苦付出和支持表示衷心的感谢！

由于编写组水平有限，书中难免存在疏漏及不足之处。如有问题或发现错误，请直接与编写组联系，不胜感激！电子邮箱：cjq@njupt.edu.cn。

本书编写组

2023 年 10 月

目录

1

第 1 章　人工智能与 Python 概述

学习目标：

- 了解人工智能的发展历史；
- 了解人工智能的核心概念；
- 了解人工智能的分支领域；
- 掌握 Python 人工智能开发环境的安装与配置。

1.1　人工智能的起源与发展

人工智能（Artificial Intelligence，AI），是一门研究、开发用于模拟、延伸和扩展人类智能的理论、方法、技术及应用系统的技术科学，其已成为计算机科学（Computer Science）的一个重要分支。人工智能的"智能"，指的是机器的智能，区别于人和动物展示的自然智能。顾名思义，人工智能是以人类行为标准进行猜想、假设、研究、实验而造就出来的一种类人类智能。

人工智能起源于 20 世纪 50 年代，多位科学家成为人工智能的奠基者和主要推动者。1951年，马文·明斯基（Marvin Minsky）与邓恩·埃德蒙（Dunn Edmund）一起，建造了世界上第一台神经网络计算机，这也被看作是人工智能的一个起点。1950 年，被称为"计算机之父"的艾伦·图灵（Alan Turing）提出了一个举世关注的想法—"图灵测试"。按照 Alan Turing 的设想：如果一台机器能够与人类开展对话而不能被辨别出机器身份，那么这台机器就具有智能。随后，Alan Turing 还大胆预言了创建具备真正智能的机器的可行性。1956 年，在由达特茅斯学院举办的一次会议上，计算机专家约翰·麦卡锡（John McCarthy）提出了"人工智能"一词，"人工智能"也被正式确立为一门学科。这次会议后不久，John McCarthy 从达特茅斯搬到了麻省理工学院（Massachusetts Institude of Technology，MIT）。同年，Marvin Minsky也搬到了这里，两人共同创建了世界上第一座人工智能实验室——MIT AI Lab。值得说明的是，达特茅斯会议正式确立了"人工智能"这一术语，并且开始从学术角度对人工智能展开了严肃而精专的研究。在那之后不久，最早的一批人工智能学者和人工智能技术开始涌现。因此，达特茅斯会议被广泛认为是人工智能诞生的标志，从此人工智能走上了快速发展的道路。Alan Turing、Marvin Minsky、John McCarthy 三人因而被称为"人工智能之父"。图 1.1是 2006 年达特茅斯"AI@50"会议纪念。

图 1.1　2006 年达特茅斯 "AI@50" 会议纪念〔左起：摩尔（More）、John McCarthy、Marvin Minsky、赛弗里奇（Selfridge）、所罗门诺夫（Solomonoff）〕

在 1956 年之后，人工智能学科得到了长足的发展，并且融入了各个领域，涉及了各行各业，悄然改变着我们的生活方式和生活习惯。人工智能的发展有低谷也有高峰，从被提出至今，人工智能主要经历了三次高峰和两次低谷。

人工智能的第一次高峰。 在 1956 年的达特茅斯会议之后，人工智能迎来了第一次发展高峰期。在这段长达十余年的时间里，计算机被广泛应用于数学和自然语言领域，用来解决代数、几何和英语问题。这让很多学者看到了机器智能化发展的希望，人们对人工智能的发展十分乐观并充满信心，甚至在当时有很多学者认为："20 年内，机器将能完成人能做到的一切。"

人工智能的第一次低谷。 在 20 世纪 70 年代，人工智能进入了一段痛苦而艰难的岁月。由于科研人员对人工智能研究项目的难度预估不足，不仅导致与美国国防高级研究计划署的合作失败，还给人工智能的前景蒙上了一层阴影；在社会舆论的压力下，很多人工智能的研究经费被转移到了其他项目。在当时，人工智能面临的技术瓶颈主要来自 3 个方面：第一，计算机性能不足，导致早期很多程序缺乏硬件性能支持，无法在人工智能领域得到应用；第二，问题的复杂度，早期的人工智能程序主要用于解决特定的问题，因为特定问题的对象少、复杂度低，而一旦问题的复杂度提升，程序立马就不堪重负了；第三，数据量不足，当时难以找到足够大的数据库来支撑程序进行深度学习，导致机器无法从足够量的数据中进行学习而变得智能。因此，人工智能研究停滞不前。

人工智能的第二次高峰。 1980 年，卡内基梅隆大学为数字设备公司设计了一套名为 XCON 的 "专家系统"。这是一种采用人工智能程序的系统，可以简单理解为 "知识库+推理机" 的组合，具有完整的专业知识和经验。XCON 系统在 1986 年之前能为公司每年节省几千美元的经费。在这之后，行业内衍生出了像 Symbolics、LispMachines 等硬件公司和 IntelliCorp、Aion 等软件公司。在这个时期，仅专家系统产业的价值就高达几亿美元。

人工智能的第二次低谷。 然而，在维持了仅仅 7 年之后，这个曾经轰动一时的人工智能系统就不再风光。到 1987 年，苹果公司和 IBM 公司生产的台式机性能均超过了 Symbolics 等厂商生产的通用计算机。从此，专家系统不再风光。

人工智能的第三次高峰。 2006 年，杰弗里·欣顿（Geoffrey Hinton）等人提出深度学习技术并获得成功，人工智能再一次掀起了热潮。2011 年，IBM 公司开发的人工智能程序 "沃森"（Watson）参加了一档智力问答节目并战胜了两位人类冠军，沃森存储了 2 亿页数据，能够将与问题相关的关键词从看似相关的答案中抽取出来，这一人工智能程序已被 IBM 广泛应用于医疗诊断领域。2015 年，在 ImageNet 图像识别竞赛中，基于深度学习的人工智能算法在准确率方面第一次超越了人类肉眼，人工智能实现了飞跃性的发展。2016 年，微软将英语语音识别词错率降低至 5.9%，可与人类相媲美。2016 年，AlphaGo 战胜人类围棋冠军，AlphaGo 是由谷歌 DeepMind 开发的人工智能围棋程序，具有自我学习的能力，它搜集了大量围棋对弈数据和名人棋谱，学习并模仿人类下棋。2017 年，AlphaGo Zero（第四代 AlphaGo）又战胜了在人类高手看来不可企及的第三代 AlphaGo。如今，人工智能已由实验室走向市场，无人驾驶、智能助理、新闻推荐与撰稿、搜索引擎、机器人等应用已经渗透到人类社会生活的方方面面。

1.2　人工智能的核心概念

1.2.1　人工智能的三大学派

目前，人工智能领域主要有三大学派：符号主义、连接主义、行为主义。

（1）符号主义学派

符号主义学派又称为逻辑主义学派、心理学派或计算机学派，倾向于使用基于逻辑推理的智能模拟方法，主要的假设为物理符号系统假设和有限合理性假设。长期以来，符号主义学派一直在人工智能中处于主导地位。

符号主义学派的代表人物有纽厄尔（Newell）、西蒙（Simon）和尼尔松（Nilsson）等。他们认为人工智能源于数理逻辑。数理逻辑从 19 世纪末起得以迅速发展，到 20 世纪 30 年代开始用于描述智能行为。计算机出现后，数理逻辑又被运用于计算机上，实现了逻辑演绎系统。该学派认为人类认知和思维的基本单元是符号，而认知过程就是在符号表示上的一种运算。符号主义学派致力于用计算机的符号操作来模拟人的认知过程，其实质就是模拟人的左脑抽象逻辑思维，通过研究人类认知系统的功能机理，用某种符号来描述人类的认知过程，并输入能处理符号的计算机中，从而实现人工智能。

正是这些符号主义学派的学者在 1956 年首先采用了"人工智能"这个术语，为人工智能发展的第一次高峰做出了贡献。在 20 世纪 80 年代，"启发式算法→专家系统→知识工程"的理论与技术，也取得了很大发展。符号主义学派曾长期作为一枝独秀，为人工智能的发展做出重要贡献，尤其是专家系统的成功开发，对人工智能实现理论联系实际并走向工程应用具有特别重要的意义。在人工智能的其他学派出现之后，符号主义学派仍然是人工智能的主流派别。符号主义学派的典型代表是**知识图谱**。

（2）连接主义学派

连接主义学派又称为仿生学派或生理学派，倾向于使用基于神经网络及网络间的连接机制与学习算法的智能模拟方法。该学派从神经元开始进而研究神经网络模型和脑模型，开辟了人工智能的又一发展道路。

连接主义学派认为人工智能源于仿生学，特别是对人脑模型的研究，把人的智能归结为人脑的高层活动的结果，强调智能活动是由大量简单的单元通过复杂的相互连接后并行运行的结果。它的代表性成果是 1943 年由生理学家麦卡洛克（McCulloch）和数理逻辑学家皮茨（Pitts）创立的脑模型，即 M-P 模型，开创了用电子装置模仿人脑结构和功能的新途径。20 世纪 60 年代～20 世纪 70 年代，连接主义学派，尤其是对以感知机（Perceptron）为代表的脑模型的研究出现过热潮。但是由于受到当时的理论模型、生物原型和技术条件的限制，脑模型研究在 20 世纪 70 年代后期至 20 世纪 80 年代初期落入低潮。直到约翰·霍普菲尔德（John Hopfield）教授在 1982 年和 1984 年发表了两篇重要的论文提出用硬件模拟神经网络以后，连接主义学派才又重新抬头。1986 年，鲁梅尔哈特（Rumelhart）等人提出了多层网络中的反向传播（Back Propagation，BP）算法。此后，连接主义学派势头大振，从模型到算法，从理论分析到工程实现，为神经网络计算机走向市场打下基础。2006 年提出的深度学习技术正是人工神经网络的进阶版，是连接主义学派的巨大成功，诱发了人工智能发展的第三次高峰，并一直持续至今。可以说，目前仍然是连接主义学派盛行时期。连接主义学派的典型代表是**深度学习**。

（3）行为主义学派

行为主义学派，又称为进化主义学派或控制论学派，倾向于使用基于"感知-行动"的行为智能模拟方法。该学派源于 20 世纪初的行为主义心理学流派，认为行为是有机体用以适应环境变化的各种身体反应的组合，它的理论目标在于预见和控制行为。

行为主义学派认为人工智能源于控制论。控制论思想早在 20 世纪 40 年代～20 世纪 50 年代就成为时代思潮的重要部分，影响了早期的人工智能学者。维纳（Wiener）和麦卡洛克等人提出的控制论和自组织系统以及钱学森等人提出的工程控制论和生物控制论，影响了许多领域。控制论把神经系统的工作原理与信息理论、控制理论、逻辑以及计算机联系起来。早期研究工作的重点是模拟人在控制过程中的智能行为和作用，如对自寻优、自适应、自镇定、自组织和自学习等控制论系统的研究，并进行"控制论动物"的研制。到 20 世纪 60 年代～20 世纪 70 年代，上述这些控制论系统的研究取得一定进展，播下智能控制和智能机器人的种子，并在 20 世纪 80 年代诞生了智能控制和智能机器人系统。行为主义学派是 20 世纪末才以人工智能新学派的面孔出现的，引起许多人的兴趣。目前，这一学派的代表成果首推布鲁克斯（Brooks）的六足行走机器人，它被看作是新一代的"控制论动物"，是一个基于感知-行动模式模拟昆虫行为的控制系统。行为主义学派的典型代表是**强化学习**。

以上的 3 个学派基于不同的假设进行研究，提出了各自的研究范式，共同推动了人工智能学科的发展。总体来说，符号主义学派认为认知过程在本体上是一种符号处理过程，人类思维过程总可以用某种符号来进行描述，其研究是以静态、顺序、串行的数字计算模型来处理智能，寻求知识的符号表征和计算，它的特点是自上而下；连接主义学派则是模拟发生在人类神经系统中的认知过程，提供一种完全不同于符号处理模型的认知神经研究范式，主张认知是相互连接的神经元的相互作用；行为主义学派与前两者均不相同，它认为智能是系统与环境的交互行为，是对外界复杂环境的一种适应。人工智能三大学派的理论与范式在实践之中都形成了自己特有的问题解决方法体系，并在不同时期都有成功的实践范例。就解决问题的方法而言，符号主义学派有定理机器证明、归结方法、非单调推理理论等一系列成就；连接主义学派有归纳学习；行为主义学派有反馈控制模式及广义遗传算法等解题方法。

1.2.2 强人工智能与弱人工智能

真实的人工智能和人们想象的人工智能有什么不同？电影中的人工智能未来是否能实现？对比科幻电影中的人工智能，现在的人工智能的确显得有一点低级，并不像电影中表现得那么强大。

根据机器的智能水平，人工智能可分为强人工智能和弱人工智能。

（1）强人工智能

强人工智能经常出现在科幻电影和小说里，是能够执行"通用任务"的人工智能。它能够像人类一样进行学习、推理和认知，并具备解决问题的能力，而且不局限于特定领域中的问题。按照大众的逻辑，这是真正的人工智能。

对于强人工智能，最有科学依据的判定莫过于著名的"图灵测试"。图灵测试的设置很简单：让一个人分别与两个对象对话，其中一个对象是机器，另一个对象是人类；如果这个人不能成功地分辨出谁是机器，那么就说明这个机器通过了"图灵测试"，具备了智能。

强人工智能要求程序有自己的思维，能够理解外部的事物并自主做出决策乃至行动，它的一举一动就像人类一样，甚至它还有可能比人类更加聪明。

（2）弱人工智能

相对于强人工智能，我们对弱人工智能的定义就广泛得多。可以说目前市场上所能见到的人工智能，或者说能够帮助我们解决特定领域问题的人工智能，都属于弱人工智能。其研究范围包括但不仅限于机器人、语言识别、图像识别、自然语言处理和专家系统等。

20 世纪 70 年代～20 世纪 80 年代，强人工智能的研究者发现实现通用的认知和推理过程是无法跨越的障碍。于是很多科学家和工程师们转向了更加实用的、工程化的弱人工智能研究。他们在这些领域取得了丰硕的成果：人工神经网络、支持向量机、线性回归理论等。在足够大的数据量和计算量的支撑下，它们可以获得非常出色的结果，例如识别人脸或者字迹。这些弱人工智能也迅速渗透到了网络和社会生活的方方面面，购物、出行、订餐都有机会用到这些人工智能。来自麻省理工学院的学者认为：不在意机器是否使用与人类相同的方式执行任务，只要机器可以达到令人满意解决实际问题的效果就是智能行为。因此人工智能主要用于取代机械和体力劳动的阶段。

目前人类所研究的人工智能大部分都属于弱人工智能。像语言识别、图像识别、无人驾驶等看起来很厉害的人工智能实际上都处于非常原始的弱人工智能阶段。在生活中最好理解的弱人工智能就是语音聊天系统，如 Siri、小爱、小度等，当你和它们用语音或者文字聊天时，实际上就是在使用其背后设计的一套程序流程，先通过大数据在网络上进行搜查，然后在语音识别的基础上加了一套应对方案，使得大家都以为它们能够听懂人们在说什么。真实情况只是"语音助手"执行了一遍程序员编写的流程而已。

（3）关于强人工智能与弱人工智能的思考

学术界有两种关于强人工智能与弱人工智能的观点：一种认为强人工智能是不可实现的；另一种认为强人工智能是可实现的。例如，有教授认为，"从技术上来说，主流人工智能学界的努力从来就不是朝向强人工智能的，现有技术的发展也不会自动地使强人工智能成为可能；即便想研究强人工智能，也不知道路在何方；即便强人工智能是可能的，也不应该去研究它。"而有的教授则认为，"强人工智能是可以做出来的，而且可以在有生之年做出来，30 年内是可以做出来的；如果我们一步步做，我们就能做出这么个东西来。"

1.3 人工智能的分支领域

1.3.1 机器学习与深度学习

机器学习和深度学习是人工智能的主流方法技术，两者有区别又有联系。

（1）机器学习

机器学习（Machine Learning）是从已知**数据**中学习其蕴含的**规律**或者**规则**并将这些规律

和规则推广到未来的新数据。机器学习是人工智能中的一个热门领域。

按方法分类，机器学习可分为以下几类。

- 有监督学习：需要大量有标注数据。
- 无监督学习：无需标注，但是计算难度很大。
- 半监督学习：需要少量的有标注数据。
- 迁移学习：不必从头开始训练模型，而是基于现有的模型算法稍加调整即可应用于一个新的领域或功能。
- 强化学习：利用学习得到的模型来指导行动选择一个初始策略，在学习过程中，决策主题通过行动和环境交互，不断获得反馈（回报或惩罚），并据此调整优化策略等。

按任务分类，机器学习可分为以下几类。

- 回归（有监督）：预测的数据对象是连续值，输入的数据经过模型运算，输出结果通常也是连续值，例如价格预测、流量预测等。
- 分类（有监督）：预测的数据对象是离散值，输入的数据经过模型运算，输出结果的类别，例如图像分类、垃圾邮件分类、医疗诊断结果等。
- 聚类（无监督）：在数据中寻找隐藏的模式或分组，输入的数据经过距离指标计算相似度，最终具有较高相似度的数据聚为一类，例如细分客户、新闻聚类、文章推荐等。

机器学习的经典算法包括：线性回归、逻辑斯蒂分类、K-近邻分类、K-均值聚类、贝叶斯分类、决策树等。

（2）深度学习

深度学习（Deep Learning）是一种实现机器学习的技术，它并不是一种独立的学习方法。对于深度学习的"深度"，不同的人有着不同的理解。有人认为，深度等于更大规模的网络；也有人认为，深度等于更抽象的特征，其本身也会用到有监督和无监督的学习方法来训练深度模型。近几年，深度学习领域发展迅猛，一些特有的学习手段（如残差网络）相继被提出，因此越来越多的人将深度学习单独看作一种新的人工智能技术。2018 年，有"深度学习三巨头"之称的约书亚·本希奥（Yoshua Bengio）、Geoffrey Hinton、杨立昆（Yann LeCun）（见图 1.2）共同获得了图灵奖，更是掀起了一阵深度学习研究的热潮。

图 1.2　深度学习"三巨头"

绝大多数的深度学习模型以人工神经网络为基础。20 世纪 80 年代，人工神经网络是一种帮助计算机识别模式和模拟人类智能的工具，但因其训练速度慢、容易过拟合、经常出现梯度消失以及在网络层次比较少的情况下效果并不比其他算法更优等。直到 21 世纪初，只有 Yann LeCun 等少数学者仍然坚持耕耘在这一领域。尽管他们的努力也曾遭到怀疑，但随着计算性能的提升和互联网时代数据量的爆炸式增长，他们的想法最终点燃了人工智能社区对神经网络的兴趣，带来了一些新的重大技术进步。

最初的深度学习是利用深度神经网络来解决特征表达的一种学习过程。深度神经网络本身并不是一个全新的概念，其可大致被理解为包含多个隐含层的神经网络结构。早年，科学家们也曾有过加深神经网络的想法，但由于当时训练数据量不足、计算能力落后，以及训练方法失效，最终的效果不尽如人意。

　　深度学习通过组合低层特征形成更加抽象的高层表示属性类别或特征，以发现数据的分布式特征表示，应对深度神经网络训练的难度。为了提高深度神经网络的训练效果，科学家们对神经元的连接方法和激活函数等方面也做出相应的调整。深度学习出人意料般地实现了各种任务，使得似乎所有的机器辅助功能都变为可能。无人驾驶汽车、预防性医疗保健、精准的推荐系统都近在眼前或即将实现。

　　（3）人工智能、机器学习、深度学习三者的关系

　　机器学习是一种实现人工智能的方法，深度学习是一种实现机器学习的技术。尽管当前有关机器学习和深度学习的研究和应用很热门，但它们不是人工智能的全部。三者的关系如图 1.3 所示。

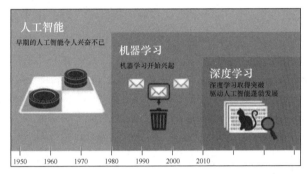

图 1.3　人工智能、机器学习、深度学习三者的关系

　　目前，业界有一种较为普遍的错误认识，即"深度学习最终可能会淘汰掉其他所有机器学习算法"。这种认识的产生主要是因为当下深度学习在计算机视觉、自然语言处理领域的性能远超过传统的机器学习方法，并且媒体对深度学习进行了大肆报道，夸大了深度学习的能力。然而，深度学习尽管是目前最热的机器学习方法，但并不意味着它是机器学习的终点，目前主要体现为以下几点。

　　① 深度学习模型需要大量的训练数据，才能展现出神奇的效果，但现实生活中往往会遇到小样本问题，此类问题使用深度学习方法无法解决，而使用传统机器学习方法则可以处理这一问题。

　　② 有些问题的复杂度低，采用传统机器学习方法就可以很好地解决，没必要非得用复杂的深度学习方法。

　　③ 深度学习的思想受到人脑的启发，但绝不是人脑的模拟。例如，给一个三四岁的小孩看一辆自行车之后，当他/她再次见到哪怕外观完全不同的自行车，他/她大概率也能识别出那是一辆自行车。也就是说，人类的学习过程往往不需要训练大规模数据，而现在的深度学习方法难以具备这一能力。

1.3.2　人工智能的应用分支领域

　　除了学习之外，人工智能还从各个方面模拟人的智能。人最基本的智能包括语言、视觉、听觉等，让机器分别拥有这些智能，便产生了人工智能的应用分支领域，包括自然语言处理、计算机视觉、语音识别等。

（1）自然语言处理

语言是人类区别于动物的最重要特征之一，它是人类思维的载体，也是知识凝练和传承的载体。自然语言处理（Natural Language Processing，NLP）是人工智能的一个重要分支，其目的是利用计算机对自然语言进行智能化处理。自然语言处理的研究目标是让机器能够理解并生成人类语言，用自然语言的方式与人类平等、流畅地沟通、交流，最终拥有"智能"。

基础的自然语言处理技术主要围绕语言的不同层级展开，包括音位（语言的发音模式）、形态（字、字母如何构成单词，单词的形态变化）、词汇（单词之间的关系）、句法（单词如何形成句子）、语义（语言表述对应的意思）、语用（不同语境中的语义解释）、篇章（句子如何组合成段落）7个层级。这些基础的自然语言处理技术经常被运用到下游的多种自然语言处理任务中，如机器翻译、人机对话、自动问答、文档摘要等。自然语言处理的应用无处不在，这是因为人们用语言进行大部分沟通，如网络搜索、广告、电子邮件、客户服务等。

自然语言处理技术广泛应用的背后有大量的基础任务和机器学习模型作为支撑。早期的自然语言处理方法主要涉及基于规则的方法，在这种方法中，简单的机器学习算法被告知要在文本中查找哪些单词和短语，并在这些短语出现时给出特定的响应。目前，自然语言处理的主流方法是基于深度学习的方法。深度学习模型需要大量的标记数据来进行训练和识别，因而汇集这种大数据集是当前自然语言处理任务的主要障碍之一。

（2）计算机视觉

计算机视觉（Computer Vision，CV）是人工智能领域中一门研究如何使机器"看"的科学，其研究内容如图1.4所示。具体来说，计算机视觉通过摄影机和计算机代替人眼对目标进行识别、跟踪和测量等，并进一步做图形处理，使其成为更适合人眼观察或传送给仪器检测的图像。计算机视觉也可以看作是研究如何使人工智能系统从图像或多维数据中进行"感知"的科学。"视觉感知"是指在环境表达和理解中，对视觉信息的组织、识别和解释的过程。根据这种定义，计算机视觉的目标是对环境的表达和理解，核心问题是研究如何对输入的图像信息进行组织，对物体和场景进行识别，进而对图像内容进行解释。

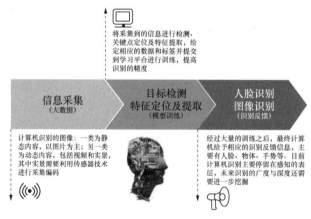

图1.4　计算机视觉的研究内容

人类认识和了解世界的信息中有91%来自视觉，同样计算机视觉成为机器认知世界的基础，其终极目的是使计算机能够像人一样"看"懂世界。计算机视觉以图像处理技术、信号处理技术、概率统计分析、计算几何、神经网络、机器学习理论和计算机信息处理技术等为基础，通过计算机分析与处理视觉信息。目前，计算机视觉主要应用在人脸识别（Face Recognition）、图片问答（Visual Question Answering）、目标检测（Object Detection）和跟踪等方面（包括静态、动态两类信息）。人脸识别是用一张人脸图像与数据库里的人脸图像进行比对，或者同时给出两张人脸图像，判断是不是同一个人。图片问答是 2014 年左右兴起的课题，即给出一张图片同时问个问题，然后让计算机回答。例如有一张办公室靠海的图片，问"桌子后面有什么"，回答应该是"椅子和窗户"。目标检测是找出图像中用户可能感兴趣的所有目标（物体），并确定它们的类别和位置，这是计算机视觉领域的核心问题之一。由于各类物体有不同的外观、形状和姿态，加上成像时光照、遮挡等因素的干扰，目标检测一直是计算机视觉领域极具挑战性的问题。目标跟踪是指在视频的第一帧锁定感兴趣的物体，让计算机跟着它"走"，不管它怎么旋转、晃动，甚至是躲在树丛后面也要跟踪。

当前计算机视觉的研究主要基于深度学习技术，比较成功的模型包括 Fast RCNN、Faster RCNN、YOLO 等。以目标检测为例，2014 年的 Region CNN 算法，首先用一个非深度的方法在图像中提取可能是目标物体的图形块，然后基于深度学习算法根据这些图形块判断特征和一个具体目标物体的位置。

（3）语音识别

语音识别以语音为研究对象，它是语音信号处理的一个重要研究方向，也是模式识别的一个分支，涉及生理学、心理学、语言学、计算机科学以及信号处理等诸多领域，甚至还涉及人的体态语言，其最终目标是实现人与机器进行自然语言通信。

语音识别在狭义上又称为自动语音识别（Automatic Speech Recognition，ASR），它本质上是一种人机交互方式，就是让计算机通过识别和理解过程把人类的语音信号转变为想要的文本或者命令，以便计算机理解和产生相应的操作。随着深度学习的发展，语音识别技术进入了端到端的阶段。语音识别技术的应用如图 1.5 所示。

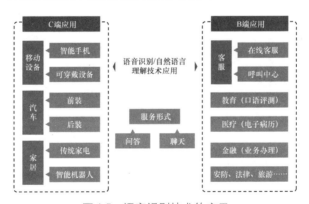

图 1.5　语音识别技术的应用

1.4　人工智能行业应用与人才需求

1.4.1　人工智能行业应用举例

人工智能正在改变多个关键行业和市场，并且其应用范围正在迅速扩展。如今，人们对人工智能的兴趣已经上升到新的高度。机器学习、计算机视觉、计算机语音、文本和情感分析，以及自动驾驶等技术都在给业界带来更多的兴趣和想象力。以下重点介绍 10 个使用人工智能的行业案例。在这些行业中，人工智能可以提供影响企业利润的好策略。

（1）自动驾驶

在很长的时间内，自动驾驶一直是人工智能行业的流行语。自动驾驶的发展必将彻底改变交通运输系统。自动驾驶的知名案例是特斯拉的自动驾驶汽车，特斯拉开发出"人工神经网络"，并利用大量有效的行车数据来训练它，在这一过程中不断完善并迭代视觉算法，终于拿掉毫米波雷达，而随着超算 DOJO 浮出水面，特斯拉离真正的自动驾驶又近了一步。自动驾驶使用了人工智能中的计算机视觉、图像检测和深度学习等技术，以制造能够自动检测物体并在无人干预的情况下行驶的汽车。

（2）聊天机器人

如今，虚拟助手非常普遍，很多家庭都有一个虚拟助手在家中控制电器。像 Siri、Cortana 和 Alexa，越来越受到人们的欢迎。亚马逊的 Echo 是使用人工智能将人类语言转换为"动作"的一个例子。该设备使用语音识别和自然语言处理来执行命令中的各种任务。它不仅可以播放你喜欢的歌曲，还可以控制房屋中的设备、预订出租车、打电话、订购喜欢的食物、检查天气状况等。另一个例子是谷歌新发布的虚拟助手 Google Duplex，它使用自然语言处理技术和机器学习算法来处理人类语言并执行诸如管理日程安排、控制智能家居、进行预订等任务。

（3）社交媒体

自从社交媒体融入日常生活，我们一直在通过聊天、看推文、发帖子等生成大量数据。在任何有大量数据的地方，总是会涉及人工智能和机器学习。在大多数社交媒体平台中，人工智能用于面部验证，其中，机器学习和深度学习用于检测面部特征并进行标记。深度学习用于通过使用一堆深度神经网络从图像中提取细节，机器学习算法可用于根据用户兴趣来设计反馈。一些社交媒体平台利用机器学习、深度学习和自然语言处理来过滤令人反感和带有不良倾向的内容。

（4）艺术创造

你是否曾经想过机器是否能创作艺术作品？基于人工智能的系统 MuseNet 现在可以撰写巴赫和莫扎特风格的古典音乐作品。MuseNet 是一个深度神经网络，能够用 10 种乐器生成 4 分钟的音乐作品，并且可以将乡村、莫扎特、甲壳虫等风格进行组合。MuseNet 并不是通过对音乐的理解进行编程创作的，而是通过学习发现旋律、节奏和风格的规律。人工智能的另一个创新产品是称为 WordSmith 的内容自动化工具，它是一种自然语言生成平台，可以将数据转换为有见地的叙述。

（5）市场营销

营销人员能够通过各种人工智能去获取相关数据和建议，并借此与消费者迅速建立关系，取得他们的好感，进而向他们发送营销信息。以广告投放为例，过去，在爱奇艺看视频，贴片广告是固定的，线上几十万人看到的都是同样的广告，这其中产生了很多流量浪费。但是现在的移动广告，能够实现精准推送。同样是推送广告，对于消费者来说，满足他们需求的广告就成为他们获取市场信息的一个途径，因此可以更有效地触达目标用户。

（6）金融业

风险投资一直依靠计算机和数据科学家来确定市场的未来模式。交易主要取决于准确预测未来的能力。人工智能之所以出色，是因为它可以在短时间内处理大量数据，还可以学习、观察过去数据中的模式，并预测这些模式将来可能会重复。在超高频交易时代，金融机构正在转向使用人工智能来改善其股票交易性能并提高利润。

（7）农业

气候变化、人口增长和粮食安全等问题促使农业行业寻求更多创新方法来提高农作物产量。一些组织正在使用自动化和机器人技术帮助农民找到更有效的方法来保护农作物免受杂草侵害。Blue River Technology 公司开发了一种名为 See&Spray 的机器人，该机器人使用诸如目标检测的计算机视觉技术来监控除草剂并将其精确喷洒到棉花地中。除此之外，位于柏林的农业科技初创公司 PEAT 开发了一个名为 Plantix 的应用程序，通过用户的智能手机捕获图像并识别土壤中潜在的缺陷和缺失的营养，然后为用户提供土壤修复技术、技巧和其他可能的解决方案。该公司声称其软件的检测精度高达 95%。

（8）医疗行业

在挽救生命方面，许多组织和医疗中心都依赖人工智能。例如，Cambio Healthcare Systems 公司开发了用于预防中风的临床决策支持系统，该系统可以在患者有患中风危险时向医生发出警告。Coala Life 公司拥有可以查找心脏病的数字化设备。Aifloo 公司正在开发一个系统来跟踪人们在养老院、家庭护理等方面的表现。

（9）游戏行业

在过去的几年中，人工智能已成为游戏行业不可或缺的一部分。实际上，人工智能的最大成就之一就是在游戏行业。DeepMind 基于人工智能开发的 AlphaGo 以击败围棋世界冠军李世石（Lee Sedol）而闻名，这是目前人工智能领域最重要的成就之一。之后不久，DeepMind 创建了一个称为 AlphaGo Zero 的高级版本 AlphaGo，它在一次训练对抗中击败了其前身。游戏中使用人工智能的案例还包括 First Encounter Assault Recon，缩写为 FEAR，它是第一人称的射击游戏。

（10）太空探索

太空探索总是需要分析大量数据，人工智能和机器学习是分析和处理这种规模数据的理想方法。2020 年 11 月 24 日凌晨 4:30，嫦娥五号探测器成功发射升空执行我国首次地外天体采样返回工作。我国成为继苏联和美国之后第三个取回月球样本的国家。嫦娥五号采纳软着陆，通过人工智能自主决策，着陆前会始终在月球外表面晃来晃去地拍照，判断着陆点是否能保障探测器四脚降落在一致的水平面上，以避免翻车。本次月球外表腾飞采纳了无人交会对接的形式，月球上的交会对接也由嫦娥五号通过人工智能系统自行实现。人工智能还用于我国的火星登陆和探测工程。

1.4.2　人工智能人才需求

根据《中国互联网发展报告 2021》，2020 年，我国人工智能产业规模达 3031 亿元，我国人工智能企业共计 1454 家，位居全球第二。而根据《2022 年中国人工智能人才发展报告》，在全球范围内，我国空缺的人工智能职位最多，共有 12113 个；其次是美国，有 7465 个；再次是日本，有 3369 个。2020 年 6 月，工业和信息化部人才交流中心数据显示，当前在我国人工智能产业内，有效人才缺口达 30 万。在岗位上，人工智能芯片、机器学习、自然语言处理等技术岗位的供需比（意向进入岗位的人才数量与岗位数量间的比值）均低于 0.4，算法研究、应用开发、实用技能和高端技术等职能岗位的供需比均小于 1。造成供需不平衡的主要原因是我国目前的人工智能人才以适应产业发展需要的应用型为主，高校人工智能专业布局处于起步阶段，基础研究和顶尖人才较为缺乏，不同层次人才分布尚未能形成稳定且内驱动力足的金字塔形，难以适应人工智能产业的迅猛发展。

1.5 Python 与人工智能的关系

Python 是由吉多·范罗苏姆（Guido van Rossum）在 20 世纪 80 年代末和 20 世纪 90 年代初，在荷兰国家数学和计算机科学研究所设计出来的。Python 本身也是由诸多其他语言发展而来的，遵循 GPL（GNU General Public License）协议。现在 Python 是由一个核心开发团队在维护，Guido van Rossum 仍具有至关重要的作用，指导其进展。Python 是一种"解释型"语言，也即脚本语言，不是像 C 语言那样的"编译型"语言，因此 Python 需要一个解释器来对代码进行解释执行。在运行效率上，Python 是不如 C 语言的。Python 可以跨平台，高度集成，适合于软件的快速开发。Python 提供了高效的高级数据结构，还能简单、有效地面向对象编程。Python 已经成为多数平台上写脚本和快速开发应用的编程语言，而且随着版本的不断更新和语言新功能的添加，逐渐被用于独立的、大型项目的开发。2021 年 10 月，语言流行指数的编译器 TIOBE 将 Python 加冕为最受欢迎的编程语言，20 年来首次将其置于 Java、C 语言和 JavaScript 之上。Python 目前有 Python 2 和 Python 3 两个版本，两者是不兼容的，Python 2 的稳定版是 Python 2.7，2018 年之后，Python 2 的维护停止。因此，本书以 Python 3 进行教学。

Python 被称为"人工智能语言"，使用 Python 进行人工智能开发的一个主要优点是 Python 有众多用于人工智能开发的库，而且可以非常方便地安装和使用这些库。Python 拥有几乎所有类型的人工智能项目的库，举例如下。

- NumPy、SciPy、Matplotlib：分别是数值计算库（能够实现矩阵运算）、科学计算库、科学绘图库。
- scikit-learn：简称为 sklearn 库，是一个机器学习库，包含常用的机器学习模型，包括线性回归、逻辑斯蒂分类、K-近邻分类、K-均值聚类、朴素贝叶斯分类、决策树等。
- PyTorch：由 Facebook 公司开发的深度学习库，包含常用的深度学习模型，包括卷积神经网络（Convolutional Neural Network，CNN）、递归神经网络（Recurrent Neural Network，RNN），也包含最新最先进的深度学习模型，PyTorch 是流行、好用的深度学习库之一。
- TensorFlow：由谷歌公司开发的深度学习库，与 PyTorch 一起并称为深度学习两大"神器"。只要是进行深度学习开发，则必然要从两者中选择一种。
- NLTK：NLTK（Natural Language Toolkit，自然语言处理库）是自然语言处理领域中最常使用的一个 Python 库，由宾夕法尼亚大学计算机和信息科学系开发，包含常用的自然语言处理算法，包括中文分词、分句、词性标注、指代消解等。
- OpenCV：计算机视觉库，实现了常用的计算机视觉算法。
- SpeechRecognition：语音识别库，实现了常用的语音识别算法。

正因为有众多开源的人工智能库的支持，Python 坐稳了人工智能开发第一语言的位置，可以非常方便和高效地进行人工智能研究和应用开发。不管是在学术界还是在工业界，只要是进行人工智能开发，Python 都是首选的语言。

1.6　Python 人工智能开发环境安装

1.6.1　Python 的安装和运行

（1）下载 Python 安装程序

要进行人工智能 Python 开发，首先需要安装 Python。在浏览器中进入 Python 官网，界面如图 1.6 所示。

图 1.6　Python 官网界面

将鼠标指针移动到"Downloads"菜单上，可以看到针对于不同的操作系统（Windows、macOS、Linux 等）有不同的 Python 安装程序。此处以 Windows 10 64 位操作系统为例，截至本书完稿时，最新的版本是 Python 3.10.0，用户可以直接单击下载，如图 1.7 所示，也可以单击"View the full list of downloads"查看其他的版本。

图 1.7　选择下载 Python 3.10.0

（2）安装 Python

下载后的文件名为"python-3.10.0-amd64.exe"，其中 amd64 表示是 64 位操作系统的安装程序。如果操作系统是 32 位的，则需要下载 x86 版本的安装程序。双击该可执行文件后，出现图 1.8 所示的界面。默认安装路径在 C 盘的用户目录下，也可以自定义其他路径进行安装。复选框"Add Python 3.10 to PATH"建议选中，安装完后，系统将自动在环境变量中添加 Python 选项。

图 1.8　Python 安装界面

按默认路径开始安装后，进入图 1.9 左侧所示的进度条界面，等待 1 分钟后，出现图 1.9 右侧所示的提示安装完成的界面，单击"Close"按钮关闭该界面。

图 1.9　Python 安装过程界面

（3）运行 Python 和 Hello World 代码

为验证是否安装成功，在"开始"按钮处单击鼠标右键，在出现的快捷菜单中选择"运行"，在弹出的对话框中输入"cmd"，如图 1.10 所示，单击"确定"按钮，出现命令提示符窗口，在其中执行"python"指令，如图 1.11 所示。

图 1.10　执行 cmd 指令

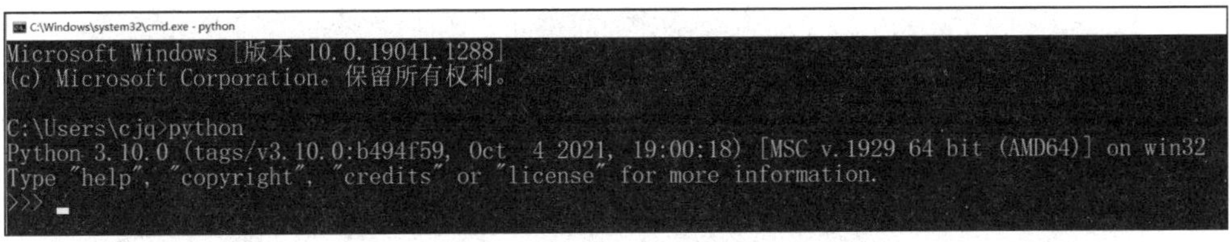

图 1.11　执行 "python" 指令

此时的界面在等待 Python 语句的录入，此处输入如下的 Python 代码，如果得到图 1.12 所示的界面则表示代码执行成功，可以开始进行 Python 编程开发。

```
print("Hello World!")
```

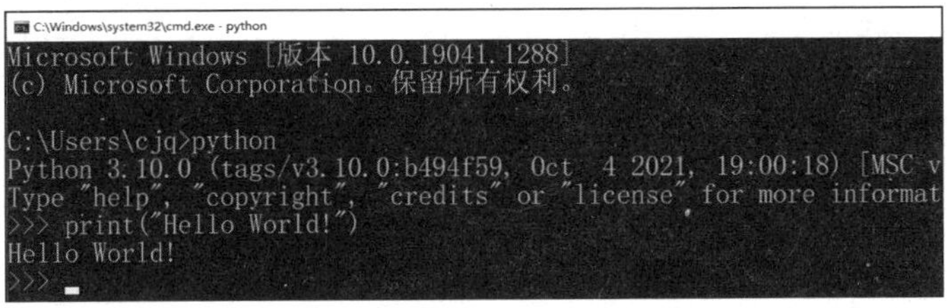

图 1.12　Hello World 代码的运行界面

1.6.2　人工智能开发库的安装

安装好的 Python 开发环境仅包含自带的默认库，并不包含人工智能开发所需的库。为了进行人工智能开发，还需要安装 1.5 节所介绍的相关库，例如 NumPy、Matplotlib、scikit-learn 等。幸运的是，Python 提供了自动安装各种所需库的指令，即 pip 指令，该指令在安装 Python 时已自动安装。pip 是 Python 包的管理工具，提供了对 Python 包的查找、下载、安装、卸载的功能。通过以下命令行可以查看所安装的 pip 版本。

```
pip --version
```
pip 的常用指令介绍如下。

（1）安装包

安装包的语法格式如下：

```
pip install [-i 安装源] 包名称
```
其中 "-i 安装源" 是可选项，用于指定下载包的网址，若不指定，默认是 Python 官方网址。由于官方安装源在国外，下载速度较慢，因此用户可以手动指定国内的安装源。当前常用的国内安装源有：清华大学安装源、阿里云安装源、豆瓣安装源。

本书需要用到 NumPy、Matplotlib、scikit-learn、PyTorch、TensorFlow 等几个包，用户可采用上述几个安装源进行安装。

（2）显示安装包信息

显示安装包信息的语法格式如下：

```
pip show 包名称
```
如要查看安装的 NumPy 包的信息，可以在命令提示符窗口中输入如下指令：

```
pip show numpy
```
按 Enter 键后，显示图 1.13 所示的信息。从中可以看出，所安装的 NumPy 版本是 1.21.3，安装位置是在 "c:\users\cjq\appdata\local\programs\python\python310\lib\site-packages" 下，该目录是默认安装包位置。

```
C:\Users\cjq>pip show numpy
Name: numpy
Version: 1.21.3
Summary: NumPy is the fundamental package for array computing with Python.
Home-page: https://www.numpy.org
Author: Travis E. Oliphant et al.
Author-email:
License: BSD
Location: c:\users\cjq\appdata\local\programs\python\python310\lib\site-packages
Requires:
Required-by:
```

图 1.13　安装的 NumPy 包的信息

（3）卸载包

卸载包的语法格式如下：

```
pip uninstall 包名称
```

若要卸载所安装的 NumPy 包，可以在命令提示符窗口中输入如下指令：

```
pip uninstall numpy
```

按 Enter 键后即可成功卸载。

1.6.3　Python 集成开发环境

集成开发环境（Integrated Development Environment，IDE）是用于进行程序开发的应用程序，一般包括代码编辑器、编译器、调试器和图形用户界面等工具，集成了代码编写、分析、编译、调试等功能，能够提升开发效率。以下介绍几个常用的 Python IDE。

（1）IDLE

IDLE 是 Python 自带的 IDE，虽然功能简单，但使用非常方便，能满足简单的日常开发需要。

在"开始"按钮处搜索"IDLE"或从"开始"菜单的"Python"菜单中选择"IDLE"，将其打开，在其中输入代码 print("Hello World!")并按 Enter 键后，出现图 1.14 所示的界面。

界面左边的">>>"提示输入 Python 代码，代码输入后按 Enter 键即可执行代码并输出结果，这种 Python 编码模式被称为**交互模式**。该模式的特点是即时录入即时执行，但是关闭 IDLE 后不会保存代码和运行结果。

IDLE 还提供了一个代码编辑器，可以编辑和保存代码，也可以执行代码。单击 IDLE 的"File"→"New File"，在其中输入 print("Hello World!")并保存代码到硬盘，单击"Run"→"Run Module"即可执行代码，如图 1.15 所示。该模式被称为**文件模式**。

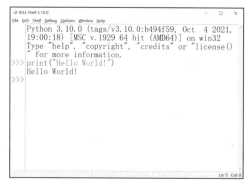

图 1.14　IDLE 界面

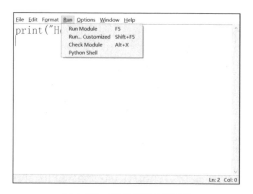

图 1.15　IDLE 代码编辑器

（2）JupyterLab

JupyterLab 是一种基于 Web 的 Python IDE，用户可以使用它编写 Notebook、操作终端、编辑 Markdown 文本、打开交互模式、查看 CVS 文件及图片等，也可以把 JupyterLab 当作一种进化版的 Jupyter Notebook。JupyterLab 的主要特点如下。

● 交互模式：Python 交互模式可以实现直接输入代码，然后执行并立刻得到结果，因此该模式主要用于调试 Python 代码。

● 内核支持的文档：可以在 Jupyter 内核中运行的任何文本文件（Markdown、Python、R 等）中执行代码。

● 模块化界面：可以在同一个 Web 窗口同时打开几个 Notebook 或文件（HTML、TXT、Markdown 等），它们均以标签的形式展示，该界面更像是一个 IDE。

● 同一文档多个视图：能够实时同步编辑文档并查看结果。

JupyterLab 的安装和使用步骤如下。

第一步，安装 JupyterLab，指令如下：

```
pip install jupyterlab
```

第二步，在任意文件夹（如 D:/jupytertest）中，按住 Shift 键，同时单击鼠标右键，在出现的快捷菜单中选择"点击此处打开 Powershell 窗口"，然后在出现的窗口中输入如下指令并按 Enter 键。

```
jupyterlab
```

第三步，此时会自动打开图 1.16 所示的浏览器窗口，单击右侧的"Python 3"新建.ipynb 文件并在其中输入 print("Hello World!")，单击"执行"按钮 ▶ 后，出现图 1.17 所示的界面。

图 1.16　JupyterLab 打开界面

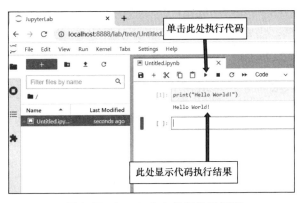

图 1.17　JupyterLab 执行代码界面

（3）PyCharm

PyCharm 是一款功能强大的 Python IDE，具有跨平台性。下面介绍 PyCharm 在 Windows 操作系统下的安装及使用。

下载教育版并成功安装后，打开 PyCharm，出现图 1.18 所示界面，在其中单击"New Project"，进入图 1.19 所示代码界面，在代码中单击鼠标右键，在出现的快捷菜单中选择"Run File In Python Console"，便可得到运行结果。

图 1.18　PyCharm 打开界面　　　　　　　　图 1.19　PyCharm 新建工程文件后的运行界面

1.6.4　Anaconda

如前所述，安装 Python 人工智能开发环境需要先安装 Python，再通过 pip 指令下载安装相应的库，最好再安装一款好用的 IDE，这一系列步骤做好后才能进行编程开发。手动完成这些步骤比较烦琐，那么是否有工具能够集成这些安装步骤，一键安装好 Python 开发环境呢？答案是有，Anaconda 就是这样的工具。

Anaconda 是一个开源的 Python 发行版本，包含 Conda、Python 等 180 多个科学包及其依赖项。由于包含大量的科学包导致 Anaconda 下载文件比较大（500MB 以上），因此用户如果只需要使用某些包或者需要节省带宽、存储空间，可以使用 Miniconda 这个较小的发行版（仅包含Conda 和 Python）。Anaconda 包括Conda、Python 以及大量安装好的工具包,如NumPy、scikit-learn 等。Conda 是一个开源的包，用作环境管理器；当同一台机器上安装了不同版本的软件包及其依赖时，利用 Conda 可在不同的环境之间切换。

Anaconda 在其官方网站下载即可，进入安装程序后会出现图 1.20 所示的界面，一路单击"Next"按钮，到图 1.21 所示界面时，选择"All Users(requires admin privileges)"，再单击"Next"按钮进入选择安装路径的界面，默认路径是 "C:\ProgramData\Anaconda3"。

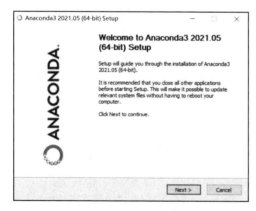

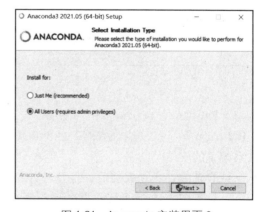

图 1.20　Anaconda 安装界面 1　　　　　　　图 1.21　Anaconda 安装界面 2

Anaconda 安装完毕，就同时自动安装了 Python 和大部分所需要的库，不需要重新一个个下载，这是 Anaconda 的主要优点。Anaconda 的另一个特点是提供了"conda"指令，该指令替代了 pip 的功能，用于管理库。关于 conda 指令的具体用法，本书不赘述，感兴趣的读者可自行搜索相关资料进行学习。

不过，Anaconda 也是有缺点的，会占用较多的硬盘空间，许多自动安装的库也不会经常用到。因此，如果不想采用 Anaconda 的自动安装方式，用户可以采用前述小节的方法，按步骤一个个安装，需要什么库再用 pip 指令安装什么库。此外，由于 Anaconda 不是 Python 官方开发的，属于第三方工具，因此，许多库对 Anaconda 的支持也比较滞后，通常其版本会比较旧。

本章小结

本章首先从人工智能的历史入手介绍了人工智能的起源与发展；再通过介绍人工智能的 3 个学派、强/弱人工智能等，说明了人工智能的核心概念，加深读者对人工智能的理解；然后介绍了人工智能的子领域机器学习与深度学习，说明了人工智能基本的解决问题方法，并介绍了包括自然语言处理、计算机视觉、语音识别在内的人工智能应用子领域，以及人工智能相关行业应用与人才需求；最后介绍了 Python 人工智能开发环境的安装与配置，包括 Python 安装、人工智能开发库安装、IDE 等。通过对本章的学习，读者应该对人工智能有一个基本的了解，并掌握 Python 人工智能开发环境的安装与配置，为后面章节的学习打下良好的基础。

课后习题

一、选择题

1. 以下哪一位没有被称为"人工智能之父"？（　　　）

A．Marvin Minsky

B．Alan Turing

C．John McCarthy

D．约翰·冯·诺依曼（John von Neumann）

2. 人工智能的发展共经历了几次高峰？（　　　）

A．1 　　　　　　　　B．2 　　　　　　　　C．3 　　　　　　　　D．4

3. 以下关于强人工智能与弱人工智能的叙述，错误的是（　　　）。

A．弱人工智能是没有用处的

B．强人工智能在现实生活中很难被实现

C．目前实现的大部分人工智能都是弱人工智能

D．强人工智能可能会危害人类

4. AI 的英文全称是（　　　）。

A．Artificial Intelligence

B．Automatic Intelligence

C．Automatic Information

D．Artificial Information

5．以下关于人工智能、机器学习、深度学习三者关系的叙述，错误的是（　　　）。

A．机器学习是一种实现人工智能的方法

B．深度学习是一种实现机器学习的技术

C．深度学习不是人工智能的全部

D．人工智能等价于深度学习

6．以下关于 Python 的描述，错误的是（　　　）。

A．Python 是编译型语言

B．Python 是解释型语言

C．Python 可以跨平台执行

D．Python 被称为"人工智能语言"

二、填空题

1．人工智能的三大学派分别是：＿＿＿＿＿＿、＿＿＿＿＿＿、＿＿＿＿＿＿。

2．请列举 5 个人工智能的分支领域：＿＿＿＿＿、＿＿＿＿＿、＿＿＿＿＿、＿＿＿＿＿、＿＿＿＿＿。

3．请列举 5 个人工智能的应用行业：＿＿＿＿＿、＿＿＿＿＿、＿＿＿＿＿、＿＿＿＿＿、＿＿＿＿＿。

4．人工智能的竞争核心就是＿＿＿＿＿＿。

5．请列举 5 个用于人工智能开发的 Python 库：＿＿＿＿＿、＿＿＿＿＿、＿＿＿＿＿、＿＿＿＿＿、＿＿＿＿＿＿。

6．Python 用于安装库的指令名称是：＿＿＿＿＿＿。

7．请列举 3 个 Python IDE：＿＿＿＿＿＿、＿＿＿＿＿＿、＿＿＿＿＿＿。

8．Python 编写和执行代码有两种模式，分别是交互模式和＿＿＿＿＿＿。

三、编程题

请使用 IDLE 编写 Python 代码，输出以下文字。

我喜欢 Python

Python 是人工智能开发语言

我已经安装好了 Python 人工智能开发环境

第 **2** 章 Python 基础

学习目标：

- 掌握 Python 的基础语法，包括数据类型、变量、运算符和表达式以及流程控制；
- 掌握 Python 组合数据类型包括列表、元组、字典、集合的使用方法；
- 掌握 Python 程序中函数的定义和调用方法；
- 掌握 Python 程序读取文件的方法；
- 掌握 Python 中数值计算库 NumPy 的基本使用方法。

2.1 基本语法

Python 程序具有简单、明确、优雅的特点。其最具特色的语法就是使用"缩进"来表示程序的层次结构，同一层次的代码块，其前方缩进所包含的空格数量必须保持一致，例如代码 2.1 所示。

```
#代码2.1 接收用户从键盘输入的整数，并判别其奇偶性
num = int( input( "请您输入一个整数: " ) )
if num%2 == 0 :
    print( num, "是一个偶数" )
    print( "这里执行的是程序中的第1个分支" )
else :
    print( num, "是一个奇数" )
    print( "这里执行的是程序中的第2个分支" )
```

以上程序执行后，如果用户从键盘输入的是一个偶数，则满足 num%2＝＝0，即 num 除以 2 的余数等于 0 的判定，程序会执行接下来第 1 个分支中的 2 条 print 语句，在屏幕上输出相应的提示。如果用户从键盘输入的是一个奇数，则不能满足 num%2＝＝0 的判定，程序会执行 else 语句引导的第 2 个分支中的 2 条 print 语句。程序中，同一个分支中包含的语句都使用相同数量的空格进行缩进，这种语法格式使得 Python 程序具有良好的可读性。

2.1.1 对象及其类型

Python 是一种支持面向对象机制的程序设计语言，**对象**（Object）是 Python 中对数据的抽象，Python 程序中的所有数据都是由对象或对象间的关系来表示的，不同类型的对象支持不同的运算和操作方法。Python 3.x 中常见的内置标准类型包括**整型**（int）、**浮点型**（float）、**复**

数型（complex）、布尔型（bool）、字符串（str）、列表（list）、元组（tuple）、字典（dict）、可变集合（set）、不可变集合（frozenset）。其中，int、float、complex、bool、str、tuple、frozenset属于不可变类型，即对象在创建完后，其内容不可修改；与之相反，list、set、dict属于可变类型，即对象在创建完后，其内容可在后续的程序中进行修改。使用 type()函数可以返回参数对象的类型，例如代码2.2所示。

```
#代码2.2 在屏幕上输出各种对象的类型
print( "100 is", type( 100 ) )
print( "3.14 is", type( 3.14 ) )
print( "5+2j is", type( 5 + 2j ) )
print ( "True and False are", type( False ) )
print ( "\'I love Python.\' is", type( "I love Python." ) )
print ( "[1,2,3] is", type( [ 1, 2, 3 ] ) )
print ( "(1,2,3) is", type( ( 1, 2, 3 ) ) )
print ( "{1,2,3} is", type( {1, 2, 3} ) )
print ( "frozenset({1,2,3}) is", type( frozenset( { 1, 2, 3 } ) ) )
print ( "{'name':'Tom','age':18} is", type( {'name':'Tom','age':18} ) )
```

以上程序执行后的输出结果为：

```
100 is <class 'int'>
3.14 is <class 'float'>
5+2j is <class 'complex'>
True and False are <class 'bool'>
'I love Python.' is <class 'str'>
[1,2,3] is <class 'list'>
(1,2,3) is <class 'tuple'>
{1,2,3} is <class 'set'>
frozenset({1,2,3}) is <class 'frozenset'>
{'name':'Tom','age':18} is <class 'dict'>
```

2.1.2 变量和赋值

Python中，可以使用变量来表示关联的对象。Python 3的变量名必须满足标识符的命名规则，即由大写和小写字母、下画线"_"以及数字组成，但不能以数字打头，标识符中可以包含Unicode字符，但不可以与Python中的关键字重复。**关键字**也被称作保留字，是指在程序代码中有特殊作用的字符组合，所以不能作为标识符使用。表2.1中列出了Python 3中的所有关键字。

表2.1 Python 3 中的关键字

序号	关键字	序号	关键字	序号	关键字	序号	关键字	序号	关键字
1	False	8	await	15	else	22	import	29	pass
2	None	9	break	16	except	23	in	30	raise
3	True	10	class	17	finally	24	is	31	return
4	and	11	continue	18	for	25	lambda	32	try
5	as	12	def	19	from	26	nonlocal	33	while
6	assert	13	del	20	global	27	not	34	with
7	async	14	elif	21	if	28	or	35	yield

赋值语句可以非常方便地将变量和对象进行关联。赋值完成后，使用变量即可表示其关联的对象，例如代码 2.3 所示。

```
#代码2.3 使用赋值语句建立变量和对象之间的关联
var = 1.78E-2                            #这是使用科学记数法表示浮点数 0.0178 的方法
print( var, type( var ) )
var = 3+7j                               #复数的表示中，带有后缀 j 或者 J 的部分为虚部
print( var, type( var ) )
var = "人生苦短，我用 Python"            #字符串数据既可以用单引号，也可以用双引号进行定义
print( var, type( var ) )
```

以上程序执行后的输出结果为：

```
0.01 78 <class 'float'>
(3+7j) <class 'complex'>
人生苦短，我用 Python <class 'str'>
```

通过观察程序的输出结果，可以知道变量 var 在程序的执行过程中先后与 3 个不同类型的对象进行关联，而所谓的变量类型，其实就是其关联对象的类型。

Python 3 还允许连续赋值以及多重赋值，例如代码 2.4 所示。

```
#代码2.4 赋值语句的连续赋值和多重赋值
x = y = z = 100                          #用于将不同的变量关联至同一个对象
print( x, y, z )
a, b, c = 7, 8, 9                        #用于将不同的变量关联至不同的对象
print( a, b, c )
```

由于多重赋值中的赋值操作并无先后顺序，因此使用多重赋值语句可以交换多个变量的关联关系，例如代码 2.5 所示。

```
#代码2.5 使用多重赋值交换多个变量的关联关系
x, y = 3, 5
print( "交换之前 x 与 y 的值为: ", x, y )
x, y = y, x
print( "交换之后 x 与 y 的值为: ", x, y )
```

以上程序执行后的输出结果为：

```
交换之前 x 与 y 的值为: 3 5
交换之后 x 与 y 的值为: 5 3
```

通过观察程序的输出结果，可以知道变量 x 和 y 关联的对象在多重赋值之后发生了交换。

2.1.3 运算符和表达式

将运算对象和运算符组合在一起构成的有意义的式子，便是表达式。一个表达式可以由多个运算对象和运算符构成，Python 会按照运算符的优先级求解表达式的值，例如代码 2.6 所示。

```
#代码2.6 表达式举例
print( 1 + 2 * 3 - 4 )                   #由于乘号的优先级高于加号和减号，因此 2*3 会优先计算
print( 2 * 3 ** 3 )                      #乘方运算的优先级比乘法运算的还要高
a, b = 10, 20
print( a if a>b else b )                 #输出变量 a 和 b 中数值较大的那一个
print( True + 1 )                        #运算过程中，True 和 False 可以被自动转换成 1 和 0 使用
print( 3>2>1 )                           #连续的比较运算，其结果与表达式 3>2 and 2>1 等价
print( ( 3>2 )>1 )                       #这条表达式计算的是子表达式 3>2 的值是否大于 1，即 True>1
```

23

以上程序执行后的输出结果为：

```
3
54
20
2
True
False
```

表 2.2 对 Python 3 中常见运算符的优先级进行了总结，从最低优先级到最高优先级。相同单元格内的运算符具有相同的优先级。

表 2.2　　　　　　Python 3 中常见的运算符（从最低优先级到最高优先级排序）

运算符	运算符描述
if…else	条件运算符
or	逻辑或运算
and	逻辑与运算
not	逻辑非运算
in、not in、is、is not、<、<=、>、>=、!=、==	比较运算
|	按位或运算
^	按位异或运算
&	按位与运算
<<、>>	移位运算
+、−	算术运算符：加、减
*、/、//、%	算术运算符：乘、除、整除、取模（求余数）
+、−、~	单操作数运算符：正、负、按位非运算
**	乘方运算符

2.1.4　字符串

字符串类型的对象可以使用一对单引号、一对双引号或者一对三引号进行定义。如果字符串中包含一些特殊的字符，则可以在字符串中使用对应字符的转义字符，表 2.3 列出了常见的转义字符。

表 2.3　　　　　　　　　　　　Python 3 中常见的转义字符

转义字符	含义	转义字符	含义
\'	单引号	\t	水平制表符
\"	双引号	\v	垂直制表符
\\	字符 "\"	\r	回车符
\a	响铃	\f	换页符
\b	退格符	\ooo	以八进制数 ooo 作为编码的字符
\n	换行符	\xhh	以十六进制数 hh 作为编码的字符

使用三引号定义字符串的方式与使用其他两种引号的区别在于，定义字符串的时候可以包含换行符，例如代码 2.7 所示。代码 2.7 中还包含定义原样字符串和格式字符串的方法。所

谓原样字符串就是在定义字符串的引号前面添加字母 r 或者 R，表示字符串中的内容无须转义。所谓格式字符串就是在定义字符串的引导前面添加字母 f 或者 F，表示将数据对象按照给定的格式组合到字符串对象中。

```
#代码2.7 定义字符串的几种方法
str1 = '单引号可以用来定义字符串'
str2 = "双引号也可以用来定义字符串"
print( str1, str2 )
str3 = '''三引号定义的字符串可以直接换行
这是字符串的第二行
这是字符串的第三行'''
print( str3 )
print( "转义字符\n表示换行符" )
print( r"转义字符\n表示换行符" )
print( f"半径为5的圆的面积是{3.14*5**2:.2f}" )     #格式标记.2f表示保留小数点后两位小数
```

以上程序执行后的输出结果为：

```
单引号可以用来定义字符串 双引号也可以用来定义字符串
三引号定义的字符串可以直接换行
这是字符串的第二行
这是字符串的第三行
转义字符
表示换行符
转义字符\n表示换行符
半径为5的圆的面积是78.50
```

（1）字符串的运算

字符串是一种序列数据类型，用户可以使用一对方括号对字符串中的单个字符进行索引，也可以使用切片运算截取字符串中的一段。特别需要注意的是，在 Python 中，索引值从 0 开始计数，如果索引值为负数则表示从字符串的末尾向首部进行计数，例如代码 2.8 所示。

```
#代码2.8 与字符串有关的运算
print( "ABCD" + "1234" )          #字符串之间用加号运算符连接，结果为连接后的字符串
print( "Hi" * 3 )                 #字符串和整数进行乘法运算，结果为字符串复制多遍并连接
str1 = "I love Python!"
print( f"{str1[0] = }" )          #获取字符串str1中的首个字符
print( f"{str1[-1] = }" )         #获取字符串str1中的最后一个字符
print( f"{str1[2:6] = }" )        #获取字符串中索引从2开始到6的子字符串，即"love"
```

以上程序执行后的输出结果为：

```
ABCD1234
HiHiHi
str1[0] = 'I'
str1[-1] = '!'
str1[2:6] = 'love'
```

（2）字符串对象的常用方法

在 Python 中，字符串对象具有一系列已经定义好的方法可以直接使用，例如代码 2.9 所示。

```
#代码2.9 字符串对象的常用方法
str1 = "i have an apple."
print( f"{str1.capitalize() = }" )     #用于将字符串的首字母大写
print( f"{str1.title() = }" )          #用于将字符串中每个单词的首字母大写
```

```
print( f"{str1.count('a') = }" )                    #用于统计指定的字符在字符串中出现的次数
print( f"{str1.startswith('i am') = }" )            #用于判定字符串是否以指定的内容开始
print( f"{str1.endswith('apple.') = }" )            #用于判定字符串是否以指定的内容结尾
print( f"{str1.find('apple') = }" )                 #用于查找指定的子字符串并返回其起始位置
print( f"{str1.find('pear') = }" )                  #若无法找到指定的子字符串，find()方法
                                                    #会返回-1
print( f"{str1.split() = }" )                       #对字符串进行切割，默认以空格作为分隔符
print( f"{','.join(['a','b','c']) = }" )            #用指定的字符将若干字符串类型的对象进行连接
print( f"{'ABcd'.upper() = }" )                     #将字符串中的字母转换成大写
print( f"{'ABcd'.lower() = }" )                     #将字符串中的字母转换成小写
print( f"{'  ABcd  '.strip() = }" )                 #删除字符串前后的特殊字符，例如空格
```

以上程序执行后的输出结果为：

```
str1.capitalize() = 'I have an apple.'
str1.title() = 'I Have An Apple.'
str1.count('a') = 3
str1.startswith('i am') = False
str1.endswith('apple.') = True
str1.find('apple') = 10
str1.find('pear') = -1
str1.split() = ['i', 'have', 'an', 'apple.']
','.join(['a','b','c']) = 'a,b,c'
'ABcd'.upper() = 'ABCD'
'ABcd'.lower() = 'abcd'
'  ABcd  '.strip() = 'ABcd'
```

2.1.5　流程控制

在执行程序的过程中，计算机通常是按照自上向下的顺序一条条地执行语句，这种结构被称为顺序结构。然而，在解决比较复杂的问题时，顺序结构往往力不从心，此时需要在程序中加入选择结构和循环结构来扩展程序功能或者降低代码的重复程度，以提高代码的可读性。

（1）选择结构

选择结构又称为分支结构，在程序中用 if…elif…else 来构造选择结构的程序代码，其作用是根据 if 后表达式的值，选择执行相应的代码，例如代码 2.10 所示。

```
#代码2.10 将百分制成绩转换成五级制成绩
score = float( input("请输入一个百分制成绩：" ) )
if score>=90 :
    print( f"成绩{score}对应的五级制成绩是优秀" )
elif score>=80 :
    print( f"成绩{score}对应的五级制成绩是良好" )
elif score>=70 :
    print( f"成绩{score}对应的五级制成绩是中等" )
elif score>=60 :
    print( f"成绩{score}对应的五级制成绩是及格" )
else :
    print( f"成绩{score}对应的五级制成绩是不及格" )
```

以上程序执行后，从键盘输入 95 的输出结果为：

```
请输入一个百分制成绩：95
成绩95.0对应的五级制成绩是优秀
```

通过观察上述程序的输出结果可知，选择结构是从上至下依次判断 if 和 elif 后的条件，

如果条件成立就执行分支中包含的语句块，此后的其他分支不再需要继续判断，如果所有的条件都不满足就执行 else 分支中包含的语句块。

程序中还可以通过组合多个 if…elif…else 结构进行选择结构的嵌套使用，例如代码 2.11 所示。

```python
#代码2.11 判断从键盘输入的3个整数所对应的边构成的三角形形状
a,b,c = input( "请输入三角形三条边的边长，用空格分隔: ").split()
a,b,c = int(a), int(b), int(c)
a,c,b = min(a, b, c), max(a, b, c), a + b + c - min(a, b, c) - max(a, c, b)
if a + b<=c:
    print( "输入的整数无法构成三角形" )
else:
    if a==b==c :
        print( "输入的整数构成一个等边三角形" )
    elif a==bor b==c or a==c :
        print( "输入的整数构成一个等腰三角形" )
    elif a**2+b**2==c**2 :
        print( "输入的整数构成一个直角三角形" )
    else :
        print( "输入的整数构成一个普通三角形" )
```

以上程序执行后，从键盘输入多组不同的整数，输出结果分别为：

```
请输入三角形三条边的边长，用空格分隔: 1 1 2
输入的整数无法构成三角形
请输入三角形三条边的边长，用空格分隔: 3 3 3
输入的整数构成一个等边三角形
请输入三角形三条边的边长，用空格分隔: 3 3 5
输入的整数构成一个等腰三角形
请输入三角形三条边的边长，用空格分隔: 3 4 5
输入的整数构成一个直角三角形
请输入三角形三条边的边长，用空格分隔: 5 6 7
输入的整数构成一个普通三角形
```

（2）循环结构

在程序中用关键字 while 或者 for 可以构造循环结构的代码，其作用是将 while 或者 for 包含的语句块根据循环条件反复执行，例如代码 2.12 所示。

```python
#代码2.12 使用while循环完成1至100所有整数求和
n = 1
s = 0
while n<=100 :
    s += n          #与s = s + n等价
    n += 1          #与n = n + 1等价
print( "1到100所有整数的和是: ", s )
```

以上程序执行后的输出结果为：

```
1到100所有整数的和是: 5050
```

通过观察上述程序可知，n<=100 是循环条件，仅当该条件成立的时候，while 所包含的两条语句才会被执行，否则循环终止。

能实现上述功能的程序除了可以使用 while 引导的循环结构编写，也可以使用 for 引导的循环结构编写，例如代码 2.13 所示，该程序的运行结果与代码 2.12 的完全一致。

```
#代码 2.13 使用 for 循环完成 1 至 100 所有整数求和
s = 0
for n in range( 1, 101 ) :
    s += n
print( "1 到 100 所有整数的和是: ", s )
```

结合代码 2.13 可以知道，对于 for 引导的循环结构而言，循环条件就是让变量 n 取遍关键字 in 之后 range 对象中的所有元素，即由 range(1,101)所表示的从 1 到 101（不含 101）的所有整数。如果 range()函数中只有一个参数，则该参数表示返回结果的终止值（不含）；如果 range()函数中有两个参数，则第 1 个参数表示返回结果的起始值，第 2 个参数表示返回结果的终止值（不含）；如果 range()函数中有 3 个参数，则第 1 个参数表示返回结果的起始值，第 2 个参数表示返回结果的终止值（不含），第 3 个参数表示每次步进的增量值。例如代码 2.14，求 100 以内所有奇数的和。

```
#代码 2.14 求 100 以内所有奇数的和
s = sum( range( 1, 100, 2 ) )          #sum()函数的功能为对其参数进行求和
print( "100 以内所有奇数的和是: ", s )
```

以上程序执行后的输出结果为：

```
100 以内所有奇数的和是: 2500
```

在循环结构中经常还会使用到关键字 break 和 continue。break 语句会终止最近的外层循环，如果循环有可选的 else 子句，也会跳过该子句。continue 语句会跳过当次循环中剩下的语句，并继续执行最近的外层循环的下一个轮次，例如代码 2.15 所示。

```
#代码 2.15 输出从小到大排列的第 100 个素数
count = 0
num = 2
while True :
    #下方的 for 循环用于判断 num 是否为素数，如果是则计数器 count 加 1
    for i in range( 2, num ) :
        if num % i == 0:
            break
    else :
        count += 1
    #如果计数器小于 100，num 加 1，且跳过当前循环中剩下的语句，并继续执行循环的下一个轮次
    if count < 100 :
        num += 1
        continue
    #剩下的代码只有在上方 if 后的条件不成立的时候才会被执行到，即计数器 count 为 100 的情况下
    print( num, "是从小到大排列的第 100 个素数" )
    break              #输出完后，使用 break 语句终止外层的 while 循环
```

以上程序执行后的输出结果为：

```
541 是从小到大排列的第 100 个素数
```

2.2 组合数据类型

在 Python 中，列表（list）、元组（tuple）、字典（dict）、可变集合（set）、不可变集合（frozenset）是比较特殊的对象类型，由于这类对象的内部可以存放其他对象，所以这些类型也被称作组合数据类型或者容器对象类型。

2.2.1　列表

（1）列表的定义和基本运算

列表（list）与字符串一样是一种序列数据类型。不过，它是一种可变的序列数据类型，即列表对象内部的元素可以任意增删和修改，例如代码 2.16 所示。

```
#代码2.16 列表对象的定义和基本运算
lst1 = [ ]                           #定义一个空列表
print( f"{len(lst1) = }" )           #len()函数可以返回参数对象中包含的元素数量
lst1 = list( "Python!" )             #list()函数可以将参数对象转换成列表
print( f"{lst1 = }" )
print( f"{lst1[2] = }, {lst1[-2] = }" )   #列表也是序列类型对象，所以支持索引和切片
print( f"{lst1[2:-2] = }" )
lst1 = [ 1, 2, 3 ]
lst2 = [ 1, 2, 3 ]
print( f"{id(lst1) = }, {id(lst2) = }" )  #通过id()函数可以取得对象的身份标识
print( "lst1 和 lst2 是否相等: ", lst1 == lst2 )
print( "lst1 和 lst2 是否相同: ", lst1 is lst2 )
lst1 = lst2 = [ 1, 2, 3 ]                  #不同的变量与同一个列表对象关联
lst1[0] = 100    #无论操作的变量是 lst1 还是 lst2，其实都是在操作同一个列表
print( f"{lst1 = }, {lst2 = }" )
```

以上程序执行后的输出结果为：

```
len(lst1) = 0
lst1 = ['P', 'y', 't', 'h', 'o', 'n', '!']
lst1[2] = 't', lst1[-2] = 'n'
lst1[2:-2] = ['t', 'h', 'o']
id(lst1) = 2696541914880, id(lst2) = 2696541970688
lst1 和 lst2 是否相等: True
lst1 和 lst2 是否相同: False
lst1 = [100, 2, 3], lst2 = [100, 2, 3]
```

请注意，程序中 id(lst1)和 id(lst2)分别返回变量 lst1 和 lst2 的身份标识。由于对象的身份标识代表了其在内存中存放的位置，因此这个值在程序多次执行时也会有所不同。

（2）列表对象的常用方法

在 Python 中，列表对象具有一系列已经定义好的方法可以直接使用，例如代码 2.17 所示。

```
#代码2.17 列表对象的常用方法
lst1 = list( "Python" )
print( f"{lst1 = }" )
lst1.append( "666" )                 #追加元素到列表中
print( f'After lst1.append("666"), {lst1 = }' )
lst1.insert( 1, "is" )               #插入元素到列表中
print(f'After lst1.insert(1, "is"), {lst1 = }' )
lst1.remove( "is" )                  #从列表中移除指定的元素
print( f'After lst1.remove("is"), {lst1 = }' )
print( f'{lst1.pop(0) = }' )         #从指定位置弹出列表元素，默认弹出列表的最后一个元素
print( f'After lst1.pop(0), {lst1 = }' )
lst1.extend( "Love" )                #将参数转换成列表元素后，连接到原列表的末尾
print(f'After lst1.extend( "Love" ), {lst1 = }')
```

```
lst1.sort()                          #对列表元素按照 ASCII 值从小到大的顺序进行排序
print( f'After lst1.sort(), {lst1 = }' )
print( "'o'在 lst1 中出现了", lst1.count("o"), "次" )    #在列表中对指定的内容进行计数
print( "'t'在 lst1 中的索引值是: ", lst1.index( "t" ) )
#在列表中查找指定的内容，返回其索引值
lst1 = [ 1, 2, 3 ]
lst2 = lst1.copy()
#通过 copy()方法可以复制原列表对象，得到一个新的列表对象
lst2[0] = 100
print( f"{lst1 = }, {lst2 = }" )
```

以上程序执行后的输出结果为：

```
lst1 = ['P', 'y', 't', 'h', 'o', 'n']
After lst1.append("666"), lst1 = ['P', 'y', 't', 'h', 'o', 'n', '666']
After lst1.insert(1, "is"), lst1 = ['P', 'is', 'y', 't', 'h', 'o', 'n', '666']
After lst1.remove("is"), lst1 = ['P', 'y', 't', 'h', 'o', 'n', '666']
lst1.pop(0) = 'P'
After lst1.pop(0), lst1 = ['y', 't', 'h', 'o', 'n', '666']
After lst1.extend("Love"), lst1 = ['y', 't', 'h', 'o', 'n', '666', 'L',
                                   'o', 'v', 'e']
After lst1.sort(), lst1 = ['666', 'L', 'e', 'h', 'n', 'o', 'o', 't', 'v', 'y']
'o'在 lst1 中出现了 2 次
't'在 lst1 中的索引值是: 7
lst1 = [100, 2, 3], lst2 = [1, 2, 3]
```

（3）列表推导式

还有一种快速创建列表对象的方法——构造列表推导式，即将列表元素的生成规则放置在一对方括号内完成列表的创建，例如代码 2.18 所示。

```
#代码 2.18 列表推导式的使用
lst1 = [ n for n in range(1,10) if n%2 ==1 ]    #创建 10 以内的奇数构成的列表
print( f"{lst1 = }" )
lst2 = [ 5 * n for n in range(5) ]              #创建等差数列构成的列表
print( f"{lst2 = }" )
lst3 = [ 3 ** n for n in range(5) ]             #创建等比数列构成的列表
print( f"{lst3 = }" )
```

以上程序执行后的输出结果为：

```
lst1 = [1, 3, 5, 7, 9]
lst2 = [0, 5, 10, 15, 20]
lst3 = [1, 3, 9, 27, 81]
```

2.2.2 元组

（1）元组的定义和基本运算

元组（tuple）与列表一样，它也是一种序列数据类型，但是它是一种不可变的序列数据类型。创建好元组对象后，其中的元素不可以增删或被修改，例如代码 2.19 所示。

```
#代码 2.19 元组对象的定义和基本运算
tup1, tup2, tup3 = tuple(), ( 1, ), ( 2, 3 )    #定义空元组、一元组、二元组
print( f"{tup1 = }, {tup2 = }, {tup3 = }" )
tup1 = tup2 + tup3
#通过加号运算符连接两个旧元组，得到一个新元组
print( f"{tup1 = }" )
```

```
tup1 = tuple( "Python!" )
print( f"{tup1[2] = }, {tup1[3:6] = }" )          #元组也支持索引和切片运算
tup1[2] = 'a'
#由于元组是不可变对象，其元素不可以修改，因此该语句报错
```

以上程序执行后的输出结果为：

```
tup1 = (), tup2 = (1,), tup3 = (2, 3)
tup1 = (1, 2, 3)
tup1[2] = 't', tup1[3:6] = ('h', 'o', 'n')
Traceback (most recent call last):
  File "程序范例/代码2.19.py", line 8, in <module>
    tup1[2] = 'a'          #由于元组是不可变对象，其元素不可以修改，因此该语句报错
TypeError: 'tuple' object does not support item assignment
```

（2）元组对象的常用方法

在 Python 中，元组对象具有一系列已经定义好的方法可以直接使用，例如代码 2.20 所示。

```
#代码2.20 元组对象的常用方法
tup1 = tuple( "Beautiful is better than ugly." )
#tuple()函数可以将参数对象转换成元组
print( f"{tup1 = }" )
print( f"{tup1.count('t') = }" )      #统计指定的参数在元组中出现的次数
print( f"{tup1.index('a') = }" )      #查找指定的参数，并返回其在元组中的索引值
```

以上程序执行后的输出结果为：

```
tup1 = ('B', 'e', 'a', 'u', 't', 'i', 'f', 'u', 'l', ' ', 'i', 's', ' ',
        'b', 'e', 't', 't', 'e', 'r', ' ', 't', 'h', 'a', 'n', ' ', 'u',
        'g', 'l', 'y', '.')
tup1.count('t') = 4
tup1.index('a') = 2
```

2.2.3　字典

（1）字典的定义和基本运算

字典（dict）是 Python 中的一种表示映射关系的对象类型，其中的元素由"键-值"（Key-Value）对构成，它是一种可变数据类型。由于字典不属于序列类型对象，因此用户不能像列表或元组那样使用索引值访问其中的元素，而是要通过元素的键访问对应的元素内容，且字典中的键必须是唯一的，例如代码 2.21 所示。

```
#代码2.21 字典对象的定义和基本运算
dct1 = { }    #定义一个空字典
#字典元素的键可以是整数、字符串和元组等不可变对象
dct1 = { 1:"Python", "Tom":"Male", (3,4):"Red" }
print( f"{dct1[1] = }, {dct1['Tom'] = }, {dct1[(3,4)] = }" )
dct1[ (3, 4) ] = "Blue"        #字典元素是可以被修改的
del dct1[1]                    #字典元素可以被删除
dct1[2] = "Java"               #字典中可以随时添加元素
print( f"After change: {dct1 = }" )
#如果一个容器对象中的每个元素都是包含两个元素的对象，则该容器对象可以被转换成字典
dct2 = dict( [ [ 1,"Python" ], [ "Tom", "Male" ], [ ( 3, 4 ), "Red" ] ] )
print( f"{dct2 = }" )
#使用zip()函数可以在两个对象之间建立元素的对应关系，从而创建字典
```

```
dct3 = dict( zip( [ "Tom", "Jack", "Rose" ], [ "Male", "Male", "Female" ] ) )
print(f"{dct3 = }")
```

以上程序执行后的输出结果为：

```
dct1[1] = 'Python', dct1['Tom'] = 'Male', dct1[(3,4)] = 'Red'
After change: dct1 = {'Tom': 'Male', (3, 4): 'Blue', 2: 'Java'}
dct2 = {1: 'Python', 'Tom': 'Male', (3, 4): 'Red'}
dct3 = {'Tom': 'Male', 'Jack': 'Male', 'Rose': 'Female'}
```

（2）字典对象的常用方法

在 Python 中，字典对象具有一系列已经定义好的方法可以直接使用，例如代码 2.22 所示。

```
#代码 2.22 字典对象的常用方法
dct1 = dict(zip ( [ "Tom", "Jack", "Rose" ], [ "Male", "Male", "Female" ] ) )
print( f"{dct1.keys() = }" )                #keys()方法可以返回字典中的所有键
print( f"{dct1.values() = }" )              #values()方法可以返回字典中的所有值
print( f"{dct1.items() = }" )               #items()方法可以返回字典中的所有键-值对
#get()方法用来返回以参数 1 作为键的元素值，如果找不到则返回参数 2 对应的内容
print( f"{dct1.get('Tom','Unknown') = }" )
print( f"{dct1.get('Jerry','Unknown') = }" )
dct2 = dct1.copy()
#copy()方法通过复制原字典中的数据创建一个新的字典对象
print( f"{dct2 = }" )
print( f"{dct2.popitem() = }" )             #popitem()方法用于弹出最后被加入字典的元素
print( f"{dct2.pop('Tom') = }" )            #pop()方法用于弹出字典中的指定元素，并返回其值
print( f"After pop: {dct2 = }" )
dct2.update( { 'Jerry':'Male' } )
#update()方法的作用是使用参数对象的内容对字典进行更新
print( f"After update: {dct2 = }" )
print( f"{dct2.clear() = }" )               #clear()方法可以将字典中的元素清空
#fromkeys()方法可以用参数 1 作为若干键，参数 2 作为对应的值，创建一个字典
dct3 = dict.fromkeys( [ "Alice", "Mary" ], "Female" )
print( f"{dct3 = }" )
#setdefault()方法用于以参数作为键-值对插入元素，如果键已存在，则返回其已有的值
print( f"{dct3.setdefault('Alice','Male') = }" )
print( f"{dct3.setdefault('John','Male') = }" )
print( f"After setdefault: {dct3 = }" )
```

以上程序执行后的输出结果为：

```
dct1.keys() = dict_keys(['Tom', 'Jack', 'Rose'])
dct1.values() = dict_values(['Male', 'Male', 'Female'])
dct1.items() = dict_items([('Tom', 'Male'), ('Jack', 'Male'), ('Rose', 'Female')])
dct1.get('Tom','Unknown') = 'Male'
dct1.get('Jerry','Unknown') = 'Unknown'
dct2 = {'Tom': 'Male', 'Jack': 'Male', 'Rose': 'Female'}
dct2.popitem() = ('Rose', 'Female')
dct2.pop('Tom') = 'Male'
After pop: dct2 = {'Jack': 'Male'}
After update: dct2 = {'Jack': 'Male', 'Jerry': 'Male'}
dct2.clear() = None
dct3 = {'Alice': 'Female', 'Mary': 'Female'}
dct3.setdefault('Alice','Male') = 'Female'
```

```
dct3.setdefault('John','Male') = 'Male'
After setdefault: dct3 = {'Alice': 'Female', 'Mary': 'Female', 'John': 'Male'}
```

（3）字典推导式

字典推导式的使用方法与列表推导式的非常相似，例如代码 2.23 所示。

```
#代码 2.23 字典推导式的使用
dct1 = { x: x**2 for x in range(1,10) if x%2==1 }
print ( f"{dct1 = }" )
```

以上程序执行后的输出结果为：

```
dct1 = {1: 1, 3: 9, 5: 25, 7: 49, 9: 81}
```

2.2.4　集合

（1）集合的定义和基本运算

集合是一种非序列容器对象，其中的每个元素都是唯一的。可变集合（set）表示集合创建后依然可以对其中的元素进行增减或修改，不可变集合（frozenset）表示集合一旦创建，其中的元素便无法修改，例如代码 2.24 所示。

```
#代码 2.24 集合对象的定义和基本运算
set1 = { 1, 2, 3, 4, 5 }                #定义可变集合对象
set2 = { 3, 4, 5, 6, 7 }
print( f"{3 in set1 = }" )              #判断某个元素是否在集合中
print( f"{set1|set2 = }" )              #求两个集合的并集
print( f"{set1&set2 = }" )              #求两个集合的交集
print( f"{set1-set2 = }" )              #求两个集合的差集
print( f"{set2-set1 = }" )
set2 = set1
print( f"{set1 = }, {set2 = }" )
print( f"{set1<set2 = }" )              #判断集合 set1 是否为集合 set2 的真子集
print( f"{set1<=set2 = }" )             #判断集合 set1 是否为集合 set2 的子集
set3 = frozenset( { 1, 2, 3 } )         #创建不可变集合
print( f"{set3 = }" )
set3.add(4)                             #不可变集合是无法对元素进行修改的，所以程序报错
```

以上程序执行后的输出结果为：

```
3 in set1 = True
set1|set2 = {1, 2, 3, 4, 5, 6, 7}
set1&set2 = {3, 4, 5}
set1-set2 = {1, 2}
set2-set1 = {6, 7}
set1 = {1, 2, 3, 4, 5}, set2 = {1, 2, 3, 4, 5}
set1<set2 = False
set1<=set2 = True
set3 = frozenset({1, 2, 3})
Traceback (most recent call last):
  File "代码 2.24.py", line 15, in <module>
    set3.add(4) #无法对不可变集合的元素进行修改，所以程序报错
AttributeError: 'frozenset' object has no attribute 'add'
```

（2）集合对象的常用方法

在 Python 中，集合对象具有一系列已经定义好的方法可以直接使用，例如代码 2.25 所示。

```
#代码2.25 集合对象的常用方法
set1 = { 1, 2, 3, 4, 5 }                    #定义可变集合对象
set1.add(6)                                  #向可变集合中添加元素
print( f"After add: {set1 = }" )
set1.remove(6)                 #从可变集合中删除元素，如果该元素不存在就报错
set1.discard(6)                #从可变集合中删除元素，如果该元素不存在，什么也不做
print( f"After remove: {set1 = }" )
set2 = { 3, 4, 5, 6, 7 }
print( f"{set1 = }, {set2 = }" )
print( f"{set1.union(set2) = }" )           #求两个集合的并集
print( f"{set1.intersection(set2) = }" )    #求两个集合的交集
print( f"{set1.difference(set2) = }" )      #求两个集合的差集
print( f"Before update: {set1 = }, {set2 = }" )
set1.update(set2)                            #用参数中的对象更新可变集合
print( f"After update: {set1 = }" )
print( f"{set2.issubset(set1) = }" )         #判断set2是否是set1的子集
print( f"{set1.issuperset(set2) = }" )       #判断set1是否是set2的父集
```

以上程序执行后的输出结果为：

```
After add: set1 = {1, 2, 3, 4, 5, 6}
After remove: set1 = {1, 2, 3, 4, 5}
set1 = {1, 2, 3, 4, 5}, set2 = {3, 4, 5, 6, 7}
set1.union(set2) = {1, 2, 3, 4, 5, 6, 7}
set1.intersection(set2) = {3, 4, 5}
set1.difference(set2) = {1, 2}
Before update: set1 = {1, 2, 3, 4, 5}, set2 = {3, 4, 5, 6, 7}
After update: set1 = {1, 2, 3, 4, 5, 6, 7}
set2.issubset(set1) = True
set1.issuperset(set2) = True
```

2.3 函数

2.3.1 函数的定义和调用

随着程序的功能越来越复杂，程序中会有大量重复的代码出现。为了避免发生这种现象，可以在程序中将代码块定义成函数，并在需要使用时，调用相应函数，例如代码2.26所示。

```
#代码2.26 从键盘输入一个正整数，判断其是否为素数
def isPrime( n ) :
    for i in range( 2, n ) :
        if n%i ==0 :
            return False
        else:
            return True
num = int( input( "请输入一个正整数: " ) )
print( f"{num}是素数" if isPrime(num) else f"{num}不是素数" )
```

以上程序执行后的输出结果为：

```
请输入一个正整数: 23
23 是素数
```

通过观察程序的输出结果可知，isPrime()函数内部完成判断是否为素数的功能，只需要

调用该函数并将需要判定的数以参数的形式传递给函数，就可以得到判断的结果。函数内部通过关键字 return 将结果返回给函数的调用者。

Python 函数的参数可以拥有一个设定的默认值，例如代码 2.27 所示。

```
#代码 2.27 参数的默认值
def fun( a = 10, b = 20, c = 30 ) :
    return f"{a} + {b} + {c} = {a+b+c}"
print( fun( 15, 25, 35 ) )      #没有使用参数默认值
print( fun( 15, 20 ) )          #参数 c 使用了默认值 30
print( fun( b = 15 ) )          #参数 a 和参数 c 使用了默认值
print( fun() )                  #所有参数都采用默认值
```

以上程序执行后的输出结果为：

```
15 + 25 + 35 = 75
15 + 20 + 30 = 65
10 + 15 + 30 = 55
10 + 20 + 30 = 60
```

2.3.2　匿名函数与 lambda 关键字

lambda 表达式的功能是创建一个非常短小的函数应用，将参数和返回值的关系进行约定，例如代码 2.28 所示。由于使用 lambda 表达式创建的函数不需要定义函数名，因此该函数也被称为匿名函数。

```
#代码 2.28 匿名函数 lambda 表达式的应用
ages = { "Tom":20, "Jack":19, "Rose":18, "Mary":21 }
print( f"{sorted(ages) = }" )
#默认的排序方式是按照键从小到大的顺序
#在 sorted()函数中，可以通过指定 key 参数对应的函数来改变排序的依据
print( f"{sorted(ages, key = lambda x:ages[x]) = }" )
#以 lambda 表达式的返回值（即年龄）进行排序
```

以上程序执行后的输出结果为：

```
sorted(ages) = ['Jack', 'Mary', 'Rose', 'Tom']
sorted(ages, key=lambda x:ages[x]) = ['Rose', 'Jack', 'Tom', 'Mary']
```

2.4　异常处理和文件操作

2.4.1　异常处理

程序在执行的过程中可能会遇到未知的错误，Python 中的异常处理机制可以在程序发生错误时执行指定的语句块，以提升用户体验，例如代码 2.29 所示。

```
#代码 2.29 异常处理机制的使用
lst1 = [ 2, 0 ]
for i in range( 3 ) :
    print( f"循环的第{i+1}次运行: " )
    try:
        print( f"{36/lst1[i] = }" )
    except Exception as e :
        print( "程序产生了异常: ", e )
    else:
```

```
        print( "程序没有产生异常" )
    finally:
        print( "无论有没有产生异常，这里的代码都会被执行" )
```

以上程序执行后的输出结果为：

```
循环的第 1 次运行：
36/lst1[i] = 18.0
程序没有产生异常
无论有没有产生异常，这里的代码都会被执行
循环的第 2 次运行：
程序产生了异常：division by zero
无论有没有产生异常，这里的代码都会被执行
循环的第 3 次运行：
程序产生了异常：list index out of range
无论有没有产生异常，这里的代码都会被执行
```

通过观察程序的输出结果可知，关键字 try 包含的语句块就包含可能运行出错的代码。如果该语句块中的代码在运行时遇到错误，则会跳转到关键字 except 包含的语句块中继续执行。反之，如果 try 语句块的代码在运行时没有遇到错误，则在执行完后跳转到 else 语句块继续执行。最后，无论 try 语句块中的代码有没有遇到错误，程序都将执行关键字 finally 包含的语句块。

2.4.2 文件处理的一般过程

Python 支持以文本文件或者二进制文件的方式对文件进行操作，操作文件的一般过程包括：

（1）使用 open()函数打开文件对象，在该函数的参数中可以指定文件的路径和打开文件的方式；

（2）如果是写入文件，则使用 write()或者 writelines()函数将数据写入文件；

（3）如果是读取文件，则使用 read()、readline()或者 readlines()函数读取文件的具体内容；

（4）读写完后，使用 close()函数关闭文件对象。若使用关键字 with 包含文件操作的程序，则可以省略关闭文件的代码。

Python 提供上下文资源管理器机制，在程序执行过程中，用来管理由关键字 with 创建的资源对象，即当资源打开后，无须用户编写关闭资源的程序，而是由 Python 决定何时关闭对应的资源对象。

2.4.3 文件的写操作

按照上述文件处理的一般过程，将数据写入文件的程序如代码 2.30 所示。

```
#代码 2.30 将数据写入文件
with open( "data.txt", "w" ) as file :
    file.write( "人生苦短，我用 Python。\n" )    #写入单个字符串
    poem = [
        "静夜思（唐 李白)\n",
        "床前明月光，\n",
        "疑是地上霜。\n",
        "举头望明月，\n",
        "低头思故乡。\n"
    ]
    file.writelines( poem )                    #写入容器对象中的字符串
```

以上程序执行后，在程序所在的文件夹中可以发现新增了一个 data.txt 文件，其内容为：

人生苦短，我用 Python。
静夜思（唐 李白）
床前明月光，
疑是地上霜。
举头望明月，
低头思故乡。

2.4.4　文件的读操作

同理，按照上述文件处理的一般过程，从文件中读取数据的程序可以参考代码 2.31 所示。

```python
#代码 2.31 从文件中读取数据
with open( "data.txt", "r" ) as file :
    str1 = file.read()                       #从文件中读取所有内容
    print( "str1 =", repr( str1 ) )
    file.seek( 0 )                           #将读取位置恢复到文件的首部
    str2 = file.readline()                   #从文件中读取一行内容
    print( "str2 =", repr( str2 ) )
    file.seek( 0 )
    str3 = file.readlines ()                 #从文件中读取所有内容到列表中
    print( "str3 =", repr( str3 ) )
```

以上程序执行后的输出结果为：

str1 = '人生苦短，我用 Python。\n静夜思（唐 李白)\n床前明月光，\n疑是地上霜。
　　　　　　　　　　　　　　　　\n举头望明月，\n低头思故乡。\n'
str2 = '人生苦短，我用 Python。\n'
str3 = ['人生苦短，我用 Python。\n', '静夜思（唐 李白)\n', '床前明月光，\n', '疑是地上霜。
　　　　　　　　　　　　　　　　\n', '举头望明月，\n', '低头思故乡。\n']

2.5　面向对象程序设计

面向对象程序设计是以数据为中心的程序设计方式。面向对象的程序是以对象作为基础构件组成，每个对象由一些数据和对这些数据的操作构成，通过对象间的消息传递完成对数据的操作。相同特征的对象使用类进行抽象描述。

2.5.1　类和对象

在面向对象程序设计中，需要先定义类再使用该类的实例，即对象。Python 中有许多已经定义好的类（如列表、字典等），也允许用户自己定义类。例如，在程序中定义一个描述水果商店的类，如代码 2.32 所示。

```python
#代码 2.32　shop.py 定义一个类，用来描述水果商店
class FruitShop :
    def __init__( self, name, fruitPrices ) :
        """
            name: 水果商店的名称
            fruitPrices: 水果店中每种水果的单价，用字典结构保存，例如
            {'apples':2.00, 'oranges': 1.50, 'pears': 1.75}
        """
        self.fruitPrices = fruitPrices
```

```
        self.name = name
        print( f'Welcome to {name} fruit shop' )

    def getCostPerPound( self, fruit ) :
        """
            fruit: 水果的名称
            return: 返回水果店中对应水果的单价，若找不到则返回 None
        """
        if fruit not in self.fruitPrices:
            return None
        return self.fruitPrices[fruit]

    def getPriceOfOrder( self, orderList ) :
        """
            orderList: 以元组(fruit, numPounds)为元素的列表
            return: 返回该订单的总价
        """
        totalCost = 0.0
        for fruit, numPounds in orderList:
            costPerPound = self.getCostPerPound(fruit)
            if costPerPound != None:
                totalCost += numPounds * costPerPound
        return totalCost

    def getName( self ) :
        return self.name
```

通过观察上述代码可见，水果店有两个特征，分别为商店名称和店内水果的单价，定义 __init__ 方法对水果店的特征进行初始化操作，其中的第一个参数必须为表示自身的 self 参数，在程序执行过程中，该参数表示对象本身。之后的 3 个方法的功能分别是得到该水果店中某个水果的单价、计算某水果订单的总价以及返回该水果店的名称。

为了使用定义好的类，我们需要创建对象，通过对象使用类中的方法进行数据操作，如代码 2.33 所示。

```
#代码2.33 使用自定义的类创建对象
import shop #代码2.32 所定义的类
shopName = 'the Lucky Cow'
fruitPrices = { 'apples': 1.00, 'oranges': 1.50, 'pears': 1.75 }
berkeleyShop = shop.FruitShop( shopName, fruitPrices )
applePrice = berkeleyShop.getCostPerPound( 'apples' )
print( applePrice )
print( f'Apples cost ${ applePrice : .2f} at { shopName }.' )
otherName = 'the Happy Cat'
otherFruitPrices = { 'kiwis':6.00, 'apples': 4.50, 'peaches': 8.75 }
otherFruitShop = shop.FruitShop( otherName, otherFruitPrices )
otherPrice = otherFruitShop.getCostPerPound( 'apples' )
print( otherPrice )
print( f'Apples cost ${ otherPrice : .2f} at { otherName }.' )
```

以上程序执行后的输出结果为：

```
Welcome to the Lucky Cow fruit shop
1.0
```

```
Apples cost $ 1.00 at the Lucky Cow.
Welcome to the Happy Cat fruit shop
4.5
Apples cost $ 4.50 at the Happy Cat.
```

观察上述代码的运行结果可以发现，语句 berkeleyShop = shop.FruitShop(shopName, fruitPrices) 创建了一个水果商店的对象，在创建的过程中，程序调用了__init__方法进行对象的初始化。特别要注意的是，虽然__init__方法的定义中有 3 个参数，但创建对象时只需要给它传递两个参数，这是因为 Python 会将创建好的对象本身传递给__init__方法的 self 参数。

2.5.2 类的继承

面向对象程序设计的一个显著优势体现在代码复用方面。用户可以通过扩展或修改一个已经定义好的类来建立新的类，不需要再次定义已有类的功能，这种机制称为继承（Inheritance），例如代码 2.34 所示。

```
#代码 2.34 类的继承实例
class Dog:
    def __init__( self,name ) :
        self.name = name
    def greet( self ) :
        print(f"I am {self.name}.")
class BarkingDog( Dog ):
    def bark( self ):
        print( "汪汪汪～～" )
dog = BarkingDog( "旺财" )
dog.greet()
dog.bark()
```

以上程序执行后的输出结果为：

```
I am 旺财.
汪汪汪～～
```

观察代码 2.34 可以知道，程序中定义了 Dog 类，同时从其衍生出 BarkingDog 类，我们称 Dog 类是 BarkingDog 类的父类，BarkingDog 类是 Dog 类的子类。使用 BarkingDog 类创建的对象自动具备了 Dog 类的所有属性和方法，也就是说子类的对象自动具备了父类的所有属性和方法，同时还拥有子类自身定义的属性和方法。通过类的继承，用户可以很方便地获得已有类的所有功能，同时还可以对其进行增强和完善，大大提高了开发的效率。

2.6 数值计算库 NumPy

NumPy 是一个用于数值计算的第三方模块，包含很多功能，例如创建数组或矩阵对象、对数组或矩阵对象进行函数运算、完成数值积分或线性代数的运算等。使用 NumPy 之前，需要在操作系统的终端或者命令提示符窗口中使用 pip 指令进行安装。

2.6.1 NumPy 多维数组

（1）创建数组对象

通过 NumPy 中的 array()函数可以依据列表、元组或其他序列类型对象中的数据，创建数组（ndarray）对象，ndarray 对象和列表不一样，其中元素的数据类型必须保持一致，例如代码 2.35 所示。

```python
#代码 2.35 使用 NumPy 中的 array()函数创建数组
import numpy as np
arr1 = np.array( [ 1, 2, 3 ] )                          #创建一维数组
print( f"{arr1 = }" )
arr2 = np.array( [ [ 1, 2 ], [ 3, 4 ], [5 , 6 ] ] )    #创建二维数组
print( f"{arr2 = }" )
print( f"{arr2.dtype = }" )                            #查看数组的元素类型
arr3 = np.array( [ 1 ,2, 3] , dtype = 'float64' )      #以指定的数据类型创建数组
print( f"{arr3 = }" )
print( f"{arr3.dtype = }" )      #数据类型 float64 指的是 64 位的双精度浮点数
```

以上程序执行后的输出结果为：

```
arr1 = array([1, 2, 3])
arr2 = array([[1, 2],
              [3, 4],
              [5, 6]])
arr2.dtype = dtype('int32')
arr3 = array([1., 2., 3.])
arr3.dtype = dtype('float64')
```

NumPy 中还有一些函数用于创建具有某些特征的数组对象，例如代码 2.36 所示。

```python
#代码 2.36 创建特征数组对象
import numpy as np
#使用 arange()函数创建由连续数值构成的数组，3 个参数分别表示起始值、终止值（不包含）、步进值
print( f"{np.arange(10, 20, 2) = }" )
print( f"{np.arange(0.1, 1, 0.2) = }" )
#使用 linspace()函数创建等差数列数组，3 个参数分别表示起始值、终止值、元素数量
print( f"{np.linspace(0, 1, 5) = }" )
#使用 logspace()函数创建等比数列数组，前两个参数分别是以 10 的幂表示的起始值和终止值
print( f"{np.logspace(0, 1, 5) = }" )
print( f"{np.zeros([3, 2]) = }" )              #使用 zeros()函数创建全 0 数组
print( f"{np.ones([2, 3]) = }" )               #使用 ones()函数创建全 1 数组
print( f"{np.identity(3) = }" )                #使用 identity()函数创建单位数组
print( f"{np.diag([1, 2, 3, 4]) = }" )         #使用 diag()函数创建对角线数组
```

以上程序执行后的输出结果为：

```
np.arange(10, 20, 2) = array([10, 12, 14, 16, 18])
np.arange(0.1, 1, 0.2) = array([0.1, 0.3, 0.5, 0.7, 0.9])
np.linspace(0, 1, 5) = array([0.  , 0.25, 0.5 , 0.75, 1.  ])
np.logspace(0, 1, 5) = array([ 1.        ,  1.77827941,  3.16227766,
                               5.62341325, 10.        ])
np.zeros([3, 2]) = array([[0., 0.],
                          [0., 0.],
                          [0., 0.]])
np.ones([2, 3]) = array([[1., 1., 1.],
                         [1., 1., 1.]])
np.identity(3) = array([[1., 0., 0.],
                        [0., 1., 0.],
                        [0., 0., 1.]])
np.diag([1, 2, 3, 4]) = array([[1, 0, 0, 0],
```

```
                              [0, 2, 0, 0],
                              [0, 0, 3, 0],
                              [0, 0, 0, 4]])
```

（2）ndarray 对象属性和数据类型转换

程序中创建好的 ndarray 对象具有一系列有用的属性，例如代码 2.37 所示。

```
#代码 2.37 ndarray 对象的属性
import numpy as np
arr1 = np.array( [ [ 1, 2, 3 ], [ 4, 5, 6 ] ] )
print( f"{arr1.dtype = }" )                #dtype 属性表示元素的类型
print( f"{arr1.ndim = }" )                 #ndim 属性表示数组的维度
print( f"{arr1.shape = }" )                #shape 属性表示数组每一维的大小
print( f"{arr1.size = }" )                 #size 属性表示数组元素的数量
arr1.shape = 3, 2                          #通过设置 shape 属性，可以改变数组元素的排列
print( f"After shape: {arr1.shape = }" )
arr2 = arr1.astype( np.float64 )           #astype()方法可以按照指定的类型得到新数组
print( f"After astype: {arr1.dtype = }, {arr2.dtype = }" )
```

以上程序执行后的输出结果为：

```
arr1.dtype = dtype('int32')
arr1.ndim = 2
arr1.shape = (2, 3)
arr1.size = 6
After shape: arr1.shape = (3, 2)
After astype: arr1.dtype = dtype('int32'), arr2.dtype = dtype('float64')
```

（3）生成随机数

NumPy 中包含 random 模块，其中包含大量有用的随机数生成函数，例如代码 2.38 所示。

```
#代码 2.38 random 模块中的函数举例
from numpy import random, arange
arr1 = arange( 15 )
random.shuffle( arr1 )       #将有序的数组随机打乱
print( f"After shuffle: {arr1 = }" )
#choice()函数用于在样本中随机进行抽取
print( f"{random.choice(arr1, size = (2,3)) = }" )
#randint()函数用于在指定的范围内构成随机整数数组
print( f"{random.randint(10, 20, size = (3,3)) = }" )
#permutation()函数用于直接生成一个乱序数组
print( f"{random.permutation(10) = }" )
#normal()函数用于产生满足正态分布的随机数，第一个参数是期望值，第二个参数是标准差
print( f"{random.normal(100, 10, size = (2,3)) = }" )
#uniform()函数用于产生满足均匀分布的随机数，前两个参数分别是区间的起始值和终止值
print( f"{random.uniform(10, 20, size = (2,3)) = }" )
#poisson()函数用于产生满足泊松分布的随机数，第一个参数用于指定 λ 系数
print( f"{random.poisson(2.0, size = (2,3)) = }" )
#beta()函数用于产生满足 beta 分布的随机数
print( f"{random.beta(1, 3, size = (2,3)) = }" )
#chisquare()函数用于产生满足卡方分布的随机数，第一个参数表示自由度数
print( f"{random.chisquare(3 ,size = (2,3)) = }" )
#gamma()函数用于产生满足伽玛分布的随机数
print( f"{random.gamma(2, 2 ,size = (2,3)) = }" )
```

以上程序执行后的输出结果为：

```
After shuffle: arr1 = array([ 9,   4,   1,   0, 10, 12, 11, 13,   6, 14,   8,
                             3,   7,   5,   2])
random.choice(arr1, size = (2,3)) = array([[ 5,   5, 12],
                                           [ 2,   8, 10]])
random.randint(10, 20, size = (3,3)) = array([[13, 19, 11],
                                              [17, 12, 16],
                                              [15, 10, 16]])
random.permutation(10) = array([8, 6, 3, 0, 1, 4, 9, 2, 7, 5])
random.normal(100, 10, size = (2,3)) = array([[ 83.42824952,  92.66955887,
           100.60307377],
       [ 95.58145811, 104.77311077,  97.97753691]])
random.uniform(10, 20, size = (2,3)) = array([[17.80182373, 19.33235502,
           16.95735011],
       [17.23302415, 16.5463189 , 10.30490769]])
random.poisson(2.0, size = (2,3)) = array([[3, 1, 2],
                                           [1, 2, 5]])
random.beta(1, 3, size = (2,3)) = array([[0.01704599, 0.26251628, 0.19433937],
                                         [0.30835625, 0.20066821, 0.3933896 ]])
random.chisquare(3 ,size = (2,3)) = array([[2.20553738, 1.97715194, 5.69820467],
                                           [4.2221137 , 5.69791297, 1.53055184]])
random.gamma(2, 2 ,size = (2,3)) = array([[2.69686606, 0.62741321, 8.28308009],
                                          [1.47876738, 3.2279536 , 5.21446447]])
```

（4）数组变换

对于定义好的数组，可以通过 reshape()方法改变其维度；与 reshape()功能相反的方法是数据散开 ravel()方法和数据扁平化 flatten()方法，例如代码 2.39 所示。

```
#代码2.39 改变数组维度和数据散开示例
import numpy as np
arr1 = np.arange( 12 )
print( f"{arr1 = }" )
arr2 = arr1.reshape( 4, 3 )
print( f"{arr2 = }" )
arr3 = arr1.reshape( 2, -1 )        #参数-1表示该维度的元素个数通过元素总数进行推算
print( f"{arr3 = }" )
arr4 = arr3.ravel()                 #arr4是arr3进行数据散开后的结果
print( f"{arr4 = }" )
```

以上程序执行后的输出结果为：

```
arr1 = array([ 0,   1,   2,   3,   4,   5,   6,   7,   8,   9, 10, 11])
arr2 = array([[ 0,   1,   2],
              [ 3,   4,   5],
              [ 6,   7,   8],
              [ 9, 10, 11]])
arr3 = array([[ 0,   1,   2,   3,   4,   5],
              [ 6,   7,   8,   9, 10, 11]])
arr4 = array([ 0,   1,   2,   3,   4,   5,   6,   7,   8,   9, 10, 11])
```

使用 NumPy 中 hstack()、vstack()和 concatenate()函数可以完成数组的合并，例如代码 2.40 所示。

```
#代码2.40 数组合并示例
import numpy as np
arr1 = np.arange( 4 ).reshape( 2, 2 )
```

```
arr2 = np.arange( 4, 8 ).reshape( 2, 2 )
print( f"{arr1 = }" )
print( f"{arr2 = }" )
print( f"{np.hstack([arr1,arr2]) = }" )
print( f"{np.vstack([arr1,arr2]) = }" )
#concatenate()函数的参数 axis, 其值为 1 时表示横向合并, 为 0 时表示纵向合并
Print( f"{np.concatenate([arr1,arr2], axis = 1) = }" )
print( f"{np.concatenate([arr1,arr2], axis = 0) = }" )
```

以上程序执行后的输出结果为:

```
arr1 = array([[0, 1],
              [2, 3]])
arr2 = array([[4, 5],
              [6, 7]])
np.hstack([arr1,arr2]) = array([[0, 1, 4, 5],
                                [2, 3, 6, 7]])
np.vstack([arr1,arr2]) = array([[0, 1],
                                [2, 3],
                                [4, 5],
                                [6, 7]])
np.concatenate([arr1,arr2], axis = 1) = array([[0, 1, 4, 5],
                                               [2, 3, 6, 7]])
np.concatenate([arr1,arr2], axis = 0) = array([[0, 1],
                                               [2, 3],
                                               [4, 5],
                                               [6, 7]])
```

与数组合并相反, NumPy 还提供了 hsplit()、vsplit()和 split()函数用于实现数组的分割, 例如代码 2.41 所示。

```
#代码 2.41 数组分割示例
import numpy as np
from numpy.core.fromnumeric import reshape
arr1 = np.arange( 4 ).reshape( 2, 2 )
print( f"{arr1 = }" )
print( f"{np.hsplit(arr1,2) = }" )
print( f"{np.vsplit(arr1,2) = }" )
#split()函数的参数 axis, 其值为 1 时表示横向分割, 为 0 时表示纵向分割
print( f"{np.split(arr1,2,axis = 1) = }" )
print( f"{np.split(arr1,2,axis = 0) = }" )
```

以上程序执行后的输出结果为:

```
arr1 = array([[0, 1],
              [2, 3]])
np.hsplit(arr1,2) = [array([[0],[2]]), array([[1],[3]])]
np.vsplit(arr1,2) = [array([[0, 1]]), array([[2, 3]])]
np.split(arr1,2,axis = 1) = [array([[0],[2]]), array([[1],[3]])]
np.split(arr1,2,axis = 0) = [array([[0, 1]]), array([[2, 3]])]
```

数组转置是数组重塑的一种非常重要的应用形式, 可以使用 transpose()方法和 T 属性实

现，例如代码 2.42 所示。

```
#代码 2.42 数组的转置
import numpy as np
arr1 = np.arange( 6 ).reshape( 2, 3 )
print( f"{arr1 = }" )
print( f"{arr1.T = }" )
print( f"{arr1.transpose() = }" )
```

以上程序执行后的输出结果为：

```
arr1 = array([[0, 1, 2],
              [3, 4, 5]])
arr1.T = array([[0, 3],
                [1, 4],
                [2, 5]])
arr1.transpose() = array([[0, 3],
                          [1, 4],
                          [2, 5]])
```

2.6.2　NumPy 数组的索引和切片

（1）一维数组的索引

一维数组的索引和切片方法与序列类型对象的一样，例如代码 2.43 所示。

```
#代码 2.43 一维数组的索引和切片示例
import numpy as np
arr1 = np.arange( 10 )
print( f"{arr1 = }" )
print( f"{arr1[5] = }" )
print( f"{arr1[-2] = }" )
print( f"{arr1[2:7] = }" )
```

以上程序执行后的输出结果为：

```
arr1 = array([0, 1, 2, 3, 4, 5, 6, 7, 8, 9])
arr1[5] = 5
arr1[-2] = 8
arr1[2:7] = array([2, 3, 4, 5, 6])
```

（2）多维数组的索引

对于多维数组，它的每一个维度都可以索引，各个维度的索引用逗号分隔即可，例如代码 2.44 所示。

```
#代码 2.44 多维数组的索引和切片示例
import numpy as np
arr1 = np.arange( 16 ).reshape( 4, 4 )
print( f"{arr1 = }" )
print( f"{arr1[1,2] = }" )           #选取行索引值为 1，列索引值为 2 的元素
print( f"{arr1[1:3,1:3] = }" )       #选取行、列索引值均在 [1,3) 区间内的元素
print( f"{arr1[2,:] = }" )           #选取索引值为 2 的那一行的所有元素
print( f"{arr1[:,2] = }" )           #选取索引值为 2 的那一列的所有元素
print( f"{arr1[arr1>5] = }" )        #选取元素值大于 5 的元素
```

以上程序执行后的输出结果为：

```
arr1 = array([[ 0,  1,  2,  3],
              [ 4,  5,  6,  7],
```

```
            [ 8,  9, 10, 11],
            [12, 13, 14, 15]])
arr1[1,2] = 6
arr1[1:3,1:3] = array([[ 5,  6],
                       [ 9, 10]])
arr1[2,:] = array([ 8,  9, 10, 11])
arr1[:,2] = array([ 2,  6, 10, 14])
arr1[arr1>5] = array([ 6,  7,  8,  9, 10, 11, 12, 13, 14, 15])
```

2.6.3 NumPy 数组的运算

（1）数组和标量间的运算

对于 NumPy 数组，可以直接和标量进行批量运算。对于同样的工作，其运算效率远远优于循环结构程序，例如代码 2.45 所示。

```
#代码 2.45 数组与标量间的运算示例
import numpy as np
#使用循环结构完成 10000 次乘法运算
arr1 = np.arange( 10000 )
for i in range( len( arr1 ) ) :
    arr1[i] = arr1[i] * 5
print(f"使用循环结构计算完毕后数组的前 5 项为：{arr1[:5] = }")
#使用数组结构完成 10000 次与标量的乘法运算，其运行效率远远优于上述代码
arr1 = np.arange( 10000 )
arr1 = arr1 * 5
print(f"使用数组与标量计算完毕后数组的前 5 项为：{arr1[:5] = }")
```

以上程序执行后的输出结果为：

```
使用循环结构计算完毕后数组的前 5 项为：arr1[:5] = array([ 0,  5, 10, 15, 20])
使用数组与标量计算完毕后数组的前 5 项为：arr1[:5] = array([ 0,  5, 10, 15, 20])
```

（2）数组运算中的广播机制

当两个数组的形状并不相同时，我们可以通过扩展数组的方法来实现相加、相减、相乘等操作，这称为广播（Broadcasting）机制。满足以下原则的算式可使用广播机制：如果两个数组的后缘维度（Trailing Dimension，从末尾开始算起的维度）的轴长度相符或其中一方的长度为 1，则认为它们是广播兼容的，广播会在缺失或长度为 1 的维度上进行，例如代码 2.46 所示。

```
#代码 2.46 数组运算中的广播机制示例
import numpy as np
arr1 = np.array( [ [ 0, 0, 0 ], [ 1, 1, 1 ], [ 2, 2, 2 ] ] )
arr2 = np.array( [ 1, 2, 3 ] )
print( f"{arr1 = }" )
print( f"{arr2 = }" )
print( f"{arr1 + arr2 = }" )
```

以上程序执行后的输出结果为：

```
arr1 = array([[0, 0, 0],
              [1, 1, 1],
              [2, 2, 2]])
arr2 = array([1, 2, 3])
arr1 + arr2 = array([[1, 2, 3],
                     [2, 3, 4],
                     [3, 4, 5]])
```

（3）条件逻辑运算

使用 NumPy 中的 where(参数 1,参数 2,参数 3)函数，可以实现通过对参数 1 的条件判定，返回参数 2 或者参数 3 中数组元素的功能，例如代码 2.47 所示。

```
#代码 2.47 NumPy 中 where()函数使用示例
import numpy as np
arr1 = np.array( [ [ 2, 4 ], [ 6, 7 ] ] )
arr2 = np.array( [ [ 1, 5 ], [ 3, 8 ] ] )
#数组 arr3 中的元素由 arr1 和 arr2 中对应位置较大的元素构成
arr3 = np.where( arr1>arr2, arr1, arr2 )
print( f"{arr1 = }" )
print( f"{arr2 = }" )
print( f"{arr3 = }" )
```

以上程序执行后的输出结果为：

```
arr1 = array([[2, 4],
              [6, 7]])
arr2 = array([[1, 5],
              [3, 8]])
arr3 = array([[2, 5],
              [6, 8]])
```

2.6.4 NumPy 数组的读写操作

（1）读写二进制文件

与 Python 内置函数类似,NumPy 也包含读写二进制文件或者文本文件的功能,使用 NumPy 提供的 save()函数进行二进制文件的写入，使用 NumPy 模块提供的 load()函数进行二进制文件数据的读取，例如代码 2.48 所示。

```
#代码 2.48 NumPy 中的二进制文件读写示例
import numpy as np
arr1 = np.arange( 12 ).reshape( 3, 4 )
np.save( "arr.npy", arr1 )              #将数组 arr1 保存至 arr.npy 文件中
print( f"{arr1 = }" )
arr2 = np.load( 'arr.npy' )             #将 arr.npy 中的数据读取出来
print( f"{arr2 = }" )
```

以上程序执行后的输出结果为：

```
arr1 = array([[ 0,  1,  2,  3],
              [ 4,  5,  6,  7],
              [ 8,  9, 10, 11]])
arr2 = array([[ 0,  1,  2,  3],
              [ 4,  5,  6,  7],
              [ 8,  9, 10, 11]])
```

通过观察程序的输出结果可知，arr2 中的数据与 arr1 的数据完全相同，表明之前的文件读写操作均已成功执行。

（2）读写文本文件

与操作二进制文件类似,使用 NumPy 提供的 savetxt()函数进行本文文件的写入,使用 NumPy 提供的 loadtxt()函数进行文本文件数据的读取，例如代码 2.49 所示。

```
#代码 2.49 NumPy 中的文本文件读写示例
import numpy as np
```

```
arr1 = np.arange( 12 ).reshape( 4, 3 )
#将数组 arr1 中的数据写入文本文件 arr.txt，数据之间默认以空格分隔，此处指定以逗号分隔数据
np.savetxt( "arr.txt", arr1, delimiter = ',' )
#将文本文件 arr.txt 中的数据读取出来并与变量 arr2 关联，并指定以逗号作为数据之间的分隔符
arr2 = np.loadtxt( "arr.txt", delimiter = ',' )
print( f"{arr2 = }" )
```

以上程序执行后的输出结果为：

```
arr2 = array([[ 0.,  1.,  2.],
              [ 3.,  4.,  5.],
              [ 6.,  7.,  8.],
              [ 9., 10., 11.]])
```

通过观察程序的输出结果可知，arr2 中的数据即之前由 arr1 向文件 arr.txt 中写入的数据，表明程序中的文件读写操作均已成功执行。

2.6.5　NumPy 中的数据统计与分析

（1）数据排序

使用 NumPy 中数组对象自带的 sort()方法与 argsort()方法可以轻松地完成数组的排序，例如代码 2.50 所示。

```
#代码 2.50 使用 sort()方法对数组进行排序示例
import numpy as np
arr1 = np.random.randint( 10, 20, size = 10 )
print ( f"Before sort: {arr1 = }" )
arr1.sort ()
print ( f"After sort: {arr1 = }" )
#数组的 sort()方法可以使用指定维度上的元素进行排序
arr2 = np.random.randint( 10, 20, size = ( 4, 4 ) )
print( f"Before sort: {arr2 = }" )
arr2.sort ( axis = 0 )
print( f"After sort by axis = 0: {arr2 = }" )
arr2.sort ( axis = 1 )
print( f"After sort by axis = 1: {arr2 = }" )
```

以上程序执行后的输出结果为：

```
Before sort: arr1 = array([15, 19, 19, 11, 17, 13, 13, 18, 19, 12])
After sort: arr1 = array([11, 12, 13, 13, 15, 17, 18, 19, 19, 19])
Before sort: arr2 = array([[18, 13, 18, 11],
                           [17, 17, 16, 13],
                           [19, 16, 14, 10],
                           [10, 11, 15, 18]])
After sort by axis = 0: arr2 = array([[10, 11, 14, 10],
                                      [17, 13, 15, 11],
                                      [18, 16, 16, 13],
                                      [19, 17, 18, 18]])
After sort by axis = 1: arr2 = array([[10, 10, 11, 14],
                                      [11, 13, 15, 17],
                                      [13, 16, 16, 18],
                                      [17, 18, 18, 19]])
```

argsort()方法与 sort()方法不同的地方在于返回值是该元素的索引值而非元素值本身，例如代码 2.51 所示。

```
#代码 2.51 使用 argsort()方法对数组排序示例
import numpy as np
arr1 = np.random.randint( 10, 20, size = 10 )
print( f"{arr1 = }" )
arr2 = arr1.argsort()
print( f"{arr2 = }" )
print( f"arr1 中最小元素的索引值为：{arr2[0]},arr1 中最大元素的索引值为：{arr2[-1]}" )
```

以上程序执行后的输出结果为：

```
arr1 = array([17, 16, 10, 11, 15, 18, 18, 10, 17, 19])
arr2 = array([2, 7, 3, 4, 1, 0, 8, 5, 6, 9])
arr1 中最小元素的索引值为：2,arr1 中最大元素的索引值为：9
```

通过观察程序的输出结果可知，arr2 中存放的是数组 arr1 中每个元素的索引值。如果采用默认的从小到大的顺序，则 arr2[0]表示 arr1 中最小元素的索引值，arr[-1]表示 arr1 中最大元素的索引值。

（2）数据去重和重复数据

在数据处理工作中经常会遇到重复的数据，NumPy 提供了 unique()函数用于剔除数组中的重复元素，例如代码 2.52 所示。

```
#代码 2.52 使用 unique()函数对数组进行去重示例
import numpy as np
arr1 = np.random.randint( 10, 20, size = 10 )
print( f"{arr1 = }" )
print( f"{np.unique(arr1) = }" )
```

以上程序执行后的输出结果为：

```
arr1 = array([16, 13, 15, 16, 11, 16, 15, 13, 18, 12])
np.unique(arr1) = array([11, 12, 13, 15, 16, 18])
```

与上述工作相反，有时需要将数组中的元素进行反复复制并叠加，则可以使用 NumPy 提供的 tile()函数或 repeat()函数来完成相应的运算，例如代码 2.53 所示。

```
#代码 2.53 使用 tile()函数或者 repeat()函数对数组进行重复示例
import numpy as np
arr1 = np.arange( 6 ).reshape( 2, 3 )
print( f"{arr1 = }" )
print( f"{np.tile(arr1,3) = }" )
#repeat()函数的使用与 tile()函数类似，其参数 axis 用于指定重复的维度
print( f"{np.repeat(arr1,2,axis = 0) = }" )
print( f"{np.repeat(arr1,2,axis = 1) = }" )
```

以上程序执行后的输出结果为：

```
arr1 = array([[0, 1, 2],
              [3, 4, 5]])
np.tile(arr1,3) = array([[0, 1, 2, 0, 1, 2, 0, 1, 2],
                         [3, 4, 5, 3, 4, 5, 3, 4, 5]])
np.repeat(arr1,2,axis=0) = array([[0, 1, 2],
                                  [0, 1, 2],
                                  [3, 4, 5],
                                  [3, 4, 5]])
np.repeat(arr1,2,axis = 1) = array([[0, 0, 1, 1, 2, 2],
                                    [3, 3, 4, 4, 5, 5]])
```

通过观察程序的输出结果可知,tile()函数是将数组作为整体进行复制并合并的,而 repeat()

函数是将数组中的单个元素进行复制并合并的，两者有所区别，读者需要根据特定场景选择合适的函数。

（3）常用统计函数

NumPy 提供了很多用于统计分析的函数，常见的有 sum()、mean()、std()、var()、min() 和 max()等，几乎所有的统计函数在针对多维数组运算时，都需要在参数中指定其运算的维度，例如代码 2.54 所示。

```python
#代码 2.54 NumPy 中的常用统计函数示例
import numpy as np
arr1 = np.arange( 10 ).reshape( 2, 5 )
print( f"{arr1 = }" )
#求和运算
print( f"{np.sum(arr1) = }" )
print( f"{np.sum(arr1,axis = 0) = }" )
print( f"{np.sum(arr1,axis = 1) = }" )
#求平均值运算
print( f"{np.mean(arr1) = }" )
print( f"{np.mean(arr1,axis = 0) = }" )
print( f"{np.mean(arr1,axis = 1) = }" )
#求标准差运算
print( f"{np.std(arr1) = }" )
print( f"{np.std(arr1,axis = 0) = }" )
print( f"{np.std(arr1,axis = 1) = }" )
```

以上程序执行后的输出结果为：

```
arr1 = array([[0, 1, 2, 3, 4],
              [5, 6, 7, 8, 9]])
np.sum(arr1) = 45
np.sum(arr1,axis = 0) = array([ 5,  7,  9, 11, 13])
np.sum(arr1,axis = 1) = array([10, 35])
np.mean(arr1) = 4.5
np.mean(arr1,axis = 0) = array([2.5, 3.5, 4.5, 5.5, 6.5])
np.mean(arr1,axis = 1) = array([2., 7.])
np.std(arr1) = 2.8722813232690143
np.std(arr1,axis = 0) = array([2.5, 2.5, 2.5, 2.5, 2.5])
np.std(arr1,axis = 1) = array([1.41421356, 1.41421356])
```

本章小结

本章介绍了 Python 基础编程知识，主要包括 Python 的基本语法、各种类型对象的使用方法、程序的流程控制结构、函数的定义和调用方法，以及使用第三方科学计算模块 NumPy 进行数组运算和数据统计的基本方法。

课后习题

一、单选题

1. 以下合法的用户自定义标识符是_____。

A. break B. 8_a C. _a8 D. b*a

2. 下列语句执行的结果是_____。

```
>>> 'Hello  ' - '  Python'
```

A．Hello Python　　　　　　　　　B．程序出错

C．HelloPython　　　　　　　　　　D．PythonHello

3. 下列语句执行的结果是_____。

```
>>> 4.5 % 2 ** 3
```

A．0.125　　　　B．程序出错　　　　C．0.5　　　　　　D．4.5

4. 以下关于字符串格式化的输出结果为_____。

```
>>> print('{0:.2e}'.format(456.789))
```

A．程序出错　　　B.456.79　　　　C．4.57e+02　　　D．45.68e+01

5. 对于序列 numbers = [1, 2, 3, 4, 5, 6, 7, 8, 9, 10]，以下相关操作中哪一个得到的结果中不包含数字 8？

A．>>> numbers[6: -1]　　　　　　B．>>> numbers[8]

C．>>> numbers[-3: -1]　　　　　　D．>>> numbers[0: 8]

6. 阅读下面程序，正确的输出结果为_____。

```
i = sum = 5
while i < 10:
    sum += i
    i += 1
else:
    sum += i
print(sum)
```

A．45　　　　　　B．50　　　　　　C．55　　　　　　　D．程序出错

7. 下列程序的输出结果是_____。

```
x = list(range(10,20))
y = list(range(20,10,-1))
def fun(x, y):
    x[0],y[0] = y[0],x[0]
fun(x, y)
print(x[0], y[0])
```

A．10 20　　　　　B．20 10　　　　　C．10 10　　　　D．20 20

8. 语句{1, 2, 3} - {3, 4, 5}的执行结果为_____。

A．{1, 2}　　　B．{1, 2, 3}　　　C．{1, 2, 3, 4, 5}　　D．程序出错

9. 以下选项中输出结果为 4 的是_____。

A．>>> print(list(range(10))[3])

B．>>> print('1' * 4)

C．>>> print(len({'A':10, 'B':20, 'C':30, 'D':40}))

D．>>> print(len('1234' + '5678'))

10. x 是 NumPy 中的数组，值为[1, 2, 3]；y 也是 NumPy 中的数组，值为[[1,0,0], [0,1,0], [0,0,1]]；那么 x + y 的运行结果是_____。

A．[[2,2,3],　　　B．[[2,2,3],　　　C．[[2,0,0],　　　D．以上都不正确
　　[0,1,0],　　　　　[1,3,3],　　　　　[2,1,0],
　　[0,0,1]]　　　　　[1,2,4]]　　　　　[3,0,1]]

二、填空题

1. Python＿＿＿＿（支持/不支持）面向对象编程。

2. 使用列表对象的 pop()方法时，默认弹出的是列表中的＿＿＿＿＿（第一个/最后一个）元素。

3. 表达式"Hello" and "world!"的计算结果是'＿＿＿＿'。

4. Python 的组合数据类型包括元组、列表、字典、集合，其中＿＿＿＿＿是一种表示映射关系的数据类型，其中＿＿＿＿与它一样使用一对花括号来包含对象中的数据元素。

5. 使用 Python 进行文件读写操作时，能够将文本文件的内容按行读取到列表中的函数是＿＿＿＿。

6. 我们用 try…except 来处理异常，except 语句后面通常会写上＿＿＿＿，当 except 语句后面什么都不写时，表示可以处理其他所有的异常。

7. 在 Python 中，定义函数的关键字是＿＿＿＿。

8. 字符串对象的 find()方法用于在字符串中查找指定的字符串，如果未能找到指定的字符串，该方法会返回＿＿＿＿。

9. 在 NumPy 中，可以创建单位矩阵的函数是＿＿＿＿。

三、程序阅读题

1. 执行以下程序后，程序的执行结果是＿＿＿＿。

```
a = [-1,4]
for i in range(3):
    try:
        assert i>0
        assert a[i]> = 0
        print(a[i]**0.5,end = " ")
    except AssertionError: print("AE",end = " ")
    except IndexError: print("IE",end = " ")
    except: print("UnknownError",end = " ")
```

2. 执行以下程序后，程序的执行结果是＿＿＿＿。

```
a = [1,3,1,3,1]
b = 2
c = 5
def fun(a):
    global b
    a[0] = a[1] = 0
    for i in a: b+ = i
    c = b
fun(a)
c+ = b
s = sum(a)
print(s, b, c)
```

3. 以下程序对 4 位同学的 Python 和高数成绩进行处理，执行结果为＿＿＿＿。

```
scores = {"Chen":[80,90],"Zhao":[90,80]}
names = ["Chen","Zhao"]
scores["Wang"] = scores["Chen"].copy()
names.append("Wang")
scores["Chen"][0] = 100
```

```
names.sort(key = lambda x:sum(scores[x]))
for name in names:
    print(scores[name][0],end = " ")
```

4. 执行以下程序后，程序的执行结果是＿＿＿＿＿＿。

```
import numpy as np
N = 4
a = np.zeros([6,6]);
for i in range(N):
    a[i][0] = 1;
for i in range(N):
    for j in range(i):
        a[i][j] = a[i-1][j-1]+a[i-1][j];
for i in range(N):
    for j in range(i):
        print(a[i][j], end = " ");
    print()
```

5. 执行以下程序后，程序的执行结果是＿＿＿＿＿＿。

```
def fib(n):
    if n >= 2:
        return fib(n-1) + fib(n-2)
    else:
        return 1
lista = [fib(n) for n in range(10)]
print(*lista[3:6])
```

四、编程题

1. 以列表 intervals 表示若干个区间的集合，其中单个区间为 intervals[i] = [starti, endi]。请你合并所有重叠的区间，并返回一个不重叠的区间列表，该列表需恰好覆盖输入中的所有区间。

示例 1

输入：intervals = [[1,3],[2,6],[8,10],[15,18]]。

输出：[[1,6],[8,10],[15,18]]。

解释：[1,3]和[2,6]重叠，将它们合并为[1,6]。

示例 2

输入：intervals = [[1,4],[4,5]]。

输出：[[1,5]]。

解释：[1,4]和[4,5]可被视为重叠区间。

2. 编写 Python 程序，使用 NumPy 的功能求解如下线性方程组，输出解得的 x_1、x_2、x_3、x_4、x_5 的值。（提示：NumPy 中的矩阵求逆函数是 numpy.linalg.inv()，例如矩阵 A 的逆是 numpy.linalg.inv(A)）

$$3.5x_1 - 4x_2 + 5x_3 + 6x_4 - 7x_5 = 8$$

$$x_1 - x_5 = 18$$

$$10x_3 + 11x_4 - 12x_5 = 60$$

$$8x_2 + 9x_3 + x_4 = 1$$

$$16x_1 - x_2 + x_3 + x_4 - 7x_5 = 9$$

第 3 章 线性回归及其 Python 实现

学习目标：

- 掌握基于 scikit-learn 库求解线性回归问题的方法；
- 掌握基于最小二乘法求解线性回归问题的方法；
- 掌握基于梯度下降法求解线性回归问题的方法。

3.1 线性回归问题简介

小张走在下班回家的路上，细风拂过脸颊。他抬头看看晚霞，想着明天会是一个晴天吧，气温应该不会高于 30 度。他路过一家餐馆，这家店座无虚席，远远地就闻到店里飘出来的香味，估计这家店的菜品味道应该很好；他想起明天约了去看房，那套房子面积大小合适、所在楼层好，关键还有 3 个卧室，总价应该很高。

以上场景是一个上班族在大城市可能遇到的场景，这些场景包含人们依据过去的经验对未来的预测，例如根据细风和晚霞预测明天的天气和气温，根据餐馆的座位情况和香味预测这家店的菜品，根据大小、所在楼层、居室情况估算房价。让计算机模仿人类从过去的经验中学习一个"**模型**"，通过学到的模型再针对新情况给出一个预测，这便是机器学习要做的事情。在计算机中，"经验"通常以"**数据**"的形式存在。

上述场景其实包含两类问题：对明天的气温、商品房的房价预测的预测值是连续值，这类问题被称为**回归**（Regression）问题；明天天气（晴天、雨天、阴天）、餐馆菜品味道（好或不好）的预测值是离散值，这种问题被称为**分类**（Classification）问题。本章讨论回归问题，并主要聚焦于**线性回归**（Linear Regression）问题。

给定有 d 个特征的样例 $x = \{x_1, x_2, x_3, \cdots, x_d\}$，其中 x_i 是 x 在第 i 个特征上的取值，线性回归试图学习得到一个预测函数 $f(x)$，该函数的值是各特征值的线性加权和，公式如下：

$$f(x) = w_1 x_1 + w_2 x_2 + \cdots + w_d x_d + b \tag{3.1}$$

以线性代数向量的形式可以写成如下形式：

$$f(x) = w^{\mathrm{T}} x + b \tag{3.2}$$

式(3.2)就是需要学习的预测模型，其中 w 和 x 都是列向量，w 和 b 是可以学习和调整的参数，可以根据经验设定。

例如，预测某套商品房的总价公式为 $f(x) = 3 \times$面积大小$+0.5 \times$楼层指数$+0.2 \times$卧室数量指数，说明面积大小是影响房价最重要的因素，楼层对价格也有较大的影响，三居室比两居室更受改善型买家的青睐等。这是人们依据经验和常识给定的权重，而计算机则需要从数据中学习得到这些权重。

依据特征（也称为变量）的个数，线性回归可分为单变量（一元）线性回归和多变量（多元）线性回归，多变量线性回归是单变量线性回归的扩展。以下先从单变量线性回归入手，让读者学习和掌握线性回归的基本求解方法和 Python 实现方法，进而讨论更复杂的多变量线性回归。

3.2 单变量线性回归问题

当式(3.1)中只有 1 个特征时（即只有 x_1），只需要求解两个参数（即 w_1 和 b），此时是最简单的线性回归模型，即单变量线性回归模型。单变量线性回归模型虽然简单，但其包含线性回归问题以及其他机器学习模型的主要特征和主要解决方法，是入门机器学习的基础。为方便学习，并且不失一般性，以下以某小区在某房产中介处的房屋销售价格预测为例，介绍单变量线性回归问题的求解。

案例描述 假设某小区通过某房产中介处已售出 5 套房，房屋总价与房屋面积之间有表 3.1 所示的数据关系。现有该小区的一位业主想要通过该房产中介出售房屋，在业主报出房屋面积后，根据表 3.1 的训练数据，中介能否估算（预测）出该房屋的合适挂售价格？

表 3.1   某小区在某房产中介处的销售数据

训练数据	房屋面积（平方米）	房屋总价（万元）
1	75	270
2	87	280
3	105	295
4	110	310
5	120	335

案例分析 我们可以把房屋面积看成**自变量** x（也可以称为特征或属性），房屋总价看成**因变量** y，先通过绘图看出二者之间的关系。以下代码通过 Matplotlib 库绘制二维散点图，x 轴是房屋面积，y 轴是房屋总价。运行该代码需要用到 NumPy 和 Matplotlib 库。图 3.1 是代码成功运行后显示的图。

```
#代码 3.1 查看小区已售房屋房价样本数据
import numpy as np
import matplotlib.pyplot as plt
def initPlot():
    plt.figure()
    plt.title('House Price vs House Area')
    plt.xlabel('House Area')          #设置 x 轴标题
    plt.ylabel('House Price')         #设置 y 轴标题
    plt.axis([70, 130, 240, 360])     #设置 x 轴和 y 轴的值域分别为 70～130 和 240～360
    plt.grid(True)                    #显示网格
    return plt
```

```
plt = initPlot()
xTrain = np.array([75, 87, 105,110,120])
yTrain = np.array([270,280,295,310,335])
plt.plot(xTrain, yTrain, 'k.')     #k表示绘制颜色为黑色，"."表示绘制散点图
plt.show()
```

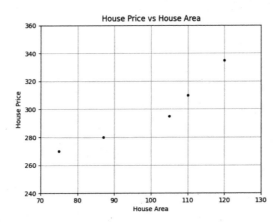

图 3.1　代码 3.1 运行后显示的房屋面积对房屋总价的散点图

从图 3.1 可以看到：

① 房屋总价随着房屋面积的变化，大致呈现线性变化趋势；

② 如果根据现有的训练数据能够拟合出一条直线，使之与各训练数据点都比较接近，那么根据该直线，就可以计算出任意房屋面积对应的房屋总价了。

因此，可以将拟合直线的表达式设置为 $f(x) = w_1 x_1 + b$，有时也写作 $f(x) = w_1 x_1 + w_0$，是式(3.1)在单变量时的特殊情况，其中：

- x 表示一个样例，该样例只有一个特征 x_1，表示房屋面积，历史数据中只有 5 个样例；
- $f(x)$ 用于计算样例 x 的房屋总价，也可称为**判别函数**（Hypothesis Function）或**判别式**；
- 待确定的参数有两个，即 w_1 表示斜率，b 或 w_0 表示截距。

线性回归的学习目标：根据历史数据，确定 w_1 和 b 的值，使得拟合得到的直线贴近历史数据。

为了达到以上目标，**Python** 提供了多种解决方案。接下来以房价预测为例，先介绍用库函数"傻瓜式"求解的方法；再深入模型"内部"，介绍使用两种数学方法，即**最小二乘法**和**梯度下降法**求解线性回归问题的推导过程和编码实现。

3.3　基于 scikit-learn 库求解单变量线性回归

3.3.1　scikit-learn 库的 LinearRegression 类说明

scikit-learn 库的 Python 包名称是 sklearn，它是基于 Python 的机器学习库。scikit-learn 提供了 sklearn.linear_model.LinearRegression 线性回归类，使用该类可以解决大部分常见的线性回归问题。

（1）LinearRegression 类的构造方法

```
from sklearn.linear_model import LinearRegression
model = LinearRegression( fit_intercept = True, normalize = False,
                          copy_X = True, n_jobs = 1 )
```

其中的参数说明如下。

- fit_intercept：用于控制是否计算模型的截距，其默认值为 True；其值为 False 时表示进行数据中心化处理。

- normalize：用于控制是否归一化，其默认值为 False。

- copy_X：其默认值为 True，否则 X 会被改写。

- n_jobs：用于控制表示使用的 CPU 个数，其默认值为 1；当其值为–1 时，代表使用全部的 CPU。

（2）LinearRegression 类的属性和方法

- coef_：训练后的输入端模型系数，如果 y 值有两列，则对应一个二维（2D）的数组。

- intercept_：截距，即公式 $f(x) = w_1x_1 + w_0$ 中的 w_0。

- fit(x, y)：拟合函数，通过训练数据 x 和 y 来拟合模型。

- predict(x)：预测函数，通过拟合好的模型，对数据 x 预测 y 值。

- score(x, y, sample-weight = None)：评价分数值，用于评价模型好坏；

下面介绍使用 LinearRegression 类解决关于房价预测的单变量线性回归问题，先分析求解步骤，再提供完整代码并绘图显示拟合结果。

3.3.2 求解步骤与编程实现

第一步：准备训练数据。

每个训练数据包括 x 和 y 两部分，x 是值集合，y 是真实因变量值。对于单变量线性回归来说，每个训练数据只有一个特征；对于多变量线性回归来说，每个训练数据有多个特征。不管是单变量线性回归还是多变量线性回归，LinearRegression 类均用向量的形式表示 x。又由于训练集中有多个训练数据，因此整个训练集的 x 可以表示成一个矩阵，每一行表示一个训练数据的 x；整个训练数据的 y 可以表示为一个向量。具体到本例的代码实现，可以采用如下所示的 NumPy 数组。

```
xTrain = np.array([[75], [87], [105], [110], [120]])
#或 xTrain = np.array([75, 87, 105, 110, 120])[:, np.newaxis]
yTrain = np.array([ 270, 280, 295, 310, 335])
```

在以上代码中，由于 xTrain 代表多个训练数据的特征值矩阵，就算本例中每个训练数据只有一个特征，也需要将之表示为特征向量形式；注释中的另一种方案可以自动将单个值变为对应的向量形式。

第二步：创建模型对象。

如上节所述，LinearRegression 类的构造方法有 4 个参数，都带有默认参数。若没有特殊情况，可以使用如下代码创建对象。

```
Model = LinearRegression()
```

第三步：执行拟合。

LinearRegression 类提供了 fit()函数输入训练数据并自动拟合得到线性回归模型，代码如下：

```
model.fit( xTrain, yTrain ) #fit()函数根据 xTrain 和 yTrain 数据自动拟合线性判别函数
```

fit()函数成功执行后，model 对象中的参数将自动更新，即 w 值和 b 值，通过以下代码可以查看。

```
print( "截距 b 或 w₀: ", model.intercept_ )
print( "斜率 w₁: ", model.coef_ )
```

model.coef_ 是一个向量，本例是单变量线性回归，因此只有一个斜率 w_1。

第四步：预测新数据。

模型训练和拟合完成后，最终目的是使用模型预测新数据对应的 y。在本例中，根据房源的面积，预测评估该房源的总价。LinearRegression 类的预测函数是 predict()，需要输入新数据对应的 x，如果新数据有多个样例，需要建立同 xTrain 一样的输入数据格式。代码如下：

```
mode.predict( np.array( [ [ 70 ] ] ) )
xTest = np.array( [ 95, 140, 175 ] ) [ :, np.newaxis ]
model.predict( xTest )
```

以上代码中定义了两份测试数据，一份直接传给 predict()函数，另一份先赋值给变量 xTest，再传给 predict()函数，分别得到 yTest1 和 yTest2。

以下代码 3.2 是对上述步骤的完整实现。为了演示拟合结果，其还提供了图示拟合结果的代码。

```
#代码 3.2 基于 scikit-learn 实现房价预测线性规划代码
import numpy as np
import matplotlib.pyplot as plt
from sklearn.linear_model import LinearRegression
#以矩阵形式表达（对于单变量，矩阵就是列向量形式）
xTrain = np.array( [ [ 75 ], [ 87 ], [ 105 ], [ 110 ], [ 120 ] ] )
yTrain = np.array( [ 270, 280, 295, 310, 335 ] )
model = LinearRegression()                          #创建模型对象
model.fit( xTrain, yTrain )
#根据训练数据拟合出直线（以得到假设函数）
print( "截距 b 或 w₀ = ", model.intercept_ )         #截距
print( "斜率 w₁ = ", model.coef_ )                   #斜率
print( "预测面积为 70 的房源的总价: ", model.predict( [ [ 70 ] ] ) )
#预测面积为 70 的房源的总价
#也可以批量预测多个房源，注意要以列向量形式表达
xTest = np.array( [ 85, 90, 93, 109 ] ) [ :, np.newaxi s]
yTestPredicted = model.predict( xTest )
print( "新房源数据的面积: ", xTest )
print( "预测新房源数据的总价: ", yTestPredicted )
def initPlot() :
    plt.figure()
    plt.title( 'House Price vs House Area' )
    plt.xlabel( 'House Area' )
    plt.ylabel( 'House Price' )
    plt.axis( [ 70, 130, 240, 360 ] )
#设置 x 轴和 y 轴的值域分别为 70～130 和 240～360
    plt.grid( True )
    return plt
plt = initPlot()
```

```
plt.plot( xTrain, yTrain, 'k.' )      #格式字符串'k.', 表示绘制黑色的散点
plt.plot( [ [ 70 ], [ 130 ] ], model.predict( [ [ 70 ], [ 130 ] ] ), 'b-' )
#画出蓝色的拟合线
plt.show()
```

代码 3.2 运行之后，出现如下输出文字和图 3.2 所示的结果。

截距 b 或 w_0= 163.75113877922868

斜率 w_1= [1.35059217]

预测面积为 70 的房源的总价：[258.29259034]

新房源数据的面积：[[85]

　[90]

　[93]

　[109]]

预测新房源数据的总价：[278.55147282 285.30443365 289.35621014 310.96568479]

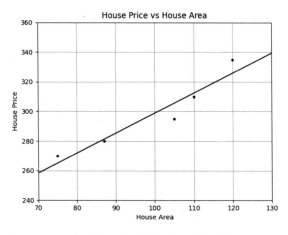

图 3.2　代码 3.2 的运行结果图

从输出结果可以看出，将数字四舍五入到小数点后两位后，所拟合的直线的表达式为 $f(x) = 1.75*x_1+128.20$。图 3.2 中的直线是该函数在坐标系中的表示。从该图可以看出，训练数据中的 5 个训练数据与所拟合的直线是有偏差的，接下来会进行详细讨论。

3.3.3　基于 scikit-learn 库的模型评价

在模型函数拟合出来后，一个重要问题是该如何评价模型的好坏。我们需要从以下两个方面对其进行讨论。

- 用什么数据对拟合模型进行评价？
- 用什么指标对拟合模型进行评价？

对于第一个方面，可以用训练数据或测试数据对模型进行评价。用训练数据计算的模型误差称为**训练误差**，用测试数据计算的模型误差称为**测试误差**。一般来说，在训练过程中，只有训练数据是可见的，模型拟合的目的是使得训练误差最小化；在训练完成后，为了评价模型对新数据的预测效果，我们可以计算测试误差以评价模型。有时，**训练误差的最小化，不一定能使得测试误差最小化**。

对于第二个方面，计算线性回归误差的指标主要包括**残差平方和**与 **R 方**。

残差是指数据的实际 y 值与通过模型判别函数计算出的 y 值之间的差异，如图 3.3 中的红色线段部分,残差平方和是训练集或者测试集中所有数据残差的平方和,计算方法如式(3.3)所示,其中的 m 是训练集或测试集中数据的数量。残差值越小则对应数据的拟合度越好,当残差值为 0 时，预测 y 值与实际 y 值完全一致。

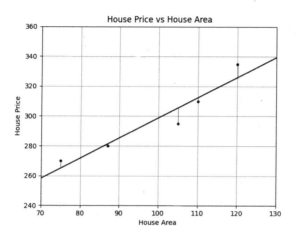

图 3.3　残差以及残差平方和

$$SS_{res} = \sum\nolimits_{i=1}^{m} (f(x^{(i)}) - y^{(i)})^2 \tag{3.3}$$

R 方又称确定系数（Coefficient of Determination），表达因变量与自变量之间的总体关系，与残差平方和在方差中所占的比率有关，用于衡量预测值对于真值的拟合好坏程度。式(3.4)用于计算数据实际 y 值的方差，其中 $\bar{y}$ 表示实际 y 值的平均值，式(3.5)用于计算 R 方。R 方值越大则说明对应数据的拟合度越好；当 R 方值等于 1 时，预测 y 值与实际 y 值完全一致；R 方值较小或值为负，说明对应数据的拟合度较差。

$$SS_{total} = \sum\nolimits_{i=1}^{m} (\bar{y} - y^{(i)})^2 \tag{3.4}$$

$$R^2 = 1 - \frac{SS_{res}}{SS_{total}} \tag{3.5}$$

利用 Python 可手动计算残差平方和与 R 方，LinearRegression 类也提供了默认的计算方法。令 xTrain、yTrain、yTrainPredicted、xTest、yTest、yTestPredicted 分别表示训练数据 x 值、训练数据的真实 y 值、训练数据的预测 y 值、测试数据 x 值、测试数据的真实 y 值、测试数据的预测 y 值。

手动计算的过程如下。

- 训练数据残差平方和：ssResTrain = sum((yTrainPredicted - yTrain) ** 2)。
- 测试数据残差平方和：ssResTest= sum((yTestPredicted - yTest) ** 2)。
- 测试数据方差：ssTotalTest= sum((np.mean(yTest) - yTest) ** 2)。
- 测试数据 R 方：rsquareTest = 1 - ssResTest / ssTotalTest

LinearRegression 类提供的自动计算方法如下。

- 训练数据残差平方和：model._residues，通过训练数据训练模型后自动获得。
- 自动计算 R 方的函数：model.score(xTest, yTest)，调用该函数需要传入测试数据作为参数。

代码 3.3 加入了对房价预测结果的评价。

```
#代码 3.3 加入评价的基于 scikit-learn 实现房价预测线性回归的代码
import numpy as np
import matplotlib.pyplot as plt
from sklearn.linear_model import LinearRegression
xTrain = np.array( [ [ 75 ], [ 87 ], [ 105 ], [ 110 ], [ 120 ] ] )
#训练数据（面积）
yTrain = np.array( [ 270,280,295,310,335 ] )              #训练数据（总价）
xTest = np.array( [ 85, 90, 93, 109 ] ) [ :, np.newaxis ] #测试数据（面积）
yTest = np.array( [ 280, 282, 284, 305 ] )               #测试数据（总价）
model = LinearRegression()
model.fit( xTrain, yTrain )
yTrainPredicted = model.predict( xTrain )   #针对训练数据进行预测以计算训练误差
yTestPredicted = model.predict( xTest )     #针对测试数据进行预测
ssResTrain = sum( ( yTrainPredicted - yTrain ) ** 2 )    #手动计算训练集残差
print( ssResTrain )
print( model._residues )                              #自动计算的训练集残差
ssResTest = sum( ( yTestPredicted - yTest ) ** 2 )   #手动计算测试集残差
ssTotalTest = sum( ( np.mean ( yTest ) - yTest ) ** 2 )
#手动计算测试集残差平方和
rsquareTest = 1 - ssResTest / ssTotalTest             #手动计算测试数据 R 方
print( rsquareTest )
print( model.score ( xTest, yTest ) )                #自动计算的测试集的 R 方
def initPlot() :
    plt.figure()
    plt.title( 'House Price vs House Area' )
    plt.xlabel( 'House Area' )
    plt.ylabel( 'House Price' )
    plt.axis ( [ 70, 130, 250, 360 ] )
#设置 x 轴和 y 轴的值域分别为 70～130 和 240～360
    plt.grid( True )
    return plt
plt = initPlot()
plt.plot( xTrain, yTrain, 'r.' )              #训练点数据（红色，小点）
plt.plot( xTest, yTest, 'bo' )                #测试点数据（蓝色，大点）
plt.plot( xTrain, yTrainPredicted, 'g-' )    #拟合的函数直线（绿色）
plt.show()
```

图 3.4 中红色为训练数据点，蓝色为测试数据点，绿色为拟合的模型函数图形。以下是代码 3.3 的输出结果，计算出的 R 方约为 0.8090。如前所示，R 方越大则说明模型拟合度越好。此处的 R 方值还有可以提升的空间。

```
227.29653811114474
227.2965381111449
0.8090280549127149
0.8090280549127149
```

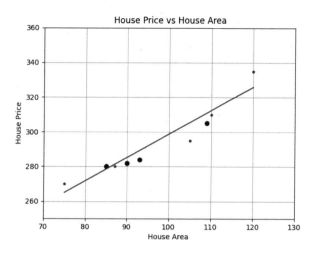

图 3.4　代码 3.3 的运行显示图

3.4　基于最小二乘法的自定义求解单变量线性回归

上一节介绍了采用 scikit-learn 库的 LinearRegression 类求解线性回归问题并进行评价的方法，该方法虽然方便，但是我们却无法深入了解其原理。本节介绍使用数学方法——**最小二乘法**自定义编码求解线性回归的步骤，从数学原理入手步步推导，并介绍如何用 Python 编码实现。

根据残差的定义，单个训练的残差是 $f(x^{(i)}) - y^{(i)}$，其中 $x^{(i)}$ 是第 i 个数据的特征集 $\{x_1^{(i)}, x_2^{(i)}, x_3^{(i)}, \cdots\}$，对于单变量线性回归来说，$x^{(i)}$ 的特征值只有 1 个，$y^{(i)}$ 是实际 y 值，$f(x^{(i)})$ 是预测 y 值。在训练阶段只有训练数据可见，训练的目标是使训练数据的残差绝对值之和（即 $\sum_{i=1}^{m} |f(x^{(i)}) - y^{(i)}|$）最小，其物理意义是使得训练数据的实际 y 值与预测 y 值的差距最小。由于绝对值不容易进行包括导数运算在内的数学运算，因此采用训练数据的残差二次方之和（平方和）（即 $\sum_{i=1}^{m} (f(x^{(i)}) - y^{(i)})^2$）替代残差绝对值之和作为优化目标，使得残差平方和最小，这种方法被称为**最小二乘法**。

对最小二乘法的优化目标进行求解有两种具体的方法，分别是**导数法**和**矩阵法**，以下分别进行介绍。

3.4.1　使用导数法求解

如上所述，训练目标是使得 $L(w_0, w_1) = \sum_{i=1}^{m} (f(x^{(i)}) - y^{(i)})^2 = \sum_{i=1}^{m} (w_1 x_1^{(i)} + w_0 - y^{(i)})^2$ 最小，w_0 和 w_1 是其中需要计算和优化的参数，$x^{(i)}$ 和 $y^{(i)}$ 是第 i 个训练数据和对应的真实 y 值，共有 m 个训练数据。函数 L 也可被称为"损失"（Loss）函数。

- 将 w_0 和 w_1 视为函数 L 的变量，根据导数知识，要计算函数 L 的极值，可以分别对 w_0 和 w_1 求一阶偏导，并使之为 0，且可得式(3.6)所示方程组：

$$\begin{cases} \dfrac{\partial L}{\partial w_0} = 2\sum_{i=1}^{m}(w_1 x_1^{(i)} + w_0 - y^{(i)}) = 0 \\[2mm] \dfrac{\partial L}{\partial w_1} = 2\sum_{i=1}^{m}x_1^{(i)}(w_1 x_1^{(i)} + w_0 - y^{(i)}) = 0 \end{cases} \tag{3.6}$$

- 根据 $\dfrac{\partial L}{\partial w_0}=0$，可得 $w_0 = \dfrac{1}{m}\sum_{i=1}^{m}(y^{(i)} - w_1 x_1^{(i)}) = \overline{y} - w_1\overline{x_1}$，其中 $\overline{y}$ 是训练数据中 y 的平均值，$\overline{x_1}$ 是训练数据中 x_1 的平均值。

- 将 $w_0 = \overline{y} - w_1\overline{x_1}$ 代入 $\dfrac{\partial L}{\partial w_1}=0$，可得：

$$\frac{\partial L}{\partial w_1} = 2\sum_{i=1}^{m}x_1^{(i)}(\overline{y} - w_1\overline{x_1} + w_1 x_1^{(i)} - y^{(i)}) = 0$$

$$\Rightarrow \overline{y}\sum x_1^{(i)} - \sum x_1^{(i)}y^{(i)} - w_1(\overline{x_1}\sum x_1^{(i)} - \sum(x_1^{(i)})^2) = 0$$

$$\Rightarrow w_1 = \frac{\overline{y}\sum x_1^{(i)} - \sum x_1^{(i)}y^{(i)}}{\overline{x_1}\sum x_1^{(i)} - \sum(x_1^{(i)})^2}$$

在以上公式中引入已知事实 $\sum x_1^{(i)} = m\overline{x_1}$，可得式(3.7)：

$$w_1 = \frac{\sum x_1^{(i)}y^{(i)} - m\overline{y}\,\overline{x_1}}{\sum(x_1^{(i)})^2 - m\overline{x_1}^2} \tag{3.7}$$

上述公式的各个量都是已知的，可以从训练数据计算得到，因此可以计算出 w_1 的值，代入 $w_0 = \overline{y} - w_1\overline{x_1}$ 求得 w_0 的值。如果只是为了求得 w_0 和 w_1 的值，推导到此就可以了，然而数学中还需要追求公式的美观，w_1 的计算公式还可以进一步优化为式(3.8)。以下先给出优化结果，再进行证明。

$$w_1 = \frac{\sum x_1^{(i)}y^{(i)} - m\overline{y}\,\overline{x_1}}{\sum(x_1^{(i)})^2 - m\overline{x_1}^2} = \frac{\sum_{i=1}^{m}(x_1^{(i)} - \overline{x_1})(y^{(i)} - \overline{y})}{\sum_{i=1}^{m}(x_1^{(i)} - \overline{x_1})^2} \tag{3.8}$$

式(3.8)中的分子和分母分别是训练集中特征 x_1 与 y 的协方差、特征 x_1 的方差，因此，最终可得到：

$$\begin{cases} w_0 = \overline{y} - w_1\overline{x_1} \\[2mm] w_1 = \dfrac{\mathrm{cov}(x_1, y)}{\mathrm{var}(x_1)} \end{cases} \tag{3.9}$$

式(3.9)的证明如下：

$$\sum_{i=1}^{m}(x_1^{(i)}-\overline{x_1})(y^{(i)}-\overline{y})$$

$$= (x_1^{(1)}-\overline{x_1})(y^{(1)}-\overline{y})+(x_1^{(2)}-\overline{x_1})(y^{(2)}-\overline{y})+\cdots+(x_1^{(m)}-\overline{x_1})(y^{(m)}-\overline{y})$$

$$= (x_1^{(1)}y^{(1)}+\overline{x_1}\,\overline{y}-\overline{x_1}y^{(1)}-\overline{y}x_1^{(1)})+(x_1^{(2)}y^{(2)}+\overline{x_1}\,\overline{y}-\overline{x_1}y^{(2)}-\overline{y}x_1^{(2)})+\cdots+(x_1^{(m)}y^{(m)}+\overline{x_1}\,\overline{y}-\overline{x_1}y^{(m)}-\overline{y}x_1^{(m)})$$

$$= (x_1^{(1)}y^{(1)}+x_1^{(2)}y^{(2)}+\cdots+x_1^{(m)}y^{(m)})+m\overline{x_1}\,\overline{y}-\overline{x_1}(y^{(1)}+y^{(2)}+\cdots+y^{(m)})-\overline{y}(x_1^{(1)}+x_1^{(2)}+\cdots+x_1^{(m)})$$

$$= \sum x_1^{(i)}y^{(i)}+m\overline{x_1}\,\overline{y}-\overline{x_1}m\overline{y}-\overline{y}m\overline{x_1}$$

$$= \sum x_1^{(i)}y^{(i)}-m\overline{x_1}\,\overline{y}$$

其中，$\sum x_1^{(i)}y^{(i)}-m\overline{x_1}\,\overline{y}$ 即式(3.7)的分子。

$$\sum_{i=1}^{m}(x_1^{(i)}-\overline{x_1})^2$$

$$= (x_1^{(1)}-\overline{x_1})^2+(x_1^{(2)}-\overline{x_1})^2+\cdots+(x_1^{(m)}-\overline{x_1})^2$$

$$= ((x_1^{(1)})^2-2x_1^{(1)}\overline{x_1}+\overline{x_1}^2)+((x_1^{(2)})^2-2x_1^{(2)}\overline{x_1}+\overline{x_1}^2)+\cdots+((x_1^{(m)})^2-2x_1^{(m)}\overline{x_1}+\overline{x_1}^2)$$

$$= ((x_1^{(1)})^2+(x_1^{(1)})^2+\cdots+(x_1^{(1)})^2)-2\overline{x_1}(x_1^{(1)}+x_1^{(2)}+\cdots+x_1^{(m)})+m\overline{x_1}^2$$

$$= \sum (x_1^{(i)})^2-2\overline{x_1}m\overline{x_1}+m\overline{x_1}^2$$

$$= \sum (x_1^{(i)})^2-m\overline{x_1}^2$$

其中，$\sum (x_1^{(i)})^2-m\overline{x_1}^2$ 即式(3.7)的分母。

NumPy 库提供了计算协方差和方差的函数，分别是 cov()和 var()，可以使用这两个函数，根据上述公式很方便地求解 w_1 和 w_0，代码如下：

```
#代码3.4 使用导数求解最小二乘法的优化目标
import numpy as np
xTrain = np.array( [ 75, 87, 105, 110, 120 ] )          #训练数据（面积）
yTrain = np.array( [ 270,280,295,310,335 ] )           #训练数据（总价）
w1 = np.cov( xTrain, yTrain, ddof = 1 ) [ 1, 0 ] / np.var ( xTrain, ddof = 1 )
w0 = np.mean( yTrain ) - w1 * np.mean( xTrain )
print( "w1=", w1 )
print( "w0=", w0 )
```

上述代码中，np.cov()函数有 3 个参数，xTrain 和 yTrain 是需要求协方差的向量数据，ddof = 1 表示要进行无偏差的求协方差，函数的输出是一个二维矩阵，矩阵索引的[0, 0]元素表示 xTrain 与 yTrain 求协方差的值也就是 xTrain 的方差，[1, 1]元素表示 yTrain 与 yTrain 求协方差的值，也就是 yTrain 的方差，[0, 1]和[1, 0]表示的是 xTrain 与 yTrain 求协方差的值。np.var()函数中 ddof 的含义与 np.cov()的一样。运行后的输出如下所示，与采用 LinearRegression 类求解的结果是相同的。

```
w1= 1.350592165198907
w0= 163.75113877922863
```

3.4.2　使用矩阵法求解

下面使用矩阵法对最小二乘法的优化目标进行求解。将式(3.1)中的 b 用 w_0 进行替换，$f(x)$ 用 y 进行替换，可以得到如下的形式。

$$y = w_0 \cdot 1 + w_1 \cdot x_1 + w_2 \cdot x_2 + \cdots + w_d \cdot x_d$$

变成向量运算形式如下：

$$y = \boldsymbol{w}^{\mathrm{T}} \boldsymbol{x}$$

其中，$\boldsymbol{w} = \begin{bmatrix} w_0 \\ w_1 \\ w_2 \\ \vdots \\ w_d \end{bmatrix}$，$\boldsymbol{x} = \begin{bmatrix} 1 \\ x_1 \\ x_2 \\ \vdots \\ x_d \end{bmatrix}$。整个训练集可以表示成矩阵：$\boldsymbol{X} = \begin{bmatrix} 1 & 1 & 1 & \cdots & 1 \\ x_1^{(1)} & x_1^{(2)} & x_1^{(3)} & \cdots & x_1^{(m)} \\ x_2^{(1)} & x_2^{(2)} & x_2^{(3)} & \cdots & x_2^{(m)} \\ \vdots & \vdots & \vdots & & \vdots \\ x_d^{(1)} & x_d^{(2)} & x_d^{(3)} & \cdots & x_d^{(m)} \end{bmatrix}$，

则对整个数据集的运算可表示成式(3.10)所示的矩阵运算。其中，Y 是所有数据对应 y 值的列向量。

$$\boldsymbol{Y}^{\mathrm{T}} = \boldsymbol{w}^{\mathrm{T}} \boldsymbol{X} \tag{3.10}$$

计算的目的是求出参数向量 $\boldsymbol{w}$ 的值。先给出结论：

$$\boldsymbol{w} = (\boldsymbol{X}\boldsymbol{X}^{\mathrm{T}})^{-1} \boldsymbol{X}\boldsymbol{Y} \tag{3.11}$$

其证明如下：

$$\text{对 } \boldsymbol{Y}^{\mathrm{T}} = \boldsymbol{w}^{\mathrm{T}} \boldsymbol{X} \text{ 两边取转置}$$

$$\Rightarrow \quad \boldsymbol{Y} = \boldsymbol{X}^{\mathrm{T}} \boldsymbol{w}, \quad \text{两边乘以} \boldsymbol{X}$$

$$\Rightarrow \quad \boldsymbol{X}\boldsymbol{Y} = \boldsymbol{X}\boldsymbol{X}^{\mathrm{T}} \boldsymbol{w}, \quad \boldsymbol{X}\boldsymbol{X}^{\mathrm{T}} \text{是可逆矩阵，故两边乘以} (\boldsymbol{X}\boldsymbol{X}^{\mathrm{T}})^{-1}$$

$$\Rightarrow \quad (\boldsymbol{X}\boldsymbol{X}^{\mathrm{T}})^{-1} \boldsymbol{X}\boldsymbol{Y} = (\boldsymbol{X}\boldsymbol{X}^{\mathrm{T}})^{-1} \boldsymbol{X}\boldsymbol{X}^{\mathrm{T}} \boldsymbol{w}, \quad (\boldsymbol{X}\boldsymbol{X}^{\mathrm{T}})^{-1} \boldsymbol{X}\boldsymbol{X}^{\mathrm{T}} \text{的结果是单位矩阵}$$

$$\Rightarrow \quad (\boldsymbol{X}\boldsymbol{X}^{\mathrm{T}})^{-1} \boldsymbol{X}\boldsymbol{Y} = \boldsymbol{w}$$

注意：以上公式和证明针对单变量线性回归可行，针对多变量线性回归也是可行的。根据式(3.11)，用矩阵法求解最小二乘法的优化目标的代码如下：

```
#代码3.5 用矩阵法求解最小二乘法的优化目标：linreg_matrix.py
import numpy as np
def linreg_matrix( x, y ) :
X_X_T = np.matmul( x, x.T )
X_X_T_1 = np.linalg.inv( X_X_T )
```

```
X_X_T_1_X = np.matmul( X_X_T_1, x )
X_X_T_1_X_Y = np.matmul( X_X_T_1_X, y )
return X_X_T_1_X_Y
```

对于房价预测的例子，可以用矩阵法求解，具体代码如下：

```
#代码 3.6 使用矩阵法求解房价预测问题
import numpy as np
from linreg_matrix import linreg_matrix
xTrain = np.array( [ [ 75 ], [ 87 ], [ 105 ], [ 110 ], [ 120 ] ] )
#训练数据（面积），每行表示一个数据
yTrain = np.array( [ 270, 280, 295, 310, 335 ] ) [ :, np.newaxis ]
#训练数据（总价），每行表示一个数据
def make_ext( x ) :                            #对 x 进行扩展，加入一个全 1 的行
    ones = np.ones([ 1, np.size(xTrain) ] )    #生成全 1 的行向量
    new_x = np.insert( x, 0, ones, axis = 0 )
    return new_x
#为适应式(3.11)的定义，将 xTrain 和 yTrain 进行转换，使得每一列表示一个数据
x = make_ext( xTrain.T )
y = yTrain
print( "x=", x )
print( "y=", y )
w = linreg_matrix ( x, y )
print ( "w=", w )
```

上述代码的输出结果如下所示，所求得的最小二乘法优化目标的值与用其他方法求得的基本一致。

```
x= [[   1    1    1    1    1]
    [  75   87  105  110  120]]
y= [[270 280 295 310 335]]
w= [[163.75113878]
    [  1.35059217]]
```

3.5　基于梯度下降法的自定义求解单变量线性回归

梯度下降法是一种求函数极值的方法，其基本思想是对目标函数选取一个初始点，从该点出发，根据梯度（导数）的方向步步运算，能够到达一个极值，该极值可能是局部最优解，但可能不是全局最优解。以下先对简单二次函数使用梯度下降法求极值引出梯度下降法的概念，再扩展到一般目标函数的梯度下降优化方法，并介绍批量梯度下降法和随机梯度下降法两种类型的方法，且以房价预测问题为例说明编程过程。

3.5.1　简单二次函数的梯度下降法求极值

简单二次函数的形式为 $f(x) = x^2$，该函数曲线如图 3.5 所示，该函数只有一个极值，即最小值。

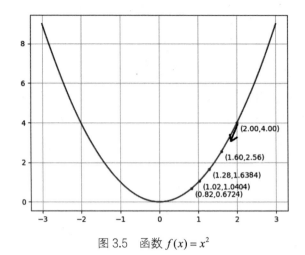

图 3.5　函数 $f(x) = x^2$

从该函数曲线上的任意一点出发，沿着导数相反的方向小步向前，必定能到达最小值的位置其具体步骤如下。

第一步：选定一个初始值，例如选定 $x_0 = 2$，$f(x_0) = 4$。

第二步：计算该点的导数，$f'(x) = 2 * x_0$。

第三步：按公式计算 x 的新值 x_1：　$x_1 = x_2 - \text{lr} * f'(x_0)$。

- lr 是学习速率（也称步进系数），用于控制每步前进的步长，例如可设置为 0.1 或 0.001 等，该值越大则学习速率越大，但过大的学习速率会导致无法找到极值（因为可能直接跨过极值），而过小的学习速率会导致收敛速度过慢，浪费学习时间。

- $f'(x_0)$ 用于控制每步前进的方向。本例需沿着**导数相反方向**前进，不然会越走离极值越远。

第四步：计算 $f(x_1)$，并将其与 $f(x_0)$ 进行对比，根据某个规则判断是否收敛，比如两者差值的绝对值小于某个临界值（如 0.00001），如果收敛则结束运算并输出极值，如果未收敛则跳转到第五步。

第五步：判断是否达到指定的循环次数（如 1000 次），如果达到则结束运算，如果未达到则设 $x_0 = x_1$，跳转到第二步继续执行。

以图 3.5 所示为例，从点(2, 4)出发，设置 lr = 0.1，则经过的点按序分别是(1.6, 2.56)、(1.28, 1.6384)、(1.02, 1.0404)、(0.82, 0.6724)、(0.66, 0.4356)、(0.52, 0.2704)、(0.42, 0.1764)、(0.33, 0.1089)、(0.27, 0.0729)，可以看出是逐渐向极值点(0, 0)移动并逼近的，当两个相邻点的差值小于某个临界值时则运算停止。

注意：

- 该方法有可能输出不精确的极值；

- 如果有多个极值，则有可能找到的是局部最优点，而非全局最优点。

以上所描述的算法，用 Python 自定义实现如代码 3.7 所示。

```python
#代码 3.7 对 y = x*x 函数的梯度下降优化过程
import numpy as np
import matplotlib.pyplot as plt
def obj_fun(x): return x * x  #需要求极值的目标函数
```

```
def dir_fun(x): return 2 * x   #目标函数的导数
x_list = [ ]
y_list = [ ]#用于保存经过的点
def minimize( init_x, lr = 0.1, dif = 1e-9, max_iter = 1000 ) :
    #init_x为初始点，lr为学习速率，dif为相邻两步差异临界值，max_iter为最大迭代次数
    x0 = init_x
    y0 = obj_fun( x0 )
    x_list.append( x0 )
    y_list.append( y0 )
    for i in range( max_iter ) :
        x1 = x0 - lr * dir_fun( x0 )
        y1 = obj_fun( x1 )
        x_list.append( x1 )
        y_list.append( y1 )
        if abs( y1 - y0 ) <= dif : #达到收敛条件
            print( "是否收敛: True", "极小点: (%e, %e)"%(x1, y1),
                  "循环次数: %d" % I )
            return
        x0 = x1
        y0 = y1
    print( "是否收敛: False", "极小点: NaN", "循环次数: %d" % max_iter )
minimize( 2.0 )
plt.plot( x_list, y_list, "o" ) #绘制过程点
plt.show()
```

输出结果如下所示，绘制的散点图如图 3.6 所示。

是否收敛: True 极小点: (3.794275e-09, 1.439652e-17) 循环次数: 89

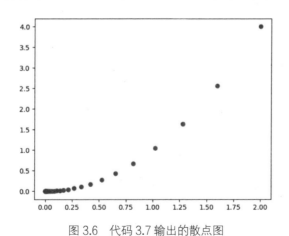

图 3.6　代码 3.7 输出的散点图

3.5.2　批量梯度下降法

对于最小二乘法，其目标函数是 $L(w_0, w_1) = \dfrac{1}{2m}\sum_{i=1}^{m}(f(x^{(i)}) - y^{(i)})^2 = \dfrac{1}{2m}\sum_{i=1}^{m}(w_1 x_1^{(i)} + w_0 - y^{(i)})^2$，学习目标是使得该函数最小化。与上例只有一个需要优化的参数不同，本例中需要优化的参数有两个，分别是 w_0 和 w_1。因此，对上例中的梯度下降法稍做修改，就可以得

67

到最小二乘法的梯度下降法。由于需要一次性批量地对使用了的全部训练数据进行优化，因此该梯度下降法也被称为**批量梯度下降法**。其具体步骤如下。

第一步：随机选定 w_0 和 w_1 的初始值，并计算 $L(w_0, w_1)$，设置学习速率为 lr。

第二步：w_0 和 w_1 的偏导函数（即梯度函数）分别为 $\dfrac{\partial L}{\partial w_0}$ 和 $\dfrac{\partial L}{\partial w_1}$，偏导方向是 w 变化最快的方向。

- 按下列公式更新 w_0 和 w_1：

$$w_0 = w_0 - \text{lr} * \frac{\partial L}{\partial w_0}$$

$$w_1 = w_1 - \text{lr} * \frac{\partial L}{\partial w_1}$$

再次提醒：w_0 和 w_1 的更新方向与其偏导方向相反。

- 利用更新后的 w_0 和 w_1 再次计算 $L(w_0, w_1)$，计算 $\Delta L(w_0, w_1)$，即两次 $L(w_0, w_1)$ 的差值的绝对值。

第三步：循环执行第二步，直到 $\Delta L(w_0, w_1)$ 小于某个临界值或循环迭代次数达到设定的最大次数。

注意：

- 同样需要选择合理的 lr 值，过大的 lr 值有可能会越过最优点，过小的 lr 值会导致收敛速度缓慢；

- 一般来说，采用梯度下降法求的是极小值，对于求极大值的场景，可将目标函数进行变化，例如取负数。

图 3.7 演示了二维空间下梯度下降法的工作原理，即从初始点出发，沿着梯度最大方向，寻找极小值。

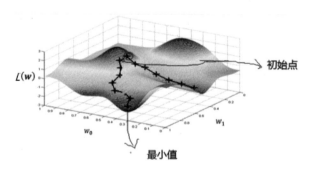

图 3.7　二维空间下梯度下降法的工作原理

在梯度下降法中，w_0 的梯度函数 $\dfrac{\partial L}{\partial w_0}$ 和 w_1 的梯度函数 $\dfrac{\partial L}{\partial w_1}$ 的计算公式如下：

$$\frac{\partial L(w_0, w_1)}{\partial w_0} = \frac{\partial \dfrac{1}{2m} \sum_{i=1}^{m} (w_1 x_1^{(i)} + w_0 - y^{(i)})^2}{\partial w_0}$$

$$= \frac{\frac{1}{2m} \cdot 2 \cdot \sum_{i=1}^{m} (w_1 x_1^{(i)} + w_0 - y^{(i)}) \cdot \partial(w_1 x_1^{(i)} + w_0 - y^{(i)})}{\partial w_0}$$

$$= \frac{1}{m} \sum_{i=1}^{m} (w_1 x_1^{(i)} + w_0 - y^{(i)})$$

$$\frac{\partial L(w_0, w_1)}{\partial w_1} = \frac{\partial \frac{1}{2m} \sum_{i=1}^{m} (w_1 x_1^{(i)} + w_0 - y^{(i)})^2}{\partial w_1}$$

$$= \frac{\frac{1}{2m} \cdot 2 \cdot \sum_{i=1}^{m} (w_1 x_1^{(i)} + w_0 - y^{(i)}) \cdot \partial(w_1 x_1^{(i)} + w_0 - y^{(i)})}{\partial w_1}$$

$$= \frac{1}{m} \sum_{i=1}^{m} [(w_1 x_1^{(i)} + w_0 - y^{(i)}) \cdot x_1^{(i)}]$$

每次更新 w_0 和 w_1 后，根据上述公式计算偏导值，继续更新 w 值直到收敛或达到最大循环次数。代码 3.8 是批量梯度下降法的 Python 实现。

```
#代码 3.8 批量梯度下降法: bgd_optimizer.py
def bgd_optimizer( target_fn, grad_fn, init_W, X, Y, lr = 0.0001,
                   tolerance = 1e-12, max_iter = 100000000 ) :
    W = init_W
    target_value = target_fn( W, X, Y )          #计算当前 w 值下的 L(w)值
    for i in range( max_iter ) :
        grad = grad_fn( W, X, Y )                #计算梯度
        next_W = W - grad * lr                   #向量计算，调整了 w
        next_target_value = target_fn( next_W, X, Y )      #计算新值
        #如果两次计算之间的误差小于 tolerance，则表明已经收敛
        if abs( next_target_value - target_value ) < tolerance:
            return i, next_W                     #返回迭代次数和 w 的值
        else: W, target_value = next_W, next_target_value  #继续进行下一轮计算
    return i, None #返回迭代次数，由于未收敛，w 没有优化的值
```

对于房价预测问题，也可以用基于梯度下降的方法求解，其 Python 实现见代码 3.9。首先根据公式定义目标函数和梯度函数，再调用代码 3.8 定义的 bgd_optimizer 函数计算并优化参数。

```
#代码 3.9 基于梯度下降法求解房价预测问题
import numpy as np
from bgd_optimizer import bgd_optimizer
import matplotlib.pyplot as plt
def target_function( W, X, Y ):    #定义目标函数
    w0, w1 = W                      #W:[w0, w1]
    #应使用 np.sum()，而不要使用 sum()。np.sum()支持向量/矩阵运算
    return np.sum( ( w0 + X * w1 - Y ) ** 2 ) / ( 2 * len( X ) )
def grad_function( W, X, Y ) :     #根据目标函数定义梯度，对 w0 和 w1 求梯度
    w0, w1 = W
    w0_grad = np.sum( w0 + X * w1 - Y ) / len( X )      #对应 w0 的梯度
```

```
    w1_grad = X.dot ( w0 + X * w1 - Y ) / len( X )
#对应 w1 的梯度。注意采用向量运算
    return np.array( [ w0_grad, w1_grad ] )
x = np.array( [ 75, 87, 105, 110, 120 ], dtype = np.float64 )  #训练数据（面积）
y = np.array( [ 270, 280, 295, 310, 335 ], dtype = np.float64 )
#训练数据（总价）
np.random.seed( 0 )
init_W = np.array( [ np.random.random(), np.random.random() ] )
#随机初始化 w 值
i, W= bgd_optimizer( target_function, grad_function, init_W, x, y )
if W is not None :
    w0, w1 = W
    print ( "迭代次数: %d, 最优的 w0 和 w1:(%f, %f)" % ( i, w0, w1 ) )
else: print ( "达到最大迭代次数，未收敛" )
```

运行以上代码后的输出结果如下：

迭代次数: 4051854, 最优的 w0 和 w1:(163.746743, 1.350635)

从运行结果可见，总共迭代了 400 多万次才收敛，在普通 PC 上费时近 5 分钟，计算得到的 w_0 和 w_1 与用其他方法得到的基本一致。代码中的学习速率 lr 被设置为 0.0001。

思考：如果将 lr 设置为较大值（如设置为 0.01 或 0.1）会出现什么状况？请执行代码并解释原因。

3.5.3　随机梯度下降法

批量梯度下降法有一个缺陷，即当数据量非常庞大时，计算复杂、费时且极有可能超出硬件能力（内存容量、CPU 计算能力等）限制。解决这个问题的方法是采用**随机梯度下降法，其原理是每次随机选取一部分数据对目标函数进行优化**。随机梯度下降法能够达到不弱于批量梯度下降法的优化效果，在实际场景中应用得更加广泛。代码 3.10 是随机梯度下降法的 Python 实现。

```
#代码 3.10 随机梯度下降法: sgd_optimizer.py
import numpy as np
def sgd_optimizer( target_fn,grad_fn, init_W, X, Y, lr = 0.0001,
                   tolerance = 1e-12, max_iter = 1000000000 ) :
    W, rate = init_W, lr
    min_W, min_target_value = None, float( "inf" )
    no_improvement = 0
    target_value = target_fn( W, X, Y )
    for i in range( max_iter ) :
        index = np.random.randint( 0, len ( X ) )          # 获得一组随机数据的索引值
        gradient = grad_fn( W, X [ index ], Y [ index ] ) #计算该数据点处的导数
        W = W - lr * gradient
        new_target_value = target_fn( W, X, Y )
        if abs( new_target_value - target_value ) < tolerance :
            return i, W
        target_value = new_target_value
```

```
        return i, None
```

代码 3.10 定义的随机梯度下降法仍使用全部数据计算目标函数，然而是随机选取一个样本计算梯度进行优化。代码 3.11 使用随机梯度下降法对房价预测问题进行优化，注意梯度计算函数的变化。

```
#代码 3.11 随机梯度下降法求解房价预测问题
import numpy as np
from sgd_optimizer import sgd_optimizer
def target( W, X, Y ) :        #定义目标函数，此处仍使用全部数据
    w0, w1 = W          # W:[w0, w1]
    return np.sum( ( w0 + X * w1-Y ) ** 2 ) / ( 2 * len( X ) )
def grad( W, X, Y ) :          #对随机的单点计算梯度
    w0, w1 = W
    w0_grad = ( w0 + X * w1-Y )                  #对应 w0 的梯度
    w1_grad = X * ( w0 + X * w1-Y )              #对应 w1 的梯度。注意采用向量运算
    return np.array ( [ w0_grad, w1_grad ] )
x = np.array( [ 75, 87, 105, 110, 120 ], dtype = np.float64 )  #训练数据（面积）
y = np.array( [ 270, 280, 295, 310, 335 ], dtype = np.float64 )#训练数据（总价）
import time
np.random.seed( ( int ) ( time.time() ) )
init_W = np.array( [ np.random.random(), np.random.random() ] )
#执行随机梯度下降操作
i, W = sgd_optimizer( target, grad, init_W, x, y )
if W is not None :
    w0, w1 = W
    print( "迭代次数: %d, 最优的 w0 和 w1:(%f, %f)" % ( i, w0, w1 ) )
else: print( "达到最大迭代次数，未收敛" )
```

相比于批量梯度下降法，随机梯度下降法所计算得到的结果更是一个近似值，经过近 700 万次迭代后，优化的参数如下：

```
w0 = 163.7087486     w1 = 1.24129904
```

3.6　多变量线性回归问题

在现实生活中，房价不仅与面积有关，还与户型、楼层等相关。本节增加了房屋户型作为自变量，变化后的训练数据如表 3.2 所示，测试数据如表 3.3 所示。其中，户型类型为 1（一居室）、2（二居室）、3（三居室）、4（四居室）。

下面使用 3 种方法，即基于 scikit-learn 库、最小二乘法和梯度下降法的矩阵法，求解多变量房价预测问题。

表 3.2　　　　　　　　　　多变量房价预测问题的训练数据

训练数据	房屋面积（平方米）	房屋户型	房屋总价（万元）
1	75	1	270
2	87	3	280
3	105	3	295
4	110	3	310
5	120	4	335

表 3.3   多变量房价预测问题的测试数据

测试数据	房屋面积（平方米）	房屋户型	房屋总价（万元）
1	85	2	280
2	90	3	282
3	93	3	284
4	109	4	305

3.6.1　基于 scikit-learn 库求解

代码 3.12 使用 scikit-learn 库的 LinearRegression 类求解多变量房价预测问题，在训练数据 xTrain 和测试数据 xText 中各加了一列，代表房屋户型，其他代码与单变量模型的基本一致。

```
#代码 3.12 使用 scikit-learn 库实现多变量房价预测问题求解
import numpy as np
from sklearn.linear_model import LinearRegression
xTrain = np.array( [ [ 75, 1 ], [ 87, 3 ], [ 105, 3 ], [ 110, 3 ],
                     [ 120, 4 ] ] )      #训练数据（面积、户型）
yTrain = np.array( [ 270,280,295,310,335 ] )        #训练数据（总价）
xTest = np.array( [ [ 85, 2 ], [ 90, 3 ], [ 93, 3 ], [ 109, 4 ] ] )
#测试数据（面积、户型）
yTest = np.array( [ 280, 282, 284, 305 ] )          #测试数据（总价）
model = LinearRegression()
model.fit( xTrain, yTrain )
print( model._residues )                   #训练集残差: 226.8291
print( model.score( xTest, yTest ) )       #测试集的 R 方: 0.8374
```

以上代码中的最后两句用于输出训练集的残差和测试集的 R 方，结果如下：

```
226.82910636037715
0.8373813078020356
```

与单变量房价预测问题得到的 227.2965 和 0.8090 相比，加入户型特征后，结果的误差要小了一些，说明加入户型信息对模型拟合有提升作用。

3.6.2　基于最小二乘法自定义求解

基于最小二乘法的矩阵法对单变量线性回归问题求解可以应用于多变量线性回归问题求解，代码 3.13 为具体的实现。该代码与单变量房价预测的代码相比，只有 xTrain 和 xTest 的定义部分有明显差别。代码中还手动计算了训练数据的残差平方和和测试数据的 R 方。

```
#代码 3.13 使用矩阵法求解多变量房价预测问题
import numpy as np
from linreg_matrix import linreg_matrix
xTrain = np.array( [ [ 75, 1 ], [ 87, 3 ], [ 105, 3 ], [ 110, 3 ],
                     [ 120, 4 ] ] )                 #训练数据（面积、户型）
yTrain = np.array( [ 270, 280, 295, 310, 335 ] )  #训练数据（总价）
xTest = np.array( [ [ 85, 2 ], [ 90, 3 ], [ 93, 3 ], [ 109, 4 ] ] )
#测试数据（面积、户型）
yTest = np.array( [ 280, 282, 284, 305 ] )          #测试数据（总价）
def make_ext( x ) :                        #对 x 进行扩展，加入一个全 1 的行
    ones = np.ones( 1 ) [ :, np.newaxis ]  #生成全 1 的行向量
```

```
        new_x = np.insert( x, 0, ones, axis = 0 )
        return new_x
#为适应式(3.11)的定义，将 xTrain 和 yTrain 进行转换，使得每一列表示一个数据
x = make_ext( xTrain.T )
y = yTrain.T
w = linreg_matrix( x, y )
print( "w=", w )
yTrainPredicted = w.dot( x )                           #针对训练数据进行预测以计算训练误差
yTestPredicted = w.dot( make_ext( xTest.T ) )          #针对测试数据进行预测
ssResTrain = sum( ( yTrain-yTrainPredicted ) ** 2 )    #手动计算训练集残差
print( "训练数据残差平方和: ", ssResTrain )             #训练集残差
ssResTest = sum ( ( yTest-yTestPredicted ) ** 2 )      #手动计算测试集残差
ssTotalTest = sum( ( yTest-np.mean( yTest ) ) ** 2 )
#手动计算测试集 y 值的偏差平方和，也就是每个数据的 y 值与测试数据平均 y 值的差值的平方和
rsquareTest = 1-ssResTest / ssTotalTest                #手动计算测试数据 R 方
print( "测试数据 R 方: ", rsquareTest )                 #测试集的 R 方
```

输出结果如下所示，该结果与使用 scikit-learn 求解得到的结果相差不大。

```
w= [162.19293587    1.38427832   -0.63935732]
训练数据残差平方和:  226.8291063603765
测试数据 R 方:  0.837381307801918
```

3.6.3　基于梯度下降法自定义求解

上节定义的梯度下降方法同样可以用于多变量房价预测求解，即需要对目标函数和梯度函数做一些扩展。目标函数扩展后得到式(3.12)，其中 d 是特征的个数，本例中 $d=2$。

$$L(\boldsymbol{w}) = \frac{1}{2m}\sum_{i=1}^{m}(\sum_{k=1}^{d}w_k x_k^{(i)} + w_0 - y^{(i)})^2 \tag{3.12}$$

对式(3.12)各个参数的梯度求解如下，其中 w_0 的梯度不变，w_k 的梯度可以从 w_1 的扩展得到，推导过程可以参考对 w_1 的梯度求解。

- $$\frac{\partial L(\boldsymbol{w})}{\partial w_0} = \frac{1}{m}\sum_{i=1}^{m}(\sum_{k=1}^{d}w_k x_k^{(i)} + w_0 - y^{(i)})$$

- 对于 $k>0$，有 $\dfrac{\partial L(\boldsymbol{w})}{\partial w_k} = \dfrac{1}{m}\sum_{i=1}^{m}[(\sum_{k=1}^{d}w_k x_k^{(i)} + w_0 - y^{(i)})x_k^{(i)}]$

代码 3.14 基于批量梯度下降法求解多变量房价预测问题，其重新定义了目标函数和梯度函数。

```
#代码 3.14 基于批量梯度下降法求解多变量房价预测问题
import numpy as np
from bgd_optimizer import bgd_optimizer
import matplotlib.pyplot as plt
def target_function( W, X, Y ) :   #定义目标函数
    return np.sum( ( W[ 0 ] + X.dot( W[ 1: ]) - Y ) ** 2 ) /
                   ( 2 * len( X ) )
def grad_function( W, X, Y ) :      #根据目标函数定义梯度，对 w0、w1、w2 求梯度
    w0_grad = np.sum( W[ 0 ] + X.dot( W[ 1: ] ) - Y ) / len( X )
#对应 w0 的梯度
    w1_grad = X[ :, 0 ].dot( np.array( W[ 0 ] ) + X.dot( W[ 1: ] ) -Y ) / len( X )
                        #对应 w1 的梯度
```

```
        w2_grad = X[ :, 1 ].dot( np.array ( W[ 0 ] ) + X.dot( W[ 1: ] ) - Y )/ len( X )
                                                        #对应 w2 的梯度
        return np.array( [ w0_grad,w1_grad,w2_grad ] )
x = np.array( [ [ 75, 1 ], [ 87, 3 ], [ 105, 3 ], [ 110, 3 ], [ 120, 4 ] ],
                dtype = np.float64 )
y = np.array( [ 270, 280, 295, 310, 335 ], dtype = np.float64 )
np.random.seed( 0 )
init_W = np.array( [ np.random.random(), np.random.random(), np.random.random() ] )
                                                        #随机初始化 w
i, W = bgd_optimizer( target_function, grad_function, init_W, x, y )
if W is not None :
    w0, w1, w2 = W
    print( "迭代次数: %d, 最优的 w0, w1, w2:(%f, %f, %f)" % ( i, w0, w1, w2 ) )
else: print( "达到最大迭代次数，未收敛" )
```

运行以上代码得到输出结果如下：

```
迭代次数: 6598762, 最优的 w0, w1, w2:(162.185449, 1.384389, -0.640646)
```

其中，对 w0、w1 和 w2 的求解结果与用其他方法求解的结果基本一致。对 3 个及 3 个以上变量的线性回归问题用梯度下降法求解，可以依此扩展。

3.6.4　数据归一化问题

在多变量情况下，各个变量的值域有很大差别，例如房屋面积的范围是几十到几百的浮点数，房屋户型的值域是 1 到 5 之间的整数。值域差异过大，容易造成计算过程中出现溢出或无法收敛，也会导致各个变量的作用权重受到影响。通常，可以对数据进行归一化处理来解决这一问题。归一化的方法有很多，以下介绍一种常用的归一化方法，并编码实现。

对于数据特征值集合 x_i，用公式 $x\_norm_i = \dfrac{x_i - \overline{x_i}}{\text{std}(x_i)}$ 进行归一化，其中 $\overline{x_i}$ 是 x_i 的平均值，$\text{std}(x_i)$ 是 x_i 的标准差。代码 3.15 演示了对多变量房价预测问题进行归一化并用 scikit-learn 库求解的过程。

```
#代码 3.15 先进行归一化处理，再使用 scikit-learn 库求解
import numpy as np
from sklearn.linear_model import LinearRegression
def normalize( X ) :
    X_mean = np.mean( X, 0 )                         #计算均值
    X_std = np.var( X, 0 )                           #计算标准差
    return ( X - X_mean ) / X_std
xTrain = np.array( [ [ 75, 1 ], [ 87, 3 ], [ 105, 3 ], [ 110, 3 ],
                [ 120, 4 ] ] )                       #训练数据（面积、户型）
yTrain = np.array( [ 270, 280, 295, 310, 335 ] )     #训练数据（总价）
xTrain = normalize ( xTrain )
model = LinearRegression()
model.fit( xTrain, yTrain )
print( model._residues )                            #训练集残差
```

输出结果为：

```
226.82910636037712
```

3.6.5 高阶拟合问题

单变量房价预测问题中只有一个自变量"房屋面积",因此拟合出来的是一条直线;而多变量房价预测问题中有两个自变量"房屋面积"和"房屋户型",因此拟合出来的是一个直平面。这些拟合是严格意义上的"线性回归"。但有时候,采用"曲线"或"曲面"模型来拟合能够对训练数据产生更逼近真实值的效果,这就是高阶拟合,有可能是非线性的。

例如,对于一个自变量的场景,可以采用多阶函数: $f_n(x) = \sum_{k=0}^{n} w_k x^k$,其中 n 表示阶数。如二阶单变量函数为 $f_2(x) = w_0 + w_1 x + w_2 x^2$,三阶单变量函数为 $f_3(x) = w_0 + w_1 x + w_2 x^2 + w_3 x^3$,四阶单变量函数为 $f_4(x) = w_0 + w_1 x + w_2 x^2 + w_3 x^3 + w_4 x^4$,依此类推。对于两个自变量的场景,可以采用更复杂的多元高阶函数,例如 $g(x) = w_0 + w_1 x_1^1 x_2^1 + w_2 x_1^1 + w_3 x_2^1 + w_4 x_1^2 + w_5 x_1^2 x_2^2$ 。

我们可将待拟合的高阶函数转换为多变量线性回归的方法来拟合,例如,对于上述的单变量高阶拟合场景,可以通过如下方式进行变换:

- 加入新变量 x_1 ,设 $x_1 = x$;
- 加入新变量 x_2 ,设 $x_2 = x^2$;
- 加入新变量 x_3 ,设 $x_3 = x^3$;
- 加入新变量 x_4 ,设 $x_4 = x^4$ 。

于是,拟合函数最终变成了 $f_2(x) = w_0 + w_1 x_1 + w_2 x_2$, $f_3(x) = w_0 + w_1 x_1 + w_2 x_2 + w_3 x_3$, $f_4(x) = w_0 + w_1 x_2 = w_3 x_3 + w_4 x_4$ 等,转变为求解多变量线性回归问题,其中 4 个新变量都是从原来的单变量 x 变化得到的。代码 3.16 使用 scikit-learn 库实现二阶、三阶、四阶函数拟合单变量房价预测问题求解。

```python
#代码 3.16 使用 scikit-learn 库实现高阶拟合单变量房价预测问题求解
import numpy as np
from sklearn.linear_model import LinearRegression
xTrain = np.array([ [ 75 ], [ 87 ], [ 105 ], [ 110 ], [ 120 ] ] )
#训练数据（面积）
x1 = xTrain
x2 = xTrain ** 2
x3 = xTrain ** 3
x4 = xTrain ** 4
new_xTrain2 = np.concatenate( [ x1, x2 ], axis = 1 )          #进行连接
new_xTrain3 = np.concatenate( [ x1, x2, x3 ], axis = 1 )      #进行连接
new_xTrain4 = np.concatenate( [ x1, x2, x3, x4 ], axis = 1 )  #进行连接
yTrain = np.array( [ 270, 280, 295, 310, 335 ] )             #训练数据（总价）
xTest = np.array( [ [ 85 ], [ 90 ], [ 93 ], [ 109 ] ] )      #测试数据（面积）
x1 = xTest
x2 = xTest ** 2
x3 = xTest ** 3
x4 = xTest ** 4
new_xTest2 = np.concatenate( [ x1, x2 ], axis = 1 )
new_xTest3 = np.concatenate( [ x1, x2, x3 ], axis = 1 )
new_xTest4 = np.concatenate( [ x1, x2, x3, x4 ], axis = 1 )
yTest = np.array( [ 280, 282, 284, 305 ] )                   #测试数据（总价）
model1 = LinearRegression()
model1.fit( xTrain, yTrain )
print( "一阶训练集残差: ", model1._residues )                 #一阶训练集残差
print( "一阶测试集 R 方: ", model1.score( xTest, yTest ) )    #一阶测试集 R 方
model2 = LinearRegression()
```

```
model2.fit( new_xTrain2, yTrain )
print( "二阶训练集残差: ", model2._residues )                    #二阶训练集残差
print( "二阶测试集 R 方: ", model2.score ( new_xTest2, yTest ) )   #二阶测试集 R 方
model3 = LinearRegression()
model3.fit( new_xTrain3, yTrain )
print( "三阶训练集残差: ", model3._residues )                    #三阶训练集残差
print( "三阶测试集 R 方: ", model3.score ( new_xTest3, yTest ) )   #三阶测试集 R 方
model4 = LinearRegression()
model4.fit( new_xTrain4, yTrain )
print( "四阶训练集残差: ", model4._residues )                    #四阶训练集残差
print( "四阶测试集 R 方: ", model4.score ( new_xTest4, yTest ) )   #四阶测试集 R 方
```

运行后，输出结果如下：

一阶训练集残差: 227.2965381111449
一阶测试集 R 方: 0.8090280549127149
二阶训练集残差: 38.38456969539346
二阶测试集 R 方: 0.8714891148616254
三阶训练集残差: 16.488230700095926
三阶测试集 R 方: 0.9885676670452613
四阶训练集残差: 5.498381308907731e-18
四阶测试集 R 方: 0.8830805089175938

从输出结果可以看到，一阶函数的 R 方约为 0.8090，二阶函数的 R 方约为 0.8715，三阶函数的 R 方约为 0.9886，四阶函数的 R 方约为 0.8831。其中，三阶函数的 R 方是目前为止最好的结果，大大优于单变量线性回归的结果，这与训练数据和测试数据的特点有关系。这是因为一阶函数的图形是一条直线，而二阶、三阶、四阶函数的图形是曲线，训练数据和测试数据的特征分布刚好呈现曲线的特征。为了更清楚地显示高阶曲线的特点，如下代码绘制了各阶函数的拟合图形。

```
#代码 3.17 接在代码 3.16 之后绘制各阶函数的拟合图形
def initPlot() :
    plt.figure()
    plt.title( 'House Price vs House Area' )
    plt.xlabel( 'House Area' )
    plt.ylabel( 'House Price' )
    plt.axis( [ 70, 130, 240, 360 ] )
#设置 x 轴和 y 轴的值域分别为 70～130 和 240～360
    plt.grid ( True )
    return plt
plt = initPlot()
plt.plot( xTrain, yTrain, 'r.' )                 #训练点数据（红色）
X = np.linspace( 70, 350, 1000 )
Y1 = model1.intercept_ + model1.coef_[0] * X
Y2 = model2.intercept_ + model2.coef_[0] * X + model2.coef_[ 1 ] * X ** 2
Y3 = model3.intercept_ + model3.coef_[0] * X + model3.coef_[ 1 ] * X ** 2 +
    model3.coef_[2] * X ** 3
Y4 = model4.intercept_ + model4.coef_[0] * X + model4.coef_[1] * X ** 2 + \
    model4.coef_[2] * X ** 3 + model4.coef_[3] * X ** 4
plt.plot( X, Y2, 'g-' )   #拟合的二阶函数图形
plt.plot( X, Y3, 'g-' )   #拟合的三阶函数图形
plt.plot( X, Y4, 'g-' )   #拟合的四阶函数图形
plt.show()
```

运行后，输出图 3.8 所示图形，可以看出，不同阶的函数的曲线不同。阶数的选择取决于训练数据和测试数据的分布情况。

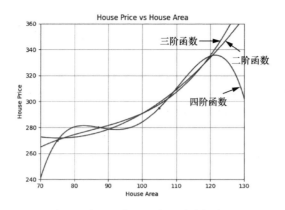

图 3.8　二阶、三阶和四阶函数的拟合图形

本章小结

本章介绍了线性回归问题的定义，以及求解线性回归问题的多种方法，包括基 scikit-learn 库、最小二乘法、梯度下降法求解等。通过对本章的学习，读者能够对线性回归问题有一个基本的了解，并能掌握通过 Python 编程求解线性回归问题的基本方法，为后续章节的学习打下良好的基础。

课后习题

一、选择题

1．用最小二乘法确定直线回归方程的原则是各观察点直线的（　　）。

A．纵向距离之和最小　　　　　　　　B．纵向距离的平方和最小

C．垂直距离之和最小　　　　　　　　D．垂直距离的平方和最小

2．$y = 4x+14$ 是 1～7 岁儿童以年龄（岁）估计体重（市斤）的回归方程，若体重换成国际单位千克（kg），则此方程（　　）。

A．截距改变　　　B．回归系数改变　　　C．两者都改变　　　D．两者都不改变

3．最小二乘法是使用（　　）达到最小值的原则确定回归方程。

A．$\left| \sum_{i=1}^{m} (y_i - \hat{y}_i) \right|$　B．$\sum_{i=1}^{m} \left(\left| y_i - \hat{y}_i \right| \right)$　　C．$\max \left| (y_i - \hat{y}_i) \right|$　　D．$\sum_{i=1}^{m} (y_i - \hat{y}_i)^2$

4．图 3.9 中"{"所指的距离是（　　）。

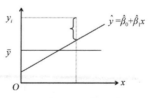

图 3-9　求"{"所指的距离

A．随机误差项　　B．残差　　　　　　C．y_i 的离差　　　　D．$\hat{y}_i$ 的离差

二、填空题

1．scikit-learn 库的 Python 包的名称是＿＿＿＿＿＿，用于进行线性回归的类名称是＿＿＿＿＿＿。

2．求解最小二乘法有两种方法，分别是＿＿＿＿＿＿和＿＿＿＿＿＿。

3．梯度下降法有两种，分别是＿＿＿＿＿＿和＿＿＿＿＿＿。

4．要对数据特征进行归一化的原因是＿＿＿＿＿＿。

5．我们可以通过将待拟合的高阶函数转换为＿＿＿＿＿＿的方法来拟合高阶函数。

三、编程题

1．将代码 3.16 所求解的问题改用二阶、三阶、五阶、六阶、七阶、八阶函数拟合，可以采用矩阵法或梯度下降法，绘制二阶拟合的曲线图并观察效果，说明几阶效果最好，思考其原因。

2．将表 3.2 和表 3.3 的多变量房价预测数据转换成 $f(x) = w_0 + w_1 x_1^1 x_2^1 + w_2 x_1^1 + w_3 x_2^1 + w_4 x_1^2 + w_5 x_1^2 x_2^2$，采用批量梯度下降法进行拟合，输出各个参数值和测试集 R 方。

3．将代码 3.15 所求解的拟合问题改用随机梯度下降法进行求解，并观察效果。

4．关于房价预测问题，在房屋面积和房屋户型的基础上增加一个特征——所在楼层，得到表 3.4 和表 3.5 所示的数据。请分别采用 scikit-learn 库、矩阵法、批量梯度下降法、随机梯度下降法进行求解，输出参数值和测试数据 R 方。

表 3.4　　　　　　　　　　　　多变量房价预测问题的训练数据

训练数据	房屋面积（平方米）	房屋户型	所在楼层	房屋总价（万元）
1	80	2	4	270
2	87	3	5	280
3	100	3	1	295
4	110	3	8	330
5	120	4	7	335

表 3.5　　　　　　　　　　　　多变量房价预测问题的测试数据

测试数据	房屋面积（平方米）	房屋户型	所在楼层	房屋总价（万元）
1	80	2	6	280
2	90	3	7	290
3	96	2	5	300
4	105	3	4	315

第4章 逻辑斯蒂分类及其 Python 实现

学习目标：

- 掌握逻辑斯蒂分类（回归）的定义和相应 Python 求解方法；
- 掌握和理解分类问题的评价指标；
- 掌握逻辑斯蒂分类的求解方法。

4.1 逻辑斯蒂分类简介

上一章所介绍的线性回归模型解决的问题的预测值是连续值，然而现实生活中的**许多问题其预测值都是离散的**。例如，根据晚风和晚霞预测明天是否为晴天，根据户型、面积、价格等预测房子是否好卖，根据气色、是否打喷嚏、食欲等判断人是否感冒，根据西瓜的外观、敲瓜响声判断西瓜是否甜，根据餐馆的飘香、入座情况等判断其菜品是否好吃等。这些问题被称为**分类问题，即根据事物的某些特征预测事物所属的类别**。

分类对人类来说是一项基本能力。人类从婴儿时期就开始学习分辨爸爸、妈妈，分辨红色、绿色、蓝色等颜色，分辨三角形、正方形等形状，稍微长大一点就可以分辨猫、狗等动物，从长相和行为方式分辨"好人"和"坏人"，学会分辨十个阿拉伯数字等。可以说，人类的成长过程是一个认识更多事物并提升分类能力的过程。人类能做的事情，人工智能是否也能够通过学习去做到呢？当前，人工智能在一些应用上（如人脸识别、指纹识别、二维码扫描等）已经接近人类的识别水平，因而能够在现实生活中较好地辅助人类。让人工智能学习分类是一个复杂的过程，需要优秀的模型、海量的数据和高性能的硬件支持。

本章介绍统计机器学习中的经典分类方法——逻辑斯蒂分类（回归）（Logistics Regression），该方法是一个回归方法，但通常用于分类，有时候也简称逻辑分类。与线性回归通过拟合线性函数进行回归类似，逻辑斯蒂分类通过拟合一个特殊的函数，即逻辑斯蒂函数（Logistic Function）进行分类。逻辑斯蒂函数的形式如式(4.1)所示。

$$f(x) = \frac{1}{1 + e^{-x}} \tag{4.1}$$

式(4.1)的函数曲线如图 4.1 所示。从图 4.1 可以看出逻辑斯蒂函数 y 值的取值范围在 0～1；当 $x = 0$ 时，$y = 0.5$；当 $x>0$ 时，$y>0.5$；当 $x<0$ 时，$y<0.5$；当 x 无限大时，y 无限趋近于 1；当 x 无限小时，y 无限趋近于 0。虽然逻辑斯蒂函数是连续的，但其却具有二分类的特点。

对于具体的分类问题，若能根据特征用逻辑斯蒂函数进行拟合，使得不同的两个类对应 y 值 0 或 1，则可以利用逻辑斯蒂函数解决二分类问题。

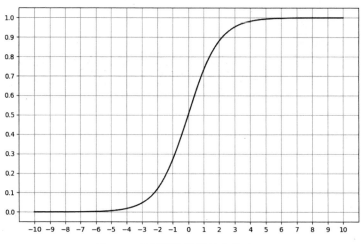

图 4.1　逻辑斯蒂函数的曲线表示

对于二分类问题，两个类分别用 0 和 1 表示，给定有 d 个特征的样例 $\boldsymbol{x}=\begin{bmatrix} x_1 \\ x_2 \\ x_3 \\ \vdots \\ x_d \end{bmatrix}$，根据逻辑

斯蒂函数可以计算样例 $\boldsymbol{x}$ 属于不同类别的条件概率：

$$P(y=1\,|\,\boldsymbol{x})=\frac{1}{1+\mathrm{e}^{-\boldsymbol{w}^{\mathrm{T}}\boldsymbol{x}+b}} \tag{4.2}$$

$$P(y=0\,|\,\boldsymbol{x})=\frac{\mathrm{e}^{-\boldsymbol{w}^{\mathrm{T}}\boldsymbol{x}+b}}{1+\mathrm{e}^{-\boldsymbol{w}^{\mathrm{T}}\boldsymbol{x}+b}} \tag{4.3}$$

可以看出，式(4.2)和式(4.3)的指数部分与线性回归函数的相似。为了方便表示，可以对

$\boldsymbol{x}$ 和 $\boldsymbol{w}$ 进行扩充，仍记作 $\boldsymbol{x}$ 和 $\boldsymbol{w}$，$\boldsymbol{x}=\begin{bmatrix} 1 \\ x_1 \\ x_2 \\ x_3 \\ \vdots \\ x_d \end{bmatrix}$，$\boldsymbol{w}=\begin{bmatrix} b \\ w_1 \\ w_2 \\ w_3 \\ \vdots \\ w_d \end{bmatrix}$，此时逻辑斯蒂分类模型如式(4.4)和式(4.5)

所示：

$$P(y=1\,|\,\boldsymbol{x})=\frac{1}{1+\mathrm{e}^{-\boldsymbol{w}^{\mathrm{T}}\boldsymbol{x}}} \tag{4.4}$$

$$P(y = 0 \mid \boldsymbol{x}) = \frac{\mathrm{e}^{-\boldsymbol{w}^{\mathrm{T}}\boldsymbol{x}}}{1 + \mathrm{e}^{-\boldsymbol{w}^{\mathrm{T}}\boldsymbol{x}}} \tag{4.5}$$

下面将首先介绍二分类逻辑斯蒂分类问题及其求解方法，然后介绍多分类逻辑斯蒂分类问题及其求解方法。

4.2 二分类逻辑斯蒂分类问题

当逻辑斯蒂分类模型的类别只有两个时（即 y 的取值是 0 或 1），此时是二分类逻辑斯蒂分类模型，多分类逻辑斯蒂分类问题可以转换为二分类逻辑斯蒂分类问题进行求解。为方便学习，并且不失一般性，下面以预测某小区在某房产中介处的房屋是否好卖为例，讲解二分类逻辑斯蒂分类问题。

案例描述　根据历史销售数据，该小区有些房屋好卖（在挂售半年内就可以成交），有些房屋不好卖（在挂售半年后还未成交），观察发现，房屋是否好卖跟房屋挂售的房屋面积和每平方米的单价有很大关系。表 4.1 列举了 15 条历史记录，包括 10 条训练数据和 5 条测试数据。现有该小区的一位业主出售房屋，在业主报出房屋面积和期望售价后，根据表 4.1 的训练数据，中介要判断该房屋是否好卖。

表 4.1　　　　某小区房屋在某中介处的好卖程度与房屋面积及单价数据

历史记录	房屋面积（平方米）	房屋单价（万元/平方米）	是否好卖
训练数据 1	78	3.36	是
训练数据 2	75	2.70	是
训练数据 3	80	2.90	是
训练数据 4	100	3.12	是
训练数据 5	125	2.80	是
训练数据 6	94	3.32	否
训练数据 7	120	3.05	否
训练数据 8	160	3.70	否
训练数据 9	170	3.52	否
训练数据 10	155	3.60	否
测试数据 1	100	3.00	是
测试数据 2	93	3.25	否
测试数据 3	163	3.63	是
测试数据 4	120	2.82	是
测试数据 5	89	3.37	是

为了直观地展示表 4.1 中数据的特点，代码 4.1 采用 Matplotlib 库，以房屋单价为横坐标、房屋面积为纵坐标绘制散点图。

```
#代码 4.1 表 4.1 中房屋数据的可视化展示代码
import numpy as np
```

```
import matplotlib.pyplot as plt
def initPlot():
    plt.figure()
    plt.title( 'House Price vs House Area' )
    plt.xlabel( 'House Price' )    #x 轴标签文字
    plt.ylabel( 'House Area' )     #y 轴标签文字
    plt.grid( True )               #显示网格
    return plt
xTrain0 = np.array( [ [3.32, 94], [3.05, 120], [3.70, 160], [3.52, 170],
                      [3.60, 155] ] )       #标注为不好卖的数据
yTrain0 = np.array( [ 0, 0, 0, 0, 0 ] )  #y = 0 表示不好卖
xTrain1 = np.array( [ [3.36, 78], [2.70, 75], [2.90, 80], [3.12, 100],
                      [2.80, 125] ] )       #标注为好卖的数据
yTrain1 = np.array( [ 1, 1, 1, 1, 1 ] )  #y = 1 表示好卖
plt = initPlot()
plt.plot( xTrain0[ :, 0 ], xTrain0[ :, 1 ], 'k+' )
#k 表示黑色，+表示点的形状为"十"字
plt.plot( xTrain1[ :, 0 ], xTrain1[ :, 1 ], 'ro' )
#r 表示红色，o 表示点的形状为圆形
plt.show()
```

在代码 4.1 中，训练数据按所属类别被分为 xTrain0（属于类别 0）和 xTrain1（属于类别 1）两部分，采用不同的颜色和形状进行绘制。plt.plot()函数的 3 个参数分别是数据的 x 轴坐标、y 轴坐标和绘制的颜色形状。代码运行后，显示图 4.2 所示的散点图。

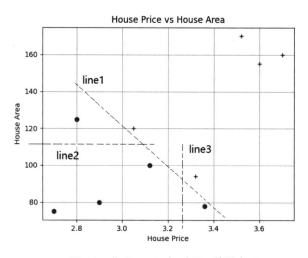

图 4.2　代码 4.1 运行后显示的散点图

在图 4.2 中，红色圆点表示标注为好卖的房屋数据，黑色"十"字点表示标注为不好卖的房屋数据。从中可以看出如下信息。

• 房屋数据在一维角度是线性不可分的：在 x 轴和 y 轴都无法找到一条直线（如 line2 和 line3），使得两类房屋数据能够无交叉地分布在直线两侧，即无论是根据房屋价格还是根据房屋面积，都不能把所有房屋数据线性分割开来。

• 房屋数据在二维角度是线性可分的：通过肉眼观察，可以找到一条斜线 line1，把所有不同类的房屋数据无交叉地分隔在其两端，这是一个比较完美的分类方法。

因此，对于具有两个特征的数据，二分类逻辑斯蒂分类的目标是找到一条直线使得两种类别的房屋数据分别分布在直线的两端；对于具有三个特征的数据，所需要寻找的是一个分类平面；对于具有更多特征的数据，则依此类推。如果不能做到完美地分隔两种类别的房屋数据，逻辑斯蒂分类的目标是最大限度地降低分类误差。

4.3　基于 scikit-learn 库求解二分类逻辑斯蒂分类问题

4.3.1　scikit-learn 库的 LogisticRegression 类说明

在 scikit-learn 库中，与逻辑斯蒂分类有关的有 3 个类：LogisticRegression、LogisticRegressionCV、logistic_regression_path，位于 sklearn.linear_model 包。其中 LogisticRegression 类和 LogisticRegressionCV 类的主要区别是 LogisticRegressionCV 类使用了交叉验证来选择正则化系数（C），而 LogisticRegression 类需要每次指定一个正则化系数。除了选择正则化系数的区别之外，LogisticRegression 类和 LogisticRegressionCV 类的使用方法基本相同。

本节使用 LogisticRegression 类解决逻辑斯蒂分类问题，使用该类可以解决大部分常见的逻辑斯蒂分类问题。接下来对该类的构造方法和常用属性、方法进行介绍。

（1）LogisticRegression 类的构造方法

```
from sklearn.linear_model import LogisticRegression
model = LogisticRegression(penalty='l2', dual=False, tol=0.0001, C=1.0, fit_
intercept=True, intercept_scaling=1, class_weight=None, random_state=None,
solver='liblinear', max_iter=100, multi_class='ovr', verbose=0, warm_start=
False, n_jobs=1)
```

其中的主要参数说明如下。

- penalty：正则化选择参数，可选值为"L1"和"L2"，分别对应 L1 的正则化和 L2 的正则化，默认是 L2 的正则化；解决过拟合一般选择 L2 正则化就够了，但是如果还是过拟合，则可以考虑 L1 正则化。

- fit_intercept：是否存在截距，默认值为 True，即存在截距。

- class_weight：类别权重参数，该参数用于标示分类模型中各类别的权重，可以不输入，即不考虑权重或者说所有类别权重一样。如果选择输入，可以选择 balanced 库并自己计算类别权重，或者自己输入各个类的权重。例如，对于 0/1 的二分类模型，可以定义 class_weight = {0:0.9, 1:0.1}，这样类别 0 的权重为 90%，而类别 1 的权重为 10%。

- solver：优化算法选择参数，它决定了对逻辑斯蒂分类损失函数的优化方法，有如下的 4 种算法可供选择。

　　■　liblinear：使用坐标轴下降法来迭代优化损失函数。

　　■　lbfgs：拟牛顿法的一种，利用损失函数二阶导数矩阵即海森矩阵来迭代优化损失函数。

　　■　newton-cg：牛顿法的一种，也是利用损失函数二阶导数矩阵来迭代优化损失函数。

　　■　sag：随机平均梯度下降法，是梯度下降法的变种，与普通梯度下降法的区别是每次迭代仅用一部分的数据来计算梯度。随机平均梯度下降法是一种线性收敛算法，速度远比梯度下降法快，适合于数据多的情况。

在这 4 种优化算法中，newton-cg、lbfgs 和 sag 都需要损失函数的一阶或者二阶连续导数，因此不能用于没有连续导数的 L1 正则化，只能用于 L2 正则化。而 liblinear 对于 L1 正则化和 L2 正则化均适用。

- max_iter：算法收敛的最大迭代次数，默认值为 100，仅在正则化优化算法为 newton-cg、sag 和 lbfgs 时才有用。
- multi_class：分类方式选择参数，multi_class 参数决定了分类方式，有 ovr 和 multinomial 两个值可以选择，默认值是 ovr。ovr 即 one-vs-rest，而 multinomial 即 many-vs-many。如果是二分类逻辑斯蒂分类，ovr 和 multinomial 没有任何区别，它们的区别主要体现在多分类逻辑斯蒂分类上。

（2）LogisticRegression 类的主要属性和方法
- fit (x, y)：拟合函数，通过训练数据 x 和 y 来拟合模型。
- predict (x)：预测函数，通过拟合好的模型对数据 x 预测 y 值。
- score (x, y)：评价分数值，用于评价模型的表现。

4.3.2　求解步骤与编程实现

为了演示逻辑斯蒂分类的过程，接下来使用 LogisticRegression 类，以房屋面积为特征（暂时忽略房屋价格），解决房屋是否好卖的分类问题。其具体步骤如下。

第一步：准备训练数据。

与上一章中的线性回归类似，逻辑斯蒂分类的训练数据也包括 x 和 y 两部分。由于本小节仅采用房屋面积特征，因此每个数据的 x 值只有一个；由于只有两个类别（好卖、不好卖），因此设 $y = 1$ 表示好卖，$y = 0$ 表示不好卖。我们可采用如下的 NumPy 数组保存训练数据的特征和类别，其中 xTrain 是一个二维数组，第一维表示一个数据，第二维表示数据的特征。

```
xTrain = np.array( [ [94], [120], [160], [170], [155], [78], [75], [80],
                     [100], [125] ] )
yTrain = np.array( [ 0, 0, 0, 0, 0, 1, 1, 1, 1, 1 ] )
```

第二步：创建 LogisticRegression 对象。

scikit-learn 库中的 LogisticRegression 类专门用于进行逻辑斯蒂分类，先导入该类，再创建一个对象，此时需要定义一个优化算法（默认是 liblinear），本处使用 lbfgs 算法，代码如下：

```
from sklearn.linear_model import LogisticRegression    #导入类
model = LogisticRegression( solver = "lbfgs" )          #创建对象
```

第三步：执行拟合。

调用 fit()函数，传入 xTrain 和 yTrain 作为参数，进行模型拟合，获得并输出拟合的模型参数，代码如下：

```
model.fit( xTrain, yTrain )    #执行拟合
print( model.intercept_ )      #输出截距
print( model.coef_ )           #输出斜率
```

第四步：对新数据执行预测。

调用 predict()函数，输入新数据作为参数，获得新数据所属的类别，代码如下：

```
newX = np.array( [[100], [130]] )  #定义新数据
newY = model.predict( newX )       #斜率
```

代码 4.2 所示是完整代码。为了演示拟合结果，其中还提供了图示拟合结果的代码。

```python
#代码 4.2 基于 scikit-learn 库求解房屋是否好卖预测问题
import numpy as np
import matplotlib.pyplot as plt
from sklearn.linear_model import LogisticRegression
xTrain = np.array( [ [94], [120], [160], [170], [155], [78], [75], [80],
                     [100], [125] ] )
yTrain = np.array( [ 0, 0, 0, 0, 0, 1, 1, 1, 1, 1 ] )
model = LogisticRegression( solver = "lbfgs" )
model.fit( xTrain, yTrain )
newX = np.array( [ [100], [130] ] )
newY = model.predict( newX )
print( "newX: ", newX )
print( "newY: ", newY )
def initPlot():
    plt.figure()
    plt.title( 'House Price vs Is Easy To Sell' )
    plt.xlabel( 'House Price' )
    plt.ylabel( 'Is Easy To Sell ' )
    plt.grid( True )
    return plt
plt = initPlot()
plt.plot( xTrain[: 5,0], yTrain[:5], 'k+' )
plt.plot( xTrain[5:,0], yTrain[5:], 'ro' )
print("model.coef_: ", model.coef_ )
print("model.intercept_: ", model.intercept_ )
split_x = -model.intercept_[0] / model.coef_[ 0 ] [ 0 ]   #计算分割的中间 x 值
print ( "分割的中间 x 值: %.2f" % split_x )
x = np.linspace( 30, 200, 10000 )
y = 1 / ( 1 + np.exp( - ( x * np.reshape( model.coef_, [ -1 ] )
        [ 0 ] + model.intercept_[0] ) ) )
plt.plot( x, y, 'g-' )       #格式字符串'g-'，表示绘制绿色的线段
#绘制坐标
plt.plot( [ split_x ] * 2, [ 0, 1 ], 'b-' )
plt.text( split_x, 0.5, "({:.2f}, {})".format( split_x, 0.5 ) )
plt.show()
```

代码 4.2 运行之后，出现如下的输出结果和图 4.3 所示的图形。从输出结果可以看出，将数字四舍五入到小数点后两位后，所拟合的逻辑斯蒂分类函数的表达式为 $P(y=1\,|\,\boldsymbol{x}) = f(\boldsymbol{x}) = \dfrac{1}{1+\mathrm{e}^{-(0.06426704x+7.23982418)}}$。当 $\boldsymbol{x}=112.65$ 时，分母中的指数部分为 0，此时 $P(y=1\,|\,\boldsymbol{x}=112.65)=0.5$，因此，$\boldsymbol{x}=112.65$ 是对数据进行分割的中间点。对于新数据点 $\boldsymbol{x}=100$ 和 $\boldsymbol{x}=130$，根据拟合的逻辑斯蒂分类函数计算得到 $P(y=1\,|\,\boldsymbol{x}=100)=0.69$ 和 $P(y=1\,|\,\boldsymbol{x}=130)=0.25$，前者大于 0.5 而后者小于 0.5，因此前者被分类为"好卖"，后者被分类为"不好卖"。

```
newX: [[100] [130]]
newY: [1 0]
model.coef_: [[-0.06426704]]
model.intercept_: [7.23982418]
分割的中间 x 值: 112.65
```

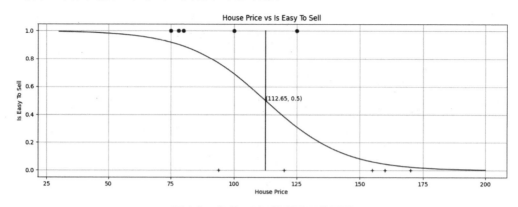

图 4.3　代码 4.2 运行后显示的图形

图 4.3 展示了该逻辑斯蒂分类函数的曲线，横坐标是房屋面积值，纵坐标是分类概率，概率大于 0.5 的会被分类为"好卖"，概率小于 0.5 的会被分类为"不好卖"。图 4.3 中间直线的表达式是 $x = 112.65$，也就是分割线，分割线左边点对应的概率大于 0.5，分割线右边点对应的概率小于 0.5。从该图可以看出，训练数据中有一个标记为"好卖"的数据（图 4.3 中最右边的圆点）被分类函数错误地分类为"不好卖"（其概率小于 0.5，位于分割线的右边），有一个标记为"不好卖"的数据（图 4.3 中最左边的"十"字点）被分类函数错误地分类为"好卖"（其概率大于 0.5，位于分割线的左边）。也就是说，拟合得到的逻辑斯蒂分类函数对于训练数据存在分类错误，但这已经是逻辑斯蒂分类在"房屋面积"这一维度能达到的最好的线性分类结果了。

4.4　基于梯度下降法求解二分类逻辑斯蒂分类

本节介绍基于梯度下降法求解逻辑斯蒂分类的 Python 实现，并应用于房屋分类。首先，确立优化目标（成本函数），再进行梯度计算，最后使用 Python 进行实现。

4.4.1　确定优化目标

正如 4.1 节中定义的，逻辑斯蒂分类的判别函数是 $P(y=1|\boldsymbol{x}) = f(\boldsymbol{x}) = \dfrac{e^{-\boldsymbol{w}^{\mathrm{T}}\boldsymbol{x}}}{1+e^{-\boldsymbol{w}^{\mathrm{T}}\boldsymbol{x}}} =$

$\dfrac{1}{1+e^{-\boldsymbol{w}^{\mathrm{T}}\boldsymbol{x}}}$，其中 $\boldsymbol{w}^{\mathrm{T}} = [w_0\ w_1\ w_2\cdots w_d]$，$\boldsymbol{x}^{\mathrm{T}} = [1\ x_1\ x_2\cdots x_d]$（T 代表转置，$\boldsymbol{x}^{\mathrm{T}}$ 即转置后的行向量），即 $\boldsymbol{w}$ 是一个 $d+1$ 维的向量（w_0 其实是截距 b，为统一表示，故表示成 w_0）；$\boldsymbol{x}$ 是一个具有 d 个特征的数据，1 与 w_0 对应。

设有 m 个训练数据，对于第 i 个训练数据，$y^{(i)} = 0$ 表示该训练数据实际为第 0 类，$y^{(i)} = 1$ 表示该训练数据实际为第 1 类。设 M_0 为所有实际类别为 0 的训练数据子集，M_1 为所有实际类别为 1 的训练数据子集，那么：

- 对于任意一个 M_0 中的训练数据 i，其预测概率为 $P(y=0|\boldsymbol{x}^{(i)}) = 1 - \dfrac{1}{1+e^{-\boldsymbol{w}^{\mathrm{T}}\boldsymbol{x}^{(i)}}}$，对于该类训练数据，要尽量使得这个预测概率最大，**为了便于进行梯度计算**，在不改变性质的前提

下，通常对这个函数取对数后进行优化，即 $\max\text{imize}\,\dfrac{1}{|M_0|}\sum_{i\in M_0}\log(1-\dfrac{1}{1+e^{-w^T x^{(i)}}})$ ；

- 对于 M_1 中任意一个训练数据 i，其预测概率为 $P(y=1\,|\,\boldsymbol{x}^{(i)})=\dfrac{1}{1+e^{-w^T x^{(i)}}}$，对于该类训

练数据，要尽量使得这个预测概率最大，同样地，取对数后可得到 $\max\text{imize}\,\dfrac{1}{|M_1|}\sum_{i\in M_1}\log$

$(\dfrac{1}{1+e^{-w^T x^{(i)}}})$。将以上两类训练数据的优化目标合并之后，可以得到总的优化目标如式(4.6)
所示：

$$\max\text{imize}\,\frac{1}{m}\sum_{i=1}^{m} y^{(i)}\log(\frac{1}{1+e^{-w^T x^{(i)}}})+(1-y^{(i)})\log(1-\frac{1}{1+e^{-w^T x^{(i)}}}) \tag{4.6}$$

式(4.6)的左半部分是用实际类别为 1 的训练数据进行优化的，右半部分是用实际类别为
0 的训练数据进行优化的。

优化目标一般是进行最小化而不是进行最大化，因此可以对式(4.6)取负，进行最小化优
化，得到式(4.7)和式(4.8)，**式(4.7)中的 $L(\boldsymbol{w})$ 也被称为损失函数**（Loss Function）。

$$L(\boldsymbol{w})=\frac{1}{m}\sum_{i=1}^{m}-y^{(i)}\log(\frac{1}{1+e^{-w^T x^{(i)}}})-(1-y^{(i)})\log(1-\frac{1}{1+e^{-w^T x^{(i)}}}) \tag{4.7}$$

$$\min\text{imize}\,L(\boldsymbol{w}) \tag{4.8}$$

4.4.2　梯度计算

如第 3 章所述，梯度下降法需要根据梯度更新参数，更新公式如下，其中 w_j 是第 j（$0\leqslant j\leqslant d$）个参数。

$$w_j=w_j-\alpha*\frac{\partial L(\boldsymbol{w})}{\partial w_j} \tag{4.9}$$

对式(4.9)中的偏导数的求解如下：

设 $f(\boldsymbol{x}^{(i)})=\dfrac{1}{1+e^{-w^T x^{(i)}}}$ ，则有

$$\frac{\partial L(\boldsymbol{w})}{\partial w_j}=\frac{1}{m}\sum_{i=1}^{m}-y^{(i)}\frac{1}{f(\boldsymbol{x}(i))}\cdot\frac{\partial f(\boldsymbol{x}^{(i)})}{\partial w_j}-(1-y^{(i)})\frac{1}{1-f(\boldsymbol{x}^{(i)})}\cdot\frac{-\partial f(\boldsymbol{x}^{(i)})}{\partial w_j}$$

由于 $\dfrac{\partial f(\boldsymbol{x}^{(i)})}{\partial w_j}=-\dfrac{1}{(1+e^{-w^T x^{(i)}})^2}\cdot(-x_j^{(i)}e^{-w^T x^{(i)}})=\dfrac{1}{1+e^{-w^T x^{(i)}}}\cdot\dfrac{e^{-w^T x^{(i)}}}{1+e^{-w^T x^{(i)}}}\cdot x_j^{(i)}=f(\boldsymbol{x}^{(i)})\cdot(1-f(\boldsymbol{x}^{(i)}))\cdot x_j^{(i)}$

代入后可得 $\dfrac{\partial L(\boldsymbol{w})}{\partial w_j}=\dfrac{1}{m}\sum_{i=1}^{m}-y^{(i)}(1-f(\boldsymbol{x}^{(i)}))\cdot x_j^{(i)}-(1-y^{(i)})(-f(\boldsymbol{x}^{(i)})\cdot x_j^{(i)})$

$$=\frac{1}{m}\sum_{i=1}^{m}(-y^{(i)}+f(\boldsymbol{x}^{(i)}))\cdot x_j^{(i)}$$

$$\frac{\partial L(\boldsymbol{w})}{\partial w_j} = \frac{1}{m}\sum_{i=1}^{m}(-y^{(i)} + \frac{1}{1+\mathrm{e}^{-\boldsymbol{w}^{\mathrm{T}}\boldsymbol{x}^{(i)}}}) \cdot x_j^{(i)} \tag{4.10}$$

式(4.10)即计算得到的梯度公式。在梯度下降法中可以根据该公式进行优化。

4.4.3　Python 编程实现

代码 4.3 演示了基于梯度下降求解房屋是否好卖预测问题的 Python 实现，与上一小节仅采用房屋面积特征不同，本小节采用了房屋面积和房屋单价两个特征，以充分利用数据特征，达到更准确预测的目标。代码的解释见注释部分和下文说明。

```python
#代码 4.3 基于梯度下降法自定义求解房屋是否好卖预测问题
import numpy as np
import matplotlib.pyplot as plt
from bgd_optimizer import bgd_optimizer          #使用第 3 章定义好的批量梯度下降函数
def normalize( X,  mean,  std ):                 #对数据进行归一化的函数
    return( X-mean ) / std
def make_ext( x ):                               #对 x 进行扩展，加入一个全 1 的列
    ones = np.ones(1) [ :, np.newaxis ]          #生成全 1 的向量
    new_x =np.insert( x, 0, ones, axis = 1 )     #第二个参数值 0 表示在第 0 个位置插入
    return new_x
def logistic_fun( z ):
    return 1. / ( 1 + np.exp( -z ) )     #用 np.exp()函数，因为 z 可能是一个向量
def cost_fun( w, X, y ):
    tmp = logistic_fun( X.dot( w ) ) #线性函数，点乘
    cost = -y.dot( np.log( tmp ) - ( 1 - y ).dot( np.log( 1 - tmp ) ) )
#计算损失
    return cost
def grad_fun( w, X, y ):                          #套用式(4.10)计算 w 的梯度
    loss = X.T.dot( logistic_fun( X.dot ( w ) ) − y ) / len( X )
    return loss
xTrain = np.array( [ [ 3.32, 94 ], [ 3.05, 120 ], [ 3.70, 160 ],
                     [ 3.52, 170 ], [ 3.60, 155 ],[ 3.36, 78 ],
                     [ 2.70, 75 ], [ 2.90, 80 ], [ 3.12, 100 ],
                     [ 2.80, 125 ] ] )
yTrain = np.array( [ 0, 0, 0, 0, 0, 1, 1, 1, 1, 1 ] )
mean = xTrain.mean( axis = 0 )                    #训练数据平均值
std = xTrain.std( axis = 0 )                      #训练数据方差
xTrain_norm = normalize( xTrain, mean, std )  #归一化数据
np.random.seed( 0 )
init_W = np.random.random( 3 )                    #随机初始化 w，包括 w0、w1、w2
xTrain_ext = make_ext( xTrain_norm )
#对每个数据都加一个值为 1 的特征，与参数 w0 对应
#调用第 3 章定义的批量梯度下降函数
iter_count, w = bgd_optimizer( cost_fun, grad_fun, init_W, xTrain_ext, yTrain,
        lr = 0.001, tolerance = 1e-5, max_iter = 100000000 )
w0,w1,w2 = w
print( "迭代次数: ", iter_count )
print( "参数 w0, w1, w2 的值: ", w0, w1, w2 )
def initPlot():
```

```
      plt.figure()
      plt.title( 'House Price vs House Area' )
      plt.xlabel( 'House Price' )
      plt.ylabel( 'House Area' )
      plt.grid( True )
      return plt
plt = initPlot()
#绘制训练数据散点图
plt.plot( xTrain[:5, 0], xTrain[:5, 1], 'k+' )
#格式字符串"k+"',表示绘制黑色的"+"字
plt.plot( xTrain[5:, 0], xTrain[5:, 1 ], 'ro' )
#绘制分类分割线
x1 = np.array( [ 2.7, 3.3, 4.0 ] )
x1_norm = ( x1 − mean[0] ) / std[0]
x2_norm = - ( w0 + w1 * x1_norm ) / w2        #拟合曲线:w0+w1*x1+w2*x2 = 0
x2 = std[1] * x2_norm + mean[1]
#由于绘制图时采用原始的 x 值,因此需要进行"去归一化"
plt.plot( x1, x2, 'b-' )
plt.show()
```

以下是代码运行后输出的文字结果,图 4.4 是代码运行后的图形结果。

迭代次数: 176589

参数 w0,w1,w2 的值: -1.9407385001273494 -3.8817781054764713
　　　　　　　　　　　　　　-4.408330368012581

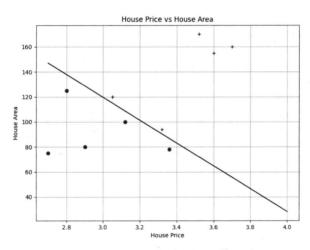

图 4.4　代码 4.3 运行后显示的图形

代码和输出结果的说明如下。

- 该代码采用了与第 3 章定义的批量梯度下降法相同的实现,即 bgd_optimizer.py 文件中的 bgd_optimizer()函数。该函数需要传入成本函数(目标函数)、梯度函数、参数初始值、学习速率等通用参数。具体到逻辑斯蒂分类问题,其成本函数和梯度函数已经在前面定义并用 Python 实现,作为参数传入 bgd_optimizer()函数即可。该函数的返回值有两个:迭代次数和优化后的参数向量。

- 由于"房屋面积"与"房屋单价"这两个特征具有不同的取值范围,且取值范围差异很大,因此在数据传入梯度下降函数进行训练之前要先进行归一化操作,归一化方法在 3.6.4

小节中已有介绍，本代码采用相同的归一化方法，即 $x\_norm_i = \dfrac{x_i - \bar{x}_i}{std(x_i)}$，其中 $\bar{x}_i$ 是第 i 个特征的平均值，$std(x_i)$ 是第 i 个特征的标准差。相应地，使用训练好的模型做预测时，也需要将预测数据先进行归一化。

- 训练数据的两个特征分别对应优化参数 w_1 和 w_2，由于参数向量也包含 w_0，而 w_0 与 1 对应，因此为了便于向量运算，在训练数据特征向量中增加一个值为 1 的量，对应代码中的 make_ext() 函数。

- 根据输出的文字结果，梯度下降法总共迭代了 176589 次，得到的 w_0、w_1、w_2 这 3 个参数的值分别约为 -1.94、-3.88、-4.41，得到的逻辑斯蒂分类函数为 $f(x) = \dfrac{1}{1 + e^{-(-1.94 - 3.88x_1 - 4.41x_2)}}$；设所有 $f(x) > 0.5$ 的 x 为"好卖"的房屋，$f(x) < 0.5$ 的 x 为"不好卖"的房屋，因此 $f(x) = 0.5$ 是"分割值"，此时 $-1.94 - 3.88x_1 - 4.41x_2 = 0$，即 $x_2 = (-1.94 - 3.88x_1) / 4.41$，对应图 4.4 中的分割线，该分割线能够非常准确地将正负样例分隔开来。

4.5 分类模型的评价

4.5.1 分类模型的评价方法

对于某些问题，不能简单使用错误率来评价。例如，对于某疾病诊断的逻辑斯蒂分类模型 $f_w(x)$，如果 $y = 1$ 表示诊断出了该疾病，$y = 0$ 表示没有诊断出该疾病，那么对于给定的测试数据，根据逻辑斯蒂分类模型 $f_w(x)$ 预测错误率只有 1%（即有 99%的正确率），是否可以认为该预测模型就是好模型呢？

实际上，对于一些疾病（如癌症、艾滋病等），人群中只有约 0.5%的人患有。因此，完全可以设计一个极端的方法：对于任何数据，永远预测 $y = 0$，即提供该数据的患者没有该疾病。这样的简单方法只有 0.5%的错误率，比错误率为 1%的逻辑斯蒂分类模型要好得多。那么，根据这种错误率是否能判定这样的极简模型是好模型呢？答案是不能。因此，简单地使用错误率或正确率来判定模型的好坏不一定是合适的做法，应该还需要其他更为重要的评价指标。

如第 3 章所述，数据可被分为训练数据和测试数据，有时还会有验证数据，即对分类模型的评价可以在训练数据或测试数据两部分中进行，分别有训练误差和测试误差。分类模型的评价指标与上一章中回归模型的评价指标有相当大的不同，主要有正确率、精准率、召回率、F1 指数以及接受者操作特性（Receiver Operating Characteristic，ROC）曲线。

4.5.2 正确率、精准率、召回率和 F1 指数

表 4.2 所示为预测结果和实际结果统计（此处仅考虑二分类的情形），表中各项含义如下。

- 真实类别（Actual Class）：表示数据集中给定的实际类别值，由于是二分类，该类别值分别用 1 和 0 表示，1 表示正例，0 表示负例。例如以上的疾病诊断，出现该疾病的样本是正例，未出现该疾病的样本是负例。测试集提供了具有实际类别值的数据用于测试模型的好坏。

- 预测类别（Predicted Class）：表示通过分类模型所预测得到的类别。
- True：实际结果与预测结果一致，也就是预测正确。
- False：实际结果与预测结果不一致，也就是预测错误。
- Positive：预测结果为阳性，即预测类别为 1。
- Negative：预测结果为阴性，即预测类别为 0。
- 真阳（True Positive），简写为 TP，表示预测类别为 1 且真实类别也为 1 的数据的数量，此时预测正确。
- 假阳（False Positive），简写为 FP，表示预测类别为 1 但真实类别为 0 的数据的数量，此时预测错误。
- 真阴（True Negative），简写为 TN，表示预测类别为 0 且真实类别也为 0 的数据的数量，此时预测正确。
- 假阴（False Negative），简写为 FN，表示预测类别为 0 但真实类别为 1 的数据的数量，此时预测错误。

表 4.2　　　　　　　　　　　　　　　预测结果与实际结果统计

		真实类别（Actual Class）	
		1	0
预测类别 （Predicted Class）	1	真阳 （True Positive）	假阳 （False Positive）
	0	假阴 （False Negative）	真阴 （True Negative）

根据表 4.2，可以定义正确率（Accuracy）、精准率（Precision）、召回率（Recall）和 F1 指数（F1-Score）4 个指标如下。

- 正确率：$\text{Accuracy} = \dfrac{\text{TP+TN}}{\text{TP+TN+FP+FN}}$，反映了预测正确的数据占总数据的比例。

- 精准率：$\text{Precision} = \dfrac{\text{TP}}{\text{TP+FP}}$，在所有预测为 1 的数据中，实际真正为 1 的数据所占的比例。精准率反映了"**误报**"的程度，精准率越高，误报越少。

- 召回率：$\text{Recall} = \dfrac{\text{TP}}{\text{TP+FN}}$，在所有实际类别为 1 的数据中，预测类别也为 1 的数据所占的比例。召回率反映了"**漏报**"的程度，召回率越高，漏报越少。

- F1 指数：$\text{F1-Score} = \dfrac{2PR}{P+R}$，其中 P 为 Precision，R 为 Recall，该指标是对精准率和召回率的折中。

对于上述的疾病诊断预测问题，设定测试数据总数为 1000，其中有 5 个数据为真实确诊病例（$y = 1$），如果根据极端分类方法将所有数据预测为 $y = 0$，则 TP = 0、TN = 995、FP = 0、FN = 5，根据计算公式得到：Accuracy = 99.5%、Precision = 0、Recall = 0。可以看出，虽然该极端模型的正确率非常高，但是其精准率和召回率都是 0，综合来看该模型是一个很差的模型。

对于房屋是否好卖的预测问题，同样可以采用从训练数据得到的逻辑斯蒂分类模型对测试数据进行预测，并计算模型的正确率、精准率、召回率、F1 指数等指标。如代码 4.4 所示，注意该代码不能独立运行，需加入代码 4.3 中才能运行。

```
#代码4.4 手动计算房屋好卖预测的各种评价指标
#该代码不能独立运行，请粘贴到代码4.3的plt.show()语句之前再运行
xTest = np.array( [ [ 3.00, 100 ] , [ 3.25, 93 ], [ 3.63, 163 ],
                    [ 2.82, 120 ], [ 3.37, 89 ] ] )
xTest_norm = normalize( xTest, mean, std )
xTest_ext = make_ext( xTest_norm )
yTestProbability = logistic_fun( xTest_ext.dot( w ) )
yTestPredicted = yTestProbability > 0.5         #预测值为1 1 0 1 0
yTest = np.array( [ 1, 0, 1, 1, 1 ] )
yTest_real_pred = yTestPredicted == yTest           #计算预测值与实际值是否相同
#如果相同，yTest_real_pred中对应的项的值为1
accuracy = np.sum( yTest_real_pred ) / len( yTest )             #计算正确率
precision = np.sum( yTest_real_pred * yTestPredicted ) / np.sum
                    ( yTestPredicted )                  #计算精准率
recall = np.sum ( yTest_real_pred * yTest ) / np.sum( yTest )    #计算召回率
f1score = 2 * precision * recall / ( precision + recall )
print( "预测值: ", yTestPredicted )
print( "实际值: ", yTest )
print( "正确率（Accuracy): ", accuracy )
print( "精准率（Pecision): ", precision )
print( "召回率（Recall): ", recall )
print( "F1-Score: ", f1score )
```

以上代码运行后，可得到如下的输出结果：

```
预测值: [ True  True    False  True   False]
实际值: [1 0 1 1 1]
正确率（Accuracy): 0.4
精准率（Pecision): 0.6666666666666666
召回率（Recall): 0.5
F1-Score: 0.5714285714285715
```

代码和输出结果说明如下。

- 测试集中共有 5 个数据，并给出真实 y 值用于评价；计算预测 y 值前，需要先将测试数据的特征值归一化，再根据训练的逻辑斯蒂分类模型预测一个 y 值。

- 输出的预测类别为布尔型，True 等价于 1，False 等价于 0。

- 语句 "yTest_real_pred = yTestPredicted == yTest" 是将预测值与真实值逐项进行比较，相同则对应的项为 1，不相同则对应的项为 0，注意正例和负例都进行了比较，此时预测值为 [1, 1, 0, 1, 0]，真实值为 [1, 0, 1, 1, 1]。

  - 计算正确率时，预测正确的正例与负例共 2 个，总数据量是 5，故正确率为 0.4。

  - 计算精准率时，预测正确的正例共 2 个，预测值为 1 的数据是 3 个，故精准率为 2/3。

  - 计算召回率时，实际为正例的数据共 4 个，而其中只有 2 个被预测模型发现了（即预测值为 1），故召回率为 1/2。

- 逻辑斯蒂分类模型计算出来的是一个概率值，根据这个概率值进行类别判定时需设置一个阈值 K，当概率值大于或等于 K 时对应数据判定为正例，当概率值小于 K 时对应数据判定为负例。此代码中的 K 设置为 0.5，对应 4.4.3 小节中的分割线。

  - 如果设置 K 为 0.7，意味着预测更加保守，只有高可信度的数据才会被预测为正例，

因此误报可能性降低，精准率升高；但是漏报可能性升高，召回率降低。

■ 如果设置 K 为 0.3，意味着预测趋于大胆，低可信度的数据也会被预测为正例，因此误报可能性升高，精准率降低；但是漏报可能性降低，召回率升高。

■ 可以得出结论：精准率和召回率是有一定矛盾性的指标，很难同时都达到最高，因此可以取折中，即采用 F1 指数。

思考：化疗是治疗癌症的主要医疗手段之一。化疗能杀死癌细胞，也会杀死正常细胞。请分析，在癌症化疗治疗中，正确率、精准率、召回率、F1 指数中的哪些指标更重要。

4.5.3 ROC 曲线

ROC 曲线又称为感受性曲线，起源于第二次世界大战时期雷达兵对雷达的信号判断。当时每一个雷达兵的任务是解析雷达信号，但由于当时的雷达存在很多噪声（例如一只大鸟飞过的信号），当有信号出现在雷达屏幕上时，雷达兵就需要对其进行破译。有的雷达兵比较谨慎，凡是有信号过来，他都会倾向于将信号解析成敌军轰炸机；而有的雷达兵不谨慎，会倾向于将信号解析成飞鸟。此时，急需一套评估指标来帮助汇总每个雷达兵的预测信息，以及评估这台雷达的可靠性。最早的 ROC 曲线就是用作评估雷达可靠性的指标，在那之后，ROC 曲线被广泛运用于机器学习领域。

ROC 曲线以真阳性率（True Positive Rate，TPR）为横轴、假阳性率（False Positive Rate，FPR）为纵轴，反映模型在不同阈值 K 的情况下，其真阳性率和假阳性率的趋势。

• 真阳性率 $\text{TPR}=\dfrac{\text{TP}}{\text{TP}+\text{FN}}$，与 Recall 定义相同，反映了模型预测为阳性且实际也为阳性的数据在所有实际为阳性的数据中所占的比例。例如在代码 4.4 的例子中，$\text{TP}=2$、$\text{FN}=2$，$\text{TPR}=0.5$。

• 假阳性率 $\text{FPR}=\dfrac{\text{FP}}{\text{FP}+\text{TN}}$，反映了模型预测为阳性但实际为阴性的数据在所有实际为阴性的数据中所占的比例。例如在代码 4.4 的例子中，$\text{FP}=1$、$\text{TN}=0$，$\text{FPR}=1$。

• 对于给定的模型，通过 ROC 曲线可以看出其在不同阈值 K 下的性能，如果有多个模型，则对每个模型都能绘制一条 ROC 曲线。

• TPR 和 FPR 是在实际正例和负例中观察得到的，理想的情况是：TPR 越高越好，FPR 越低越好。理想的 ROC 曲线如图 4.5 所示，横坐标是 FPR，纵坐标是 TPR。

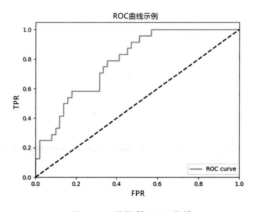

图 4.5　理想的 ROC 曲线

scikit-learn库提供用于计算和绘制ROC曲线的类和函数。对于房屋是否好卖的预测问题，将如下代码结合代码 4.3 中得到的模型参数，可绘制 ROC 曲线。

```
#代码 4.5 绘制房屋好卖预测问题的 ROC 曲线
#该代码需结合代码 4.3 的模型才能正常运行
xTest = np.array( [ [3.00, 100], [3.25, 93], [3.63, 163], [2.82, 120],
                    [3.37, 89] ] )
xTest_norm = normalize( xTest, mean, std )
xTest_ext = make_ext( xTest_norm )
yTestProbability = logistic_fun( xTest_ext.dot( w ) )
yTest = np.array( [ 1, 0, 1, 1, 1 ] )
from sklearn import metrics
fpr, tpr, thresholds = metrics.roc_curve( yTest, yTestProbability )
print( "K值: ", thresholds )
print( "FPR: ", fpr )
print( "TPR: ", tpr )
plt.scatter( fpr, tpr )
plt.plot( fpr, tpr )
```

运行后输出如下结果，并绘制出图 4.6 所示的 ROC 曲线（每个 K 值对应图中的一个点，将这些点连接起来得到 ROC 曲线）。从图 4.6 中可以看出，当 K 取值约为 0.88 时，TPR 为 0.5，FPR 为 0，此时应是最佳的情况；如果 K 值再增加，则 FPR 迅速上升，这不是我们想看到的结果。实际上，当 K=1 时，将所有测试数据都预测为阳，此时 TPR 当然是 1，但同时代价是 FPR 也是 1。

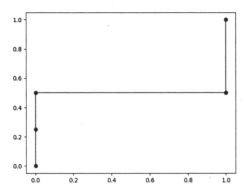

图 4.6　代码 4.5 运行绘制的 ROC 曲线，每个点对应一个 K 值

```
K值: [1.92641428e+00      9.26414276e-01      8.88241401e-01
      6.19132228e-01      2.15106810e-06]
FPR: [0.          0.          0.          1.          1.]
TPR: [0.          0.25        0.5         0.5         1.]
```

4.6　非线性分类问题

4.6.1　非线性分类问题的提出与分析

前述的房屋是否好卖预测问题是线性可分的，即可以通过一条直线（二维空间）、一个平

面（三维空间）或更高维的超平面对不同类别的数据进行线性划分，不同类别的数据分别位于直线或平面两侧。但是在很多情况下，数据是线性不可分的，即需要通过**一个或多个曲线或曲面**才能将其划分开。本小节讨论线性不可分情况下数据的分类问题。

图 4.7 所示的每个数据有两个特征，横、纵坐标各代表一个特征，图中的圆点表示负例，"十"字表示正例，读者可登录人邮教育社区获取数据文件。从该图可以看出，无法找到一条可以将这些正、负例较好分开的直线，这种情况称为"线性不可分"，但从图中可以看出应该可以找到一条曲线将这些数据分隔开。代码 4.6 演示了如何将数据绘制成图。

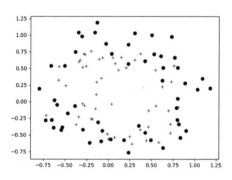

图 4.7 非线性可分的数据

```
#代码 4.6 绘制图 4.7 所示的数据图
import numpy as np
import matplotlib.pyplot as plt
#从文本文件加载数据，每行是一个数据，前两列是数据特征，第三列是数据类别，以制表符 "\t" 隔开，
#数据加载函数 loadtxt() 的 delimiter 参数用于指定分隔符，得到的 X 是多行三列的 NumPy 数组
X = np.loadtxt( "non-linear-data.txt", delimiter = "\t" )
plt.figure()
X11 = X[ X[ :, 2 ] == 1, 0 ]  #获取所有类别为 1 的行的第 0 个特征
X12 = X[ X[ :, 2 ] == 1, 1 ]  #获取所有类别为 1 的行的第 1 个特征
X01 = X[ X[ :, 2 ] == 0, 0 ]  #获取所有类别为 0 的行的第 0 个特征
X02 = X[ X[ :, 2 ] == 0, 1 ]  #获取所有类别为 0 的行的第 1 个特征
plt.plot( X11, X12, "r+" )     #绘制类别为 1 的数据点
plt.plot( X01, X02, "ko" )     #绘制类别为 0 的数据点
plt.show()
```

在代码 4.6 中，需注意语句 "X11 = X[X[:,2] ==1, 0]"，Python 中的 NumPy 数组的索引支持 True 或 False 的布尔类型值，索引值为 True 表示该数据被选择，否则表示不被选择。一个具体的例子如下所示，输出是 "[1 4 6 5]" 和 "[[0 2 3]　[0 5 0]　[0 8 9]]"。

```
import numpy as np
X = np.array( [ [ 1, 2, 3 ], [ 4, 5, 6 ], [ 5, 8, 9 ] ] )
index = np.array( [ [ True, False, False ], [ True, False, True ],
                    [ True, False, False ] ] )
Y = X[ index ]
print( Y )
X[ index ] = 0
print( X )
```

4.6.2 基于 scikit-learn 库的求解实现

回到非线性拟合问题，图 4.7 所示的数据是无法使用简单的分割线来区分的，必须采用高阶曲线才可能进行区分。通过观察数据特点，可尝试采用逻辑斯蒂分类函数 $f(\boldsymbol{x}) = \dfrac{1}{1 + e^{g_w(\boldsymbol{x})}}$ 进行分类，其中 $g_w(\boldsymbol{x})$ 是如下形式的 6 阶函数（阶数的确定需要进行多种尝试，也可以试试更高阶的函数）。

$$g_w(\boldsymbol{x}) = w_0 + w_1 x_1 + w_2 x_2 + w_3 x_1^2 + w_4 x_1 x_2 + w_5 x_2^2 + w_6 x_1^3 + w_7 x_1^2 x_2 + w_8 x_1 x_2^2 + w_9 x_2^3 + \cdots$$
$$+ w_{21} x_1^6 + w_{22} x_1^5 x_2^1 + w_{23} x_1^4 x_2^2 + w_{24} x_1^3 x_2^3 + w_{25} x_1^2 x_2^4 + w_{26} x_1 x_2^5 + w_{27} x_2^6$$

其中，x_1 和 x_2 是数据的两个特征，进行多种乘方组合变化，可以得到共 28 组不同的特征，对应 28 个不同的参数，然后调用逻辑斯蒂分类优化方法进行优化。代码 4.7 是采用 LogisticRegression 类进行编程优化的实现。

```
#代码 4.7 采用 LogisticRegression 类进行分线性分类
import numpy as np
from sklearn.linear_model import LogisticRegression
def extendData( X0, X1 ):
    rowCount = len( X0 )
    feature_index = 0
    features = np.zeros( [ rowCount, 28 ] ) #28 = 1+2+3+4+5+6+7
    for i in range( 0, 7 ):
        for j in range( 0, i + 1 ):
            features[ :, feature_index ] = ( X0 ** ( i - j ) ) * ( X1 ** j )
            feature_index += 1
    return features
data = np.loadtxt( "non-linear-data.txt", delimiter = "\t" )
newData = extendData( data[ :, 0 ], data[ :,1 ] )
model = LogisticRegression( solver = "newton-cg", penalty = "none" )
model.fit( newData, data[ :, 2 ] )
print( "model.coef_: ", model.coef_ )
print( "model.intercept_: ", model.intercept_ )
```

代码 4.7 中的 extendData() 函数用于将原始的只有两个特征的数据扩充到具有 28 个特征的高阶数据，之后调用库函数拟合逻辑斯蒂分类函数，输出的结果如下：

```
model.coef_: [[    6.75648906    15.61204317    42.60187485    -61.49758007
               -35.68695213   -89.18474107   -13.76242629   -193.87613648
              -301.02643472  -244.9038965     96.59149095   132.7132875
               425.84753516   254.50022587   307.12501577   -23.98634476
               146.08263767   504.59891556   823.70400268   772.78806942
               386.27226822   -46.62328301   -74.27162823   -517.93456299
              -778.26775291 -1226.28898173  -729.0797253   -444.26963462]]
model.intercept_: [6.75648906]
```

LogisticRegression 类的 fit() 函数进行拟合时将 28 个特征当作具有 28 个独立变量的线性函数，对应 28 个参数值。注意：采用的优化方法为 "newton-cg"，这是利用损失函数的二阶导数矩阵来迭代优化损失函数的牛顿法与梯度下降法类似，它们都用于寻找函数极值；参数

penalty 表示正则化方法，此处设置为 "none"，表示不使用任何正则化方法。使用该设置是为了演示可能的过拟合问题。

代码 4.8 用于绘制所拟合模型的分割曲线，该代码需要与代码 4.7 结合才能正常运行。

```
#代码 4.8 绘制代码 4.7 中模型的分割曲线
plt.figure()
X11 =data[ data[ :, 2 ] == 1, 0 ]
X12 = data[ data[ :, 2 ] == 1, 1 ]
X01 = data[ data[ :, 2 ] == 0, 0 ]
X02 = data[ data[ :, 2 ] == 0, 1 ]
plt.plot( X11, X12, "r+" )
plt.plot( X01, X02, "ko" )
newX1 = np.linspace( -1, 1.6, 100 ) #从-1到1.6之间均匀地取100个值作为第0个特征
newX2 = np.linspace( -1, 1.6, 100 ) #从-1到1.6之间均匀地取100个值作为第1个特征
Z = np.zeros( [ len( newX1 ), len( newX2 ) ] ) #Z 表示每对(x1, x2)值对应的分类
for i in range( len( newX1 ) ) :
    for j in range( len( newX2 ) ) :
        tmp = extendData( np.array( [ newX1[ i ] ] ), np.array( [ newX2 [ j ] ] ) )
                                            #扩展特征
        Z [ i, j ] = model.predict( tmp )         #计算类别
plt.contour( newX1, newX2, Z, levels = [ 0 ] )    #绘制三维图像，只保留 Z = 0 的等值线
plt.show()
```

绘制结果如图 4.8 所示。

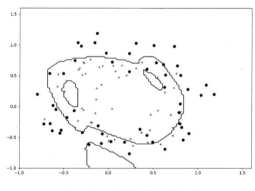

图 4.8　非线性的分割曲线

从图 4.8 可以看出，分割曲线有多段，其主要部分是一条近似椭圆形的曲线，该曲线能够将大部分圆点分隔在曲线外侧，大部分 "十" 字点分隔在曲线内侧。除此之外，还有其他 3 段曲线，它们分隔的点较少，而且与训练数据高度拟合，这种曲线其实是没有必要的，这种现象称为 "过拟合"。

4.7　正则化问题

4.7.1　正则化问题的提出与分析

为了防止过拟合问题出现，正则化方法被提出来了，其核心思想是：特征数量维度多造

成权重参数也很多，应尽可能使每个权重参数的值小，以降低模型复杂度和不稳定程度，从而避免过拟合的危险。一般采用的方法是在成本函数中加入一个惩罚项。

对式(4.7)的成本函数进行修改，加入一个正则化惩罚项，得到式(4.11)所示的成本函数。

$$L(\boldsymbol{w}) = \frac{1}{m}\sum_{i=1}^{m}[-y^{(i)}\log(\frac{1}{1+\mathrm{e}^{-\boldsymbol{w}^{\mathrm{T}}\boldsymbol{x}^{(i)}}}) - (1-y^{(i)})\log(1-\frac{1}{1+\mathrm{e}^{-\boldsymbol{w}^{\mathrm{T}}\boldsymbol{x}^{(i)}}})] + \frac{\lambda}{2m}\sum_{j=1}^{d}w_j^2 \quad (4.11)$$

- 式(4.11)右侧的 $\frac{\lambda}{2m}\sum_{j=1}^{d}w_j^2$ 是惩罚项，也被称为 penalty 项，是对参数数量和大小的约束：对式(4.11)进行最小化时，不仅要对其左半部分进行最小化，而且要对其右半部分进行最小化。

- 惩罚项是有范式的，式(4.11)中采用的是**二范式**，是一种常用的惩罚项形式；我们也可以根据需要，将其替换成零范式（要么有参数 w_j，要么没有参数 w_j）、一范式（$\frac{\lambda}{m}\sum_{j=1}^{d}|w_j|$）、三范式（$\frac{\lambda}{2m}\sum_{j=1}^{d}|w_j|^3$）或更高阶范式。

- λ 是超参数，用于调整惩罚项的权重；如果 λ 很大，则参数 w 的取值被迫很小，从而防止过拟合，但也有可能造成欠拟合；如果 λ 太小，则可能会过拟合；如果 $\lambda=0$，则忽略惩罚项。

- 注意：w_0 不参与 penalty 计算。

根据式(4.11)，重新计算成本函数的梯度，因为惩罚项的梯度是 $\frac{\partial \mathrm{Penalty}}{\partial w_j} = \frac{\lambda}{m}w_j$，因此得到成本函数的梯度如下：

$$\frac{\partial L(\boldsymbol{w})}{\partial w_j} = \frac{1}{m}\sum_{i=1}^{m}[(-y^{(i)} + \frac{1}{1+\mathrm{e}^{-\boldsymbol{w}^{\mathrm{T}}\boldsymbol{x}^{(i)}}})\cdot x_j^{(i)}] + \frac{\lambda}{m}w_j \quad (4.12)$$

- 该式适用于除 w_0 以外的参数 w_j 的更新。
- 对于 w_0，仍使用式(4.10)进行更新。

4.7.2 正则化问题的求解实现

在编程实现上，由于 LogisticRegression 类本身提供了是否使用正则化的选项，对于代码4.7，只需要将其中创建模型对象的语句修改成如下语句即可。

```
model = LogisticRegression( solver = "newton-cg", penalty = "l2" )
#可选：l1、l3、l4 等
```

如需自定义求解加入惩罚项的梯度下降法，可参考代码 4.9 的实现。

```
#代码 4.9 使用加入惩罚项后的自定义梯度下降法求解并绘制分割曲线
import numpy as np
import matplotlib.pyplot as plt
from bgd_optimizer import bgd_optimizer #使用第 3 章定义好的批量梯度下降函数
LAMBDA = 0.1 #设定惩罚权重系数为 0.1
def logistic_fun( z ) :
    return 1. / ( 1 + np.exp( -z ) )    #用 np.exp()函数，因为 z 可能是一个向量
def cost_fun( w, X, y ) :
```

```
        tmp = logistic_fun( X.dot( w ) )    #线性函数，点乘
        cost = -y.dot( np.log( tmp ) - ( 1 - y ).dot( np.log( 1 - tmp ) ) ) #计算损失
        return cost
def grad_fun( w, X, y ):                        #套用式(4.12)计算 w 的梯度
        loss_origin = X.T.dot( logistic_fun( X.dot( w ) ) - y ) / len( X )
        loss_penalty = np.zeros( len( w ) )
#loss_penalty 的维度与 w 个数一致，初始值为 0
        loss_penalty[ 1: ] = LAMBDA / len( X ) * w[ 1: ]
#更新除 w0 之外的其他 w 的惩罚项
        return loss_origin + loss_penalty
def extendData( X0, X1 ):
        rowCount = len( X0 )
        feature_index = 0
        features = np.zeros( [ rowCount, 28 ] ) #28 = 1+2+3+4+5+6+7
        for i in range( 0, 7 ):
            for j in range( 0, i + 1 ):
                features[ :, feature_index ] = ( X0 ** ( i - j )) * ( X1 ** j )
                feature_index += 1
        return features
data = np.loadtxt( "non-linear-data.txt", delimiter = "\t" )
newData = extendData( data[ :, 0 ], data[ :, 1 ] )
np.random.seed( 0 )
init_W = np.random.random( 28 ) #随机初始化 w，包括 28 个
#调用第 3 章定义的批量梯度下降函数
iter_count, w = bgd_optimizer( cost_fun, grad_fun, init_W, newData, data[ :, 2 ],
                            lr = 0.001, tolerance = 1e-5, max_iter = 100000000 )
print( "迭代次数: ", iter_count )
print( "参数值: ", w )
plt.figure ()
X11 = data[ data[ :, 2 ] == 1, 0 ]
X12 = data[ data[ :, 2 ] == 1, 1 ]
X01 = data[ data[ :, 2 ] == 0, 0 ]
X02 = data[ data[ :, 2 ] == 0, 1 ]
plt.plot( X11, X12, "r+" )
plt.plot( X01, X02, "ko" )
newX1 = np.linspace( -1, 1.6, 100 )
newX2 = np.linspace( -1, 1.6, 100 )
Z = np.zeros( [ len( newX1 ), len( newX2 ) ] )
for i in range( len( newX1 ) ) :
    for j in range( len( newX2 ) ):
        tmp = extendData( np.array( [ newX1[ i ] ] ),
                        np.array( [ newX2[ j ] ] ) )
        Z[ i, j ] = logistic_fun( tmp.dot( w ) ) >= 0.5
plt.contour( newX1, newX2, Z, levels = [ 0 ] )
plt.show()
```

运行后可得到图 4.9 所示的图，其中分割曲线的过拟合现象有所改善。

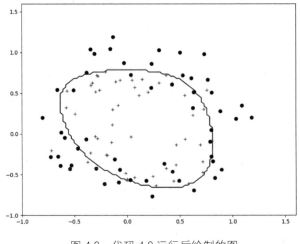

图 4.9　代码 4.9 运行后绘制的图

代码 4.9 的说明如下。

- 由于数据的两个特征的取值范围相同，因此可以省去归一化部分。
- 与惩罚项有关的关键部分在 grad_fun()函数中，由于 w_0 不存在正则化项，因此 w_0 对应的惩罚项梯度为 0，其他 w 对应的惩罚项梯度根据式(4.12)计算得到。

4.8　多分类逻辑斯蒂分类

4.8.1　问题提出与分析

本章前几节主要围绕二分类逻辑斯蒂分类问题进行介绍，然而真实场景要复杂得多，分类的类别往往是两个以上，例如，判断哪种颜色，判断手写体阿拉伯数字是 0～9 中的哪一个，判断手写汉字是哪个汉字，判断一幅图像中的动物是哪种动物等。下面以常见的手写体阿拉伯数字的识别为例，演示多分类逻辑斯蒂分类的求解过程。读者可登录人邮教育社区获取数据。

使用逻辑斯蒂分类方法识别手写体阿拉伯数字，该问题本质上是一个有 10 个类别的多分类问题，基于大量已知图片数据进行训练，得出相应的逻辑斯蒂分类模型参数。具体来说，解决问题的步骤如下。

第一步：准备训练数据和测试数据。

要使分类模型具有一定的准确性和可靠性，需要有足够的训练数据来对模型进行训练。本例的训练数据包含 5000 张 0～9 这 10 个阿拉伯数字的手写图片，测试数据包含 500 张图片。对数据的预处理如下：

- 每张图片都标注好对应的正确数字，即制作标签；
- 图片分辨率统一为 28px × 28px；
- 图片都是灰度图，即像素值范围为 0～255，0 表示纯白色，255 表示纯黑色，中间值为黑度不同的灰色，省去了处理 RGB 彩色图片的麻烦。

将预处理好的训练数据存放到 arab_digits_for_training.txt 中，测试数据存放到 arab_digits_ for_testing.txt 中。

第二步：计算特征矩阵用于模型的训练。

为了让逻辑斯蒂分类模型能够使用以上预处理好的数据，需要将数据处理成模型可以使用的格式，处理方法如下：

- 本例将每个像素当作一个特征，每张图片对应一个一维数组，将图片的每个像素值依次连续放在数组中，共得到 28×28 个数组元素；图片的标签作为数组的最后一个元素；最终一维数组的大小是 $28 \times 28 + 1 = 785$；

- 5000 个训练图片对应一个二维数组，其大小是 5000×785，构成一个训练矩阵；

- 因为像素值取值范围是 0～255，所以对训练数据进行归一化处理。

第三步：训练逻辑斯蒂分类模型并评估。

有了数据和处理好的特征矩阵后，就可以对逻辑斯蒂分类模型进行训练。由于本例存在 10 个类别，因此需要考虑如何将前面的二分类问题扩展到多分类问题。接下来，先讨论如何使用 LogisticRegression 类进行多分类逻辑斯蒂分类，再讲解如何基于梯度下降法将二分类问题的自定义求解方法扩展到多分类问题的自定义求解方法。

4.8.2　基于 scikit-learn 库的求解实现

LogisticRegression 类提供了一个名为 "multi_class" 的属性，只需要将该属性值设置为 "multinomial"，即可实现多分类。尽管如此，为了提升分类准确度，我们需要根据前述的预处理步骤先对数据进行归一化处理。代码 4.10 使用 LogisticRegression 类实现多分类逻辑斯蒂分类问题求解。

```
#代码 4.10 使用 LogisticRegression 类实现多分类逻辑斯蒂分类问题求解
import numpy as np
import matplotlib.pyplot as plt
from sklearn.linear_model import LogisticRegression
def batch_normalize( X, col_means ):
    return( X - col_means ) / 255
#加载训练数据
trains = np.loadtxt( "arab_digits_training.txt", delimiter = "\t" )
trainX = trains[ :, 1: ]            #第 0 列是标签
trainY = trains[ :, 0 ]
col_means = np.mean( trainX, 0 )    #每个特征的平均值
trainX = batch_normalize( trainX, col_means )
model = LogisticRegression( solver = "lbfgs", multi_class = "multinomial",
        max_iter = 500 )
model.fit( trainX, trainY )
#加载测试数据
tests = np.loadtxt( "arab_digits_testing.txt", delimiter = "\t" )
testX = tests[ :, 1: ] #第 0 列是标签
testY = tests[ :, 0 ]
testX = batch_normalize( testX, col_means )
predictY = model.predict( testX )
errors = np.count_nonzero( testY − predictY )
print("预测错误数是: {}/{}".format( errors, np.shape( tests ) [ 0 ] ) )
```

运行后，输出如下结果：

预测错误数是: 54/500

代码 4.10 说明如下。

- 代码 4.10 中的归一化函数 batch_normalize()，其参数是一个二维 NumPy 数组，对其中的每个列（特征）都要进行归一化；其目的是防止经过层层乘法运算后得到的数值过大而导致成本函数溢出。

- 原则上采用前文使用的归一化公式，即 $x\_norm_i = \dfrac{x_i - \overline{x_i}}{std(x_i)}$，其中 $\overline{x_i}$ 是 x_i 的平均值，$std(x_i)$ 是 x_i 的标准差。然而本例中的 $std(x_i)$ 可能为 0，由于 0 不能作为除数且像素灰度值最大是 255，因此使用公式 $x\_norm_i = \dfrac{x_i - \overline{x_i}}{255}$ 进行归一化，从而保证归一化后的特征值在[-1, 1]。测试数据的各特征值也用训练数据对应特征的平均值进行归一化。

- 最后的预测错误率是 54/500，接近于 1/10。

4.8.3　基于梯度下降法的自定义求解实现

原始的逻辑斯蒂分类解决的是二分类的问题，为了解决手写体数字识别的多分类问题，我们可以**把多分类问题转换为二分类问题求解**，采取的策略如下：

- 为每个类别计算一个二分类逻辑斯蒂分类模型，其中该类别为正，其他所有类别为负，得到 10 个具有不同参数的二分类逻辑斯蒂分类模型；

- 在预测时，使用这 10 个模型对每个类别计算得到不同的预测概率，取其中概率最大的类别为预测类别。

代码 4.11 演示了基于梯度下降法自定义实现手写体数字识别的方法。

```
#代码 4.11 基于梯度下降法自定义实现手写体数字识别
import numpy as np
import matplotlib.pyplot as plt
from bgd_optimizer import bgd_optimizer          #使用第 3 章定义好的批量梯度下降函数
LAMBDA = 0.1                                      #设定惩罚权重系数为 0.1
def batch_normalize( X, col_means ):
    return ( X - col_means ) / 255
def logistic_fun( z ):
    return 1. / ( 1 + np.exp( -z ) )             #用 np.exp()函数，因为 z 可能是一个向量
def cost_fun( w, X, y ):
    tmp = logistic_fun( X.dot( w ) )             #线性函数，点乘
    cost = -y.dot( np.log( tmp ) - ( 1 - y ).dot( np.log( 1 - tmp ) ) ) #计算损失
    return cost
def grad_fun( w, X, y ):      #套用式(4.12)计算 w 的梯度
    loss_origin = X.T.dot( logistic_fun( X.dot( w ) ) - y ) / len( X )
    loss_penalty = np.zeros( len( w ) ) #loss_penalty 的维度与 w 个数一致，初始值为 0
    loss_penalty[ 1: ] = LAMBDA / len( X ) * w[ 1: ] #更新除 w0 之外的其他 w 的惩罚项
    return loss_origin + loss_penalty
def make_ext( x ):                                #对 x 进行扩展，加入一个全 1 的列
    ones = np.ones( 1 ) [ :, np.newaxis ]         #生成全 1 的向量
    new_x = np.insert( x, 0, ones, axis = 1 )     #第二个参数值 0 表示在第 0 个位置插入
    return new_x
trains = np.loadtxt( "arab_digits_training.txt", delimiter = "\t" )
trainX = trains[ :, 1: ]                          #第 0 列是标签
trainY = trains[:, 0 ]
```

```
col_means = np.mean( trainX, 0 )                    #每个特征的平均值
trainX = batch_normalize( trainX, col_means )
trainX = make_ext( trainX )
np.random.seed( 0 )
ws = [ ]
for i in range(10 ):
    a_trainY = trainY == i      #数字 i 的标签为 True, 其他的为 False
    init_W = np.random.random( np.shape( trainX )[ 1 ] ) #随机初始化 w
    #调用第 3 章定义的批量梯度下降函数
    iter_count, w = bgd_optimizer( cost_fun, grad_fun, init_W, trainX, a_trainY,
                            lr = 0.001, tolerance = 1e-5, max_iter = 10000000 )
    ws.append( w )
tests = np.loadtxt( "arab_digits_testing.txt", delimiter = "\t" )
testX = tests[ :, 1: ] #第 0 列是标签
testY = tests[ :, 0 ]
testX = batch_normalize( testX, col_means )
testX = make_ext( testX )
predicts = [ ]
for i in range( 10 ):
    predicts.append( logistic_fun( testX.dot( ws[ i ] ) ) )
predicts = np.array( predicts )
predictY = predicts.argmax( axis = 0 )
errors = np.count_nonzero( testY − predictY )
print("预测错误数是: {}/{}".format( errors, np.shape( tests ) [ 0 ] ) )
```

最终的输出结果如下，该错误率与使用 LogisticRegression 类得到的结果相差不大。

预测错误数是: 53/500

本章小结

本章介绍了逻辑斯蒂分类的定义，包括二分类逻辑斯蒂分类和多分类逻辑斯蒂分类；又介绍了分类评价的指标，包括正确率、精准率、召回率、ROC 曲线等；还介绍求解逻辑斯蒂分类问题的多种方法，包括 scikit-learn 库函数求解法、梯度下降法等。通过对本章的学习，读者对逻辑斯蒂分类问题有了基本了解，并希望掌握了基于 Python 编程求解分类问题的基本方法。

课后习题

一、选择题

1. 下列有关回归模型和分类模型的说法中，错误的是（　　）。

A. 回归模型的预测值是连续的　　　　B. 分类模型的预测值是离散的

C. 回归模型的数据特征不能是离散的　D. 分类模型的数据特征可以是连续的

2. 逻辑斯蒂分类函数的正确形式是（　　）。

A. $f(x) = \dfrac{1}{1+e^{-x}}$　　B. $f(x) = \dfrac{e^{-x}}{1+e^{-x}}$　　C. $f(x) = \dfrac{1}{1+e^{x}}$　　D. $f(x) = \dfrac{e^{x}}{1+e^{x}}$

3. 逻辑斯蒂分类函数的 y 值的取值范围是（　　）。

A. $[0, 1]$　　　　B. $[-1, 1]$　　　　C. $(-\infty, +\infty)$　　　　D. $(0, 1)$

二、填空题

1. scikit-learn 库用于进行逻辑斯蒂分类的类是_____。

2. 分类模型的评价指标主要有正确率、_____、_____、F1 指数和_____。

3. 正则化方法是为了防止_____，所采用的方法是在成本函数中加入_____。

4. 为了实现多分类逻辑斯蒂分类，LogisticRegression 类提供了一个名为_____的属性，只需要将该属性值设置为_____。

三、编程题

1. 设测试集的真实标签是[0, 0, 0, 1, 1, 1, 1, 0]，根据模型预测得到的标签是[1, 0, 1, 0, 0, 1, 1, 1]，请计算该预测模型的正确率、精准率、召回率、F1 指数，并编程实现计算过程。

2. 请基于梯度下降法对表 4.1 所示数据的"房屋单价"特征建立逻辑斯蒂分类模型。

3. 对图 4.7 中的数据，采用八阶的非线性逻辑斯蒂分类方法建立分类模型。

4. 使用 LogisticRegression 类对乳腺癌诊断数据进行分类，判定对应的样本是否有乳腺癌，读者可登录人邮教育社区获取数据，数据说明如下。

- 前 9 列存放特征数据，每个特征都已经转换成 0～10 的整数值，特征包括肿块厚度、细胞大小均匀性、细胞形状均匀性、边缘黏性、单一上皮细胞大小、裸核、Bland 染色质、正常细胞核、有分裂。

- 第 10 列存放诊断结果，0 表示良性，1 表示恶性。

第5章 最大熵模型及其Python实现

学习目标:

- 掌握最大熵模型的定义和应用;
- 掌握最大熵模型的求解和 Python 编程方法;
- 理解熵相关的度量指标。

5.1 最大熵模型简介

第 4 章介绍了分类学习任务和逻辑斯蒂分类模型。分类是人类的一种基本能力,也是机器学习中的一个基本学习任务,其学习目标是预测事物所属的类别。例如在抽奖游戏中,若仅已知有 5 个等级的奖项,没有其他信息,则可推断抽取到每个等级奖项的概率都为 1/5,但如果已知获得五等奖的概率比较大,为 1/2,则可预测获得其余各奖项的概率都为 1/8。再如,给定一张动物图像,要将其分类至海豚、鲸鱼、猫和狗 4 个类别中,如果没有任何关于该图像所属类别的先验知识,一个可行的方法是认为其属于各类别的可能性或概率相等,即都为1/4。但若已知图像中包含海洋动物,属于海豚和鲸鱼的概率和为 7/10,则可认为其属于其他3 个类别的概率相同,都为 3/20。其处理原则是在没有任何类别先验的情况下,通常认为概率分布倾向于均匀分布,会使预测风险最小。这种思想就是最大熵原理,即**在预测一个数据或者一个事件的概率分布时,应当满足所有已知的约束条件,同时,对未知的情况不做任何的主观假设**。在这种情况下,概率分布最均匀,预测的风险最小,得到概率分布的熵是最大的。在投资时,所谓的不要把所有的鸡蛋放在一个篮子里,可以降低投资风险,也是最大熵思想的一种体现。

熵(Entropy)是热力学中的概念,用于描述事物的无序性,熵越大则越无序,由香农(Shannon)于 1948 年引入信息论中。在信息论和概率统计中,熵用来表示随机变量的不确定性。越不确定的事物,其熵就越大。随机变量的熵定义如下:

定义 5.1 (熵) 设离散随机变量 $X \in \{x_1, x_2, \cdots, x_n\}$ 的概率分布为 $P(X = x_i) = p_i$,$i = 1, 2, \cdots, n$,则 X 的熵定义为

$$H(P) = -\sum_{i=1}^{n} p_i \log p_i \tag{5.1}$$

熵满足不等式:

$$0 \leqslant H(P) \leqslant \log|X|$$

其中 $|X|$ 是 X 可能的取值个数，若仅其中一种取值的概率为 1，其余为 0 时，则左边的等式成立；而当 X 服从均匀分布，即每种取值的可能性相等时，右边的等式成立，对应的熵最大。$H(P)$ 依赖于 X 的分布，但与 X 的具体值无关。$H(P)$ 越大，表示 X 的不确定性越大。若只有两种取值，则当每种取值的概率都为 0.5 时，熵最大，如图 5.1 所示。

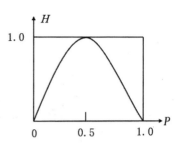

图 5.1　两类情形的熵示意图

最大熵原理指在只掌握了关于未知分布的部分知识时，应该选取符合这些知识且熵值最大的概率分布。**基于最大熵原理的最大熵模型认为，在学习概率模型时，应在满足给定已知条件的概率模型集合中，找到熵最大的学习模型。**

5.2　最大熵模型定义与对偶形式

最大熵原理是统计学中的一般原理，将其应用于分类学习任务中，即得到最大熵模型。下面介绍最大熵模型的定义与对偶形式。

5.2.1　最大熵模型的定义

在分类任务中，记 $X \in \mathcal{X}$ 为输入，$Y \in \mathcal{Y}$ 为输出，假设分类模型是一个条件概率分布 $P(Y|X)$，表示对于给定输入 X，以条件概率 $P(Y|X)$ 输出 Y。给定训练集 $T = \{(x_1, y_1), (x_2, y_2), \cdots, (x_n, y_n)\}$，其中任意 $x_i \in R^d$ 为 d 维训练数据，y_i 为其类别输出，n 为训练集中的数据总数，最大熵模型的学习目标是在满足已知约束的条件下，找到熵最大的学习模型。

首先考虑模型应满足的约束条件。给定训练集，可以得到总体联合分布 $P(X,Y)$ 的经验分布 $\tilde{P}(X,Y)$，以及边缘分布 $P(X)$ 的经验分布 $\tilde{P}(X)$，即

$$\tilde{P}(X = x, Y = y) = \frac{\text{count}(X = x, Y = y)}{n}, \ \tilde{P}(X = x) = \frac{\text{count}(X = x)}{n} \tag{5.2}$$

其中 $\text{count}(X = x, Y = y)$ 表示 (x, y) 在 T 中出现的次数，$\text{count}(X = x)$ 表示 x 在 T 中出现的次数。所谓经验分布，是指在训练集 T 上进行统计得到的分布。

用特征函数 $f(x, y)$ 描述输入 x 和输出 y 之间的关系，有

$$f(x, y) = \begin{cases} 1, & x \text{和} y \text{满足某一关系} \\ 0, & \text{否则} \end{cases} \tag{5.3}$$

它是一个二值函数，当 x 和 y 满足某一关系时取值为 1，否则取值为 0。特征函数 $f(x, y)$ 关于经验分布 $\tilde{P}(X,Y)$ 的期望值可用 $E_{\tilde{P}}(f)$ 表示为：

$$E_{\tilde{P}}(f) = \sum_{x, y} \tilde{P}(x, y) f(x, y) \tag{5.4}$$

特征函数在模型上关于 $P(X,Y)$ 的期望值，可用 $E_P(f)$ 表示为：

$$E_P(f) = \sum_{x,y} P(x,y) f(x,y) \tag{5.5}$$

由贝叶斯定理得到联合分布 $P(x,y) = P(x)P(y \mid x)$，其中 $P(y \mid x)$ 为模型的学习目标，边缘分布 $P(x)$ 未知，可用经验分布进行近似，从而获得

$$E_P(f) = \sum_{x,y} \tilde{P}(x) P(y \mid x) f(x,y) \tag{5.6}$$

对于模型 $P(y \mid x)$ 和训练数据，应假设上述两个期望相等，得到如下约束：

$$E_{\tilde{P}}(f) = E_P(f) \tag{5.7}$$

或

$$\sum_{x,y} \tilde{P}(x,y) f(x,y) = \sum_{x,y} \tilde{P}(x) P(y \mid x) f(x,y) \tag{5.8}$$

将式(5.7)或式(5.8)作为模型学习的约束条件。假设从训练数据中抽取了 n 个数据，对应 n 个特征函数 $f_i(x,y)$，$i=1,2,\cdots,n$，便有 n 个约束条件：

$$C_i : E_{\tilde{P}}(f_i) = E_P(f_i), \quad i = 1,2,\cdots,n \tag{5.9}$$

在获得上述约束条件后，最大化模型的条件熵（其定义在 5.4 节中给出），从而获得最大熵模型的完整描述。

定义 5.2（最大熵模型） 给定训练集合 T，以及特征函数 $f_i(x,y)$，$i=1,2,\cdots,n$，最大熵模型求解在满足所有约束条件的模型集合中条件熵最大的学习模型。

$$\max_{P \in C} \; H(P) = -\sum_{x,y} \tilde{P}(x) P(y \mid x) \log P(y \mid x)$$
$$\text{s.t.} \; \sum_{x,y} \tilde{P}(x,y) f(x,y) = \sum_{x,y} \tilde{P}(x) P(y \mid x) f(x,y) \tag{5.10}$$
$$\sum_y P(y \mid x) = 1$$

5.2.2　最大熵模型的对偶形式

为求解最大熵模型，需要利用拉格朗日（Lagrange）乘子法，将最大熵模型由一个带约束的最优化问题转换为一个与之等价的无约束最优化问题，即对偶问题表示。拉格朗日乘子法的描述如下。

定义 5.3（拉格朗日乘子法） 求解函数 $z = f(x)$ 在给定条件 $\phi_i(x) = 0$（$i = 1, 2, \cdots, K$）下可能的极值点，则可利用拉格朗日乘子法，将上述带约束的极值问题转换为无约束的极值问题进行求解。其具体求解步骤如下：

（1）构造拉格朗日函数 $L(x) = f(x) + \sum_{i=1}^{K} \lambda_i \phi_i(x)$，其中 λ_i，$i = 1,2,\cdots,K$ 为拉格朗日乘子；

（2）令 $L(x)$ 对 x 和 λ_i 的一阶偏导数等于 0，求解方程组

$$\begin{cases} \dfrac{\partial L}{\partial x} = 0 \\ \phi_i(x) = 0, \quad i = 1,2,\cdots,K \end{cases} \tag{5.11}$$

由上述方程组解出 λ_i 和 x，就是函数 $z = f(x)$ 在条件 $\phi_i(x) = 0$（$i = 1, 2, \cdots, K$）下的可能极

值点。

针对式(5.10)中的约束优化问题，利用拉格朗日乘子法进行求解。首先将求最大值问题写成等价的最小化问题：

$$\min_{P \in C} \quad -H(P) = \sum_{x,y} \tilde{P}(x)P(y \mid x)\log P(y \mid x)$$

$$\text{s.t.} \quad \sum_{x,y} \tilde{P}(x,y)f(x,y) = \sum_{x,y} \tilde{P}(x)P(y \mid x)f(x,y) \tag{5.12}$$

$$\sum_y P(y \mid x) = 1$$

根据拉格朗日乘子法，引进拉格朗日乘子 $\lambda_i, i = 0, 1, \cdots, n$，定义拉格朗日函数 $L(P, \lambda)$ 如下：

$$
\begin{aligned}
L(P, \lambda) &= -H(P) + \lambda_0 \left(1 - \sum_y P(y \mid x)\right) \\
&\quad + \sum_{i=1}^n \lambda_i \left(\sum_{x,y} \tilde{P}(x,y)f_i(x,y) - \sum_{x,y} \tilde{P}(x)P(y \mid x)f_i(x,y)\right) \\
&= \sum_{x,y} \tilde{P}(x)P(y \mid x)\log P(y \mid x) + \lambda_0 \left(1 - \sum_y P(y \mid x)\right) \\
&\quad + \sum_{i=1}^n \lambda_i \left(\sum_{x,y} \tilde{P}(x,y)f_i(x,y) - \sum_{x,y} \tilde{P}(x)P(y \mid x)f_i(x,y)\right)
\end{aligned} \tag{5.13}
$$

最优化的原始问题是

$$\min_{P \in C} \max_{\lambda} L(P, \lambda) \tag{5.14}$$

利用拉格朗日对偶性，其对偶问题为

$$\max_{\lambda} \min_{P \in C} L(P, \lambda) \tag{5.15}$$

我们可以通过求解等价的对偶问题即式(5.15)来求解原始问题即式(5.14)。

首先，求解对偶问题式(5.15)中内部的极小值问题 $\min_{P \in C} L(P, \lambda)$。$\min_{P \in C} L(P, \lambda)$ 是 λ 的函数，将其记作

$$\psi(\lambda) = \min_{P \in C} L(P, \lambda) = L(P_\lambda, \lambda) \tag{5.16}$$

称为对偶函数，将其解记为

$$P_\lambda = \arg \min_{P \in C} L(P, \lambda) \tag{5.17}$$

下面利用拉格朗日乘子法获得 P。首先，计算拉格朗日函数 $L(P, \lambda)$ 对 $P(y \mid x)$ 的偏导数：

$$
\begin{aligned}
\frac{\partial L(P, \lambda)}{\partial P(y \mid x)} &= \sum_{x,y} \tilde{P}(x)\left(\log P(y \mid x) + 1\right) - \sum_y \lambda_0 - \sum_{x,y} \tilde{P}(x)\sum_{i=1}^n \lambda_i f_i(x,y) \\
&= \sum_{x,y} \tilde{P}(x)\left(\log P(y \mid x) + 1\right) - \sum_x \tilde{P}(x)\sum_y \lambda_0 - \sum_{x,y} \tilde{P}(x)\sum_{i=1}^n \lambda_i f_i(x,y) \\
&= \sum_{x,y} \tilde{P}(x)\left(\log P(y \mid x) + 1 - \lambda_0 - \sum_{i=1}^n \lambda_i f_i(x,y)\right)
\end{aligned} \tag{5.18}
$$

令偏导数等于 0，得到

$$\log P(y \mid x) + 1 - \lambda_0 - \sum_{i=1}^n \lambda_i f_i(x,y) = 0 \tag{5.19}$$

因此，

$$P(y \mid x) = e^{\lambda_0 - 1} \cdot e^{\sum_{i=1}^{n} \lambda_i f_i(x,y)} \tag{5.20}$$

进一步，有

$$\sum_y P(y \mid x) = e^{\lambda_0 - 1} \cdot \sum_y e^{\sum_{i=1}^{n} \lambda_i f_i(x,y)} = 1 \tag{5.21}$$

从而获得

$$e^{\lambda_0 - 1} = \frac{1}{\sum_y e^{\sum_{i=1}^{n} \lambda_i f_i(x,y)}} \tag{5.22}$$

将式(5.22)代回式(5.20)中，可以得到

$$P_\lambda(y \mid x) = \frac{1}{Z_\lambda(x)} e^{\sum_{i=1}^{n} \lambda_i f_i(x,y)} \tag{5.23}$$

其中 $Z_\lambda(x) = \sum_y e^{\sum_{i=1}^{n} \lambda_i f_i(x,y)}$ 称为归一化因子。式(5.23)表示的模型 $P_\lambda = P_\lambda(y \mid x)$ 就是最大熵模型。

得到对偶问题式(5.15)内部极小值问题的解 P_λ 之后，进一步求解外层的极大值问题。

$$\lambda^* = \arg\max_\lambda \psi(\lambda) \tag{5.24}$$

即

$$\begin{aligned}
\psi(\lambda) &= L(P_\lambda, \lambda) \\
&= \sum_{x,y} \tilde{P}(x) P_\lambda(y \mid x) \log P_\lambda(y \mid x) \\
&\quad + \sum_{i=1}^{n} \lambda_i \left(\sum_{x,y} \tilde{P}(x,y) f_i(x,y) - \sum_{x,y} \tilde{P}(x) P_\lambda(y \mid x) f_i(x,y) \right) \\
&= \sum_{i=1}^{n} \lambda_i \sum_{x,y} \tilde{P}(x,y) f_i(x,y) + \sum_{x,y} \tilde{P}(x) P_\lambda(y \mid x) \left(\log P_\lambda(y \mid x) - \sum_{i=1}^{n} \lambda_i f_i(x,y) \right)
\end{aligned} \tag{5.25}$$

由式(5.23)可得

$$\log P_\lambda(y \mid x) = \sum_{i=1}^{n} \lambda_i f_i(x,y) - \log Z_\lambda(x) \tag{5.26}$$

代入式(5.25)中，可以得到

$$\begin{aligned}
\psi(\lambda) &= \sum_{i=1}^{n} \lambda_i \sum_{x,y} \tilde{P}(x,y) f_i(x,y) - \sum_x \tilde{P}(x) \log Z_\lambda(x) \sum_y P_\lambda(y \mid x) \\
&= \sum_{x,y} \tilde{P}(x,y) \sum_{i=1}^{n} \lambda_i f_i(x,y) - \sum_x \tilde{P}(x) \log Z_\lambda(x)
\end{aligned} \tag{5.27}$$

上式对 $\psi(\lambda)$ 求极大值，由于其连续可导，故优化方法有很多种，如梯度下降法、牛顿法、拟牛顿法等。再依据式(5.23)中 $P(y \mid x)$ 和 λ 的关系，可得到模型 $P(y \mid x)$。实际上，求解对偶问题式(5.15)内部的极小值问题，旨在获得学习模型或概率分布的形式，而外层的极大值问题的求解则用于获得学习模型或概率分布的参数。

5.2.3　最大熵模型的应用举例

假设给定一张动物图像，要将其分类至海豚、鲸鱼、猫和狗 4 个类别中。同时，已

知图像中包含海洋动物，属于海豚和鲸鱼的概率和为 7/10。下面将利用最大熵模型求解该问题。

首先分别用 y_1、y_2、y_3 和 y_4 表示 4 个类别，最大熵模型的学习问题可以刻画为：

$$\min -H(P) = -\sum_{i=1}^4 P(y_i) \log P(y_i)$$
$$\text{s.t.} \quad P(y_1) + P(y_2) = \tilde{P}(y_1) + \tilde{P}(y_2) = 7/10$$
$$\sum_{i=1}^4 P(y_i) = \sum_{i=1}^4 \tilde{P}(y_i) = 1$$

引入拉格朗日乘子 λ_1 和 λ_2 后，最优化问题为：

$$\min_P \max_\lambda L(P, \lambda) = \sum_{i=1}^4 P(y_i) \log P(y_i) + \lambda_1 \left(P(y_1) + P(y_2) - 7/10 \right) + \lambda_0 \left(\sum_{i=1}^4 P(y_i) - 1 \right)$$

接下来，通过求解对偶优化问题得到原始最优化问题的解。先求解 $L(P, \lambda)$ 关于 P 的极小值问题。固定 λ_1 和 λ_2，求 $L(P, \lambda)$ 对各 $P(y_i)$ 的偏导数：

$$\frac{\partial L(P, \lambda)}{\partial P(y_1)} = 1 + \log P(y_1) + \lambda_1 + \lambda_0$$
$$\frac{\partial L(P, \lambda)}{\partial P(y_2)} = 1 + \log P(y_2) + \lambda_1 + \lambda_0$$
$$\frac{\partial L(P, \lambda)}{\partial P(y_3)} = 1 + \log P(y_3) + \lambda_0$$
$$\frac{\partial L(P, \lambda)}{\partial P(y_4)} = 1 + \log P(y_4) + \lambda_0$$

令偏导数为 0，得到

$$P(y_1) = P(y_2) = e^{-\lambda_1 - \lambda_0 - 1}$$
$$P(y_3) = P(y_4) = e^{-\lambda_0 - 1}$$

因此，

$$\min_\lambda L(P, \lambda) = L(P_\lambda, \lambda) = -2e^{-\lambda_1 - \lambda_0 - 1} - 2e^{-\lambda_0 - 1} - 7\lambda_1/10 - \lambda_0$$

再求解 $L(P_\lambda, \lambda)$ 关于 λ 的极大值问题：

$$\max_\lambda L(P_\lambda, \lambda) = -2e^{-\lambda_1 - \lambda_0 - 1} - 2e^{-\lambda_0 - 1} - 7\lambda_1/10 - \lambda_0$$

分别求 $L(P_\lambda, \lambda)$ 对 λ_1 和 λ_2 的偏导数，并令其为 0，得到

$$e^{-\lambda_1 - \lambda_0 - 1} = 7/20$$
$$e^{-\lambda_0 - 1} = 3/20$$

最终可得

$$P(y_1) = P(y_2) = 7/20$$
$$P(y_3) = P(y_4) = 3/20$$

5.2.4　最大熵模型与 Softmax 分类器

最大熵模型可写成

$$P_\lambda(y \mid x) = \frac{1}{Z_\lambda(x)} \mathrm{e}^{\sum_{i=1}^n \lambda_i f_i(x,y)}$$

其中，

$$Z_\lambda(x) = \sum_y \mathrm{e}^{\sum_{i=1}^n \lambda_i f_i(x,y)}$$

$x \in \mathbf{R}^n$ 为数据输入，$y \in \{1,2,\cdots,K\}$ 为输出，λ 为模型参数，$f_i(x,y)$，$i=1,\cdots,n$ 为特征函数。因此，最大熵模型与逻辑斯蒂分类的多分类任务推广——Softmax 分类器有着相同的形式，同属于对数线性分类模型。

最大熵模型求解所有满足约束条件的模型中熵最大的模型，作为经典的分类模型，正确率较高。同时，可以灵活地设置约束条件，调节学习模型对给定数据的拟合和未知数据的适应程度。但由于约束数量和数据数量相关，导致迭代过程计算量巨大，scikit-learn 中甚至没有最大熵模型对应的类库。

5.3　最大熵模型的优化算法及 Python 实现

本节讨论最大熵模型的优化求解。$\lambda^* = \arg\max_\lambda \psi(\lambda)$ 没有显式的解析解，常规的优化算法有牛顿法、拟牛顿法和梯度下降法等。下面将重点介绍通用迭代尺度（Generalized Iterative Scaling，GIS）算法和改进的迭代尺度（Improved Interative Scaling，IIS）算法，这是为最大熵模型量身定制的两个方法。

5.3.1　通用迭代尺度算法

GIS 是一种迭代算法，最初于 1972 年由达罗克（Darroch）和拉特克利夫（Ratcliff）提出，后经数学家希萨（Csiszar）清楚解释其物理含义。GIS 算法的学习流程如下。

输入：特征函数 $f_1, f_2, \cdots, f_n$，经验分布 $\tilde{P}(x,y)$。

输出：最优参数 λ，最优模型 $P_\lambda(y \mid x)$。

（1）初始化 λ_i，$i=1, 2, \cdots, n$，一般可设置为 0，即

$$\lambda_i^{(0)} = 0, \ i = 1, 2, \cdots, n$$

其中索引 i 表示第 i 个特征，n 是特征总数。

（2）计算 $E_{\tilde{P}}(f_i)$ 和 $E_{P_\lambda}(f_i)$，$i = 1, 2, \cdots, n$。

（3）重复下面的权值更新直至收敛：

$$\lambda_i^{(t+1)} = \lambda_i^{(t)} + \eta \log \frac{E_{\tilde{P}}(f_i)}{E_{P_\lambda}(f_i)}, \ i = 1, 2, \cdots, n$$

其中 λ 的上标 t 表示第 t 轮迭代，η 为学习速率，一般可设置为 $1/C$，C 为训练数据中最大的

特征数量。从算法更新方式可看出，偏差 $\Delta\lambda_i = \log\dfrac{E_{\tilde{P}}(f_i)}{E_{P_\lambda}(f_i)}$ 类似于梯度下降法中的梯度。在每次迭代中，先通过当前模型的参数估算 $E_{P_\lambda}(f_i)$，然后将其与相应的经验分布期望 $E_{\tilde{P}}(f_i)$ 进行比较，得到偏差 $\Delta\lambda_i$，进而更新 λ_i^t，即

①如果 $E_{P_\lambda}(f_i) < E_{\tilde{P}}(f_i)$，则 $\Delta\lambda_i$ 的值为负，使 λ_i 的值变小；

②如果 $E_{P_\lambda}(f_i) > E_{\tilde{P}}(f_i)$，则 $\Delta\lambda_i$ 的值为正，使 λ_i 的值变大；

③如果 $E_{P_\lambda}(f_i) = E_{\tilde{P}}(f_i)$，则 $\Delta\lambda_i$ 的值为 0，保持 λ_i 的值不变。

通过迭代，判断算法收敛的依据一般为前后两次 λ 的值充分接近，如 $\max_i |\Delta\lambda_i| < \varepsilon$，$\varepsilon$ 为迭代精度的控制参数。

GIS 算法的迭代时间通常比较长，因为需要多次迭代才能达到收敛，且不太稳定，后文会介绍 GIS 算法的改进算法 IIS。

5.3.2 基于 GIS 算法的最大熵模型的 Python 实现

基于 GIS 算法的最大熵模型的 Python 实现如下：

```python
#基于 GIS 算法的最大熵模型代码实现
#代码 5.1 GIS_reader.py 文件的类定义文件
#需要与代码 5.2 合在一起成为完整代码文件
import sys;
import math;
from collections import defaultdict
class MaxEntropy:
    def __init__(self):
        self._samples = []              #数据集，元素是带标签的一维的元组
        self._Y = set([])               #标签集合
        self._numXY = defaultdict(int); #定义字典来存储特征对
        self._N = 0                     #数据数量
        self._n = 0                     #特征对的总数量
        self._xyID = {}                 #对特征对顺序编号，key 是特征对，value 是 ID
        self._C = 0;                    #数据最大的特征数量
        self._ep_ = []                  #数据分布的特征期望值
        self._ep = []                   #模型分布的特征期望值
        self._w = []                    #特征的权值
        self._lastw = []                #上一轮迭代的权值
        self._EPS = 0.01                #判断是否收敛的阈值
    def load_data(self, filename):      #加载数据，用于训练
        for line in open(filename, "r"):
            sample = line.strip().split("\t")
            if len(sample) < 2:         #至少需标签+一个特征
                continue
            y = sample[0]
            X = sample[1:]
            self._samples.append(sample)    #标签+特征
            self._Y.add(y)                  #标签
            for x in set(X):                #给 X 去重
                self._numXY[(x, y)] += 1
```

```python
    def _initparams(self):                          #用于初始化参数
        self._N = len(self._samples)
        self._n = len(self._numXY)
        self._C = max([len(sample) - 1 for sample in self._samples])
        self._w = [0.0] * self._n
        self._lastw = self._w[:]
        self._sample_ep()
    def _convergence(self):
        for w, lw in zip(self._w, self._lastw):
            if math.fabs(w - lw) >= self._EPS:
                return False
        return True
    def _sample_ep(self):                 #计算特征函数关于经验分布的期望
        self._ep_ = [0.0] * self._n
        for i, xy in enumerate(self._numXY):
            self._ep_[i] = self._numXY[xy] * 1.0 / self._N
            self._xyID[xy] = i
    def _zx(self, X):                          #计算规范化因子
        ZX = 0.0;
        for y in self._Y:
            sum = 0.0;
            for x in X:
                if (x, y) in self._numXY:
                    sum += self._w[self._xyID[(x, y)]]
            ZX += math.exp(sum)
        return ZX
    def _pyx(self, X):                         #计算条件概率分布 p(y|x)
        ZX = self._zx(X)
        results = []
        for y in self._Y:
            sum = 0.0
            for x in X:
                if (x, y) in self._numXY:           #该判断相当于指示函数
                    sum += self._w[self._xyID[(x, y)]]
            pyx = 1.0 / ZX * math.exp(sum)
            results.append((y, pyx))
        return results
    def _model_ep(self):                         #计算特征函数关于模型的期望
        self._ep = [0.0] * self._n
        for sample in self._samples:
            X = sample[1:]
            pyx = self._pyx(X)
            for y, p in pyx:
                for x in X:
                    if (x, y) in self._numXY:
                        self._ep[self._xyID[(x, y)]] += p * 1.0 / self._N
    def train(self, maxiter = 1000):                    #训练
        self._initparams()
        for i in range(0, maxiter):
```

```
                    print ("Iter:%d..."%i)
                    self._lastw = self._w[:]                      #保存上一轮权值
                    self._model_ep()
                        #更新每个特征的权值
                    for i, w in enumerate(self._w):              #更新参数 λᵢ 的值
                        self._w[i] += 1.0 / self._C * math.log(self._ep_[i] / self._ep[i])
                    print (self._w)
                    #检查是否收敛
                    if self._convergence():
                            break
            def predict(self, input):                             #测试
                X = input.strip().split("\t")
                prob = self._pyx(X)
                return prob
```

完成上述函数的定义后，可基于 data.txt 中的训练数据，学习最大熵模型，用于预测某种天气情况是否适合外出。主函数代码如下：

```
#代码 5.2 主函数部分
if __name__ == "__main__":
    MaxEntropy = MaxEntropy()                              #初始化
    MaxEntropy.load_data('data.txt')                      #加载数据
MaxEntropy.train()                                        #训练
#测试 3 种情况下，是否适合外出
print(MaxEntropy.predict("sunny\thot\thigh\tFalse"))     #注意\t 的使用
    print(MaxEntropy.predict("overcast\thot\thigh\tFalse"))
    print(MaxEntropy.predict("sunny\tcool\thigh\tTrue"))
sys.exit(0);
```

训练数据 data.txt 包含多种天气情况下是否外出的样例，如"晴天、高温、湿度高、无风，未外出"，内容如下：

label	outlook	temperature	humidity	windy	#实际无此行
no	sunny	hot	high	False	
no	sunny	hot	high	True	
yes	overcast	hot	high	False	
yes	rainy	mild	high	False	
yes	rainy	cool	normal	False	
no	rainy	cool	normal	True	
yes	overcast	cool	normal	True	
no	sunny	mild	high	False	
yes	sunny	cool	normal	False	
yes	rainy	mild	normal	False	
yes	sunny	mild	normal	True	
yes	overcast	mild	high	True	
yes	overcast	hot	normal	False	
no	rainy	mild	high	True	

程序实际运行时，data.txt 中并无第 1 行内容，表中各列间的空格均为"\t"。上文为便于阅读，进行了改动。代码运行后，3 种测试情况的预测结果如下：

```
[('yes', 0.0041626518719793002), ('no', 0.99583734812802072) ]
[('yes', 0.99436821023604471) , ('no', 0.0056317897639553702) ]
[('yes', 1.4464465173635744e-07) , ('no' 0.99999985535534819) ]
```

其中每行对应一种测试情况下，预测为外出和不外出的概率。该代码通过最大熵模型，实现了一个简单的预测功能：通过输入的天气情况，预测是否适合外出。

5.3.3　改进的迭代尺度算法

20 世纪 80 年代，德拉·彼得拉（Della Pietra）对 GIS 算法进行改进，提出 IIS 算法，使最大熵模型的训练时间缩短了一到两个数量级，这样，最大熵模型才有可能变得实用。

最大熵模型的对数似然函数为：

$$L(\lambda) = \sum_{x,y} \tilde{P}(x,y) \sum_{i=1}^{n} \lambda_i f_i(x,y) - \sum_{x} \tilde{P}(x) \log Z_\lambda(x) \tag{5.28}$$

IIS 算法目标是通过极大似然估计学习模型的参数，即求对数似然函数的极大值 $\tilde{\lambda}$。

IIS 算法的优化思路是，假设最大熵模型当前的参数是 $\lambda = (\lambda_1, \lambda_2, \cdots, \lambda_n)$，希望找到一个新的参数 $\lambda + \delta = (\lambda_1 + \delta_1, \lambda_2 + \delta_2, \cdots, \lambda_n + \delta_n)$，使得模型的对数似然函数值增大。如果存在这样一种参数的更新方法 $\tau : \lambda \to \lambda + \delta$，那么可重复使用该方法，直至找到对数似然函数的极大值。

对于给定的经验分布 $\tilde{P}(x,y)$，模型参数从 λ 到 $\lambda + \delta$，对数似然函数的改变量是：

$$\begin{aligned}L(\lambda + \delta) - L(\lambda) &= \sum_{x,y} \tilde{P}(x,y) \log P_{\lambda+\delta}(y \mid x) - \sum_{x,y} \tilde{P}(x,y) \log P_\lambda(y \mid x) \\ &= \sum_{x,y} \tilde{P}(x,y) \sum_{i=1}^{n} \delta_i f_i(x,y) - \sum_{x} \tilde{P}(x) \log \frac{Z_{\lambda+\delta}(x)}{Z_\lambda(x)}\end{aligned} \tag{5.29}$$

利用不等式

$$-\log \alpha \geqslant 1 - \alpha, \quad \alpha > 0$$

建立对数似然函数改变量的下界：

$$\begin{aligned}&L(\lambda + \delta) - L(\lambda) \\ &\geqslant \sum_{x,y} \tilde{P}(x,y) \sum_{i=1}^{n} \delta_i f_i(x,y) + 1 - \sum_{x} \tilde{P}(x) \frac{Z_{\lambda+\delta}(x)}{Z_\lambda(x)} \\ &= \sum_{x,y} \tilde{P}(x,y) \sum_{i=1}^{n} \delta_i f_i(x,y) + 1 - \sum_{x} \tilde{P}(x) \sum_{y} P_\lambda(y \mid x) e^{\left(\sum_{i=1}^{n} \delta_i f_i(x,y)\right)}\end{aligned} \tag{5.30}$$

将不等式右端记为 $A(\delta \mid \lambda)$，则有

$$L(\lambda + \delta) - L(\lambda) \geqslant A(\delta \mid \lambda)$$

如果能找到恰当的 δ 使得下界提高，那么对数似然函数也会增大。然而，函数 $A(\delta \mid \lambda)$ 中的 δ 含有多个变量，不易同时优化。IIS 算法试图一次只优化其中一个变量 δ_i，固定其他变量 δ_j，$i \neq j$。

为进一步降低下界 $A(\delta \mid \lambda)$，IIS 算法引入 $f^\#(x,y) = \sum_i f_i(x,y)$，由于特征函数是二值函数，故 $f^\#(x,y)$ 表示所有特征在 (x,y) 出现的次数。这样，$A(\delta \mid \lambda)$ 可以改写为：

$$A(\delta \mid \lambda) = \sum_{x,y} \tilde{P}(x,y) \sum_{i=1}^{n} \delta_i f_i(x,y) + 1 - \sum_{x} \tilde{P}(x) \sum_{y} P_\lambda(y \mid x) e^{\left(f^\#(x,y) \sum_{i=1}^{n} \frac{\delta_i f_i(x,y)}{f^\#(x,y)}\right)} \tag{5.31}$$

利用指数函数的凸性以及对任意 i，有 $\dfrac{f_i(x,y)}{f^\#(x,y)} \geqslant 0$ 且 $\sum\limits_{i=1}^{n} \dfrac{f_i(x,y)}{f^\#(x,y)} = 1$，进一步依据 Jensen

不等式，即对任意凸函数 $f(x), f\left(\sum\limits_{i=1}^{n}\lambda_i x_i\right) \leqslant \sum\limits_{i=1}^{n}\lambda_i f(x)$，其中 $\sum\limits_{i=1}^{n}\lambda_i = 1$。因此，

$$\mathrm{e}^{\left(f^\#(x,y)\sum\limits_{i=1}^{n}\frac{\delta_i f_i(x,y)}{f^\#(x,y)}\right)} \leqslant \sum_{i=1}^{n} \frac{f_i(x,y)}{f^\#(x,y)}\mathrm{e}^{(\delta_i f^\#(x,y))} \tag{5.32}$$

于是，$A(\delta\,|\,\lambda)$ 可以改写为

$$\begin{aligned} A(\delta\,|\,\lambda) &\geqslant \sum_{x,y}\tilde{P}(x,y)\sum_{i=1}^{n}\delta_i f_i(x,y) \\ &+ 1 - \sum_{x}\tilde{P}(x)\sum_{y}P_\lambda(y\,|\,x)\sum_{i=1}^{n}\frac{f_i(x,y)}{f^\#(x,y)}\mathrm{e}^{(\delta_i f^\#(x,y))} \end{aligned} \tag{5.33}$$

记上式右端为 $B(\delta\,|\,\lambda)$，最终得到

$$L(\lambda+\delta) - L(\lambda) \geqslant B(\delta\,|\,\lambda)$$

$B(\delta\,|\,\lambda)$ 是对数自然函数改变量的一个新的下界。

求 $B(\delta\,|\,\lambda)$ 对分量 δ_i 的偏导数：

$$\frac{\partial B(\delta\,|\,\lambda)}{\partial \delta_i} = \sum_{x,y}\tilde{P}(x,y)f_i(x,y) - \sum_{x}\tilde{P}(x)\sum_{y}P_\lambda(y\,|\,x)f_i(x,y)\mathrm{e}^{(\delta_i f^\#(x,y))} \tag{5.34}$$

上式中，除了 δ_i 外不含任何其他变量，令偏导数等于 0，得到

$$\sum_{x,y}\tilde{P}(x)P_\lambda(y\,|\,x)f_i(x,y)\mathrm{e}^{(\delta_i f^\#(x,y))} = E_{\tilde{P}}(f_i) \tag{5.35}$$

依次对这个方程求解，可以求出 δ。

如果 $f^\#(x,y)$ 是常数，即对任何 x 和 y 有 $f^\#(x,y) = M$。此时，

$$\delta_i = \frac{1}{M}\log\frac{E_{\tilde{P}}(f_i)}{E_{P_\lambda}(f_i)} \tag{5.36}$$

如果 $f^\#(x,y)$ 不是常数，则需通过数值计算求出 δ_i，可利用牛顿法等方法。

IIS 算法的学习流程如下。

输入：特征函数 $f_1, f_2, \cdots, f_n$，经验分布 $\tilde{P}(x,y)$。

输出：最优参数 λ，最优模型 $P_\lambda(y\,|\,x)$。

（1）初始化 λ_i，$i=1,2,\cdots,n$，一般可设置为 0，即

$$\lambda_i^{(0)} = 0,\ i=1,\ 2,\cdots,\ n$$

（2）重复下面的权值更新直至收敛。

① 令 δ_i 是方程

$$\sum_{x,y}\tilde{P}(x)P_\lambda(y\,|\,x)f_i(x,y)\mathrm{e}^{(\delta_i f^\#(x,y))} = E_{\tilde{P}}(f_i)$$

的解，其中

$$f^{\#}(x,y) = \sum_i f_i(x,y)$$

② 更新参数 λ_i 的值：$\lambda_i \leftarrow \lambda_i + \delta_i$

5.3.4　基于 IIS 算法的最大熵模型的 Python 实现

下面给出基于 IIS 算法的最大熵模型的 Python 实现。

```python
#代码 5.3 基于 IIS 算法的最大熵模型代码实现
import collections
import math
class MaxEntropy():
    def __init__(self):
        self._samples = []          #数据集合
        self._Y = set([])           #标签集合
        self._numXY = collections.defaultdic (int)    #定义字典
        self._N = 0                 #数据数
        self._ep_ = []              #数据分布的特征期望值
        self._xyID = {}             #特征对的 ID
        self._n = 0                 #特征个数
        self._C = 0                 #最大特征数
        self._IDxy = {}             #编号 ID 对应的特征对
        self._w = []                #特征权值
        self._EPS = 0.005           #收敛条件
        self._lastw = []            #上一轮迭代的权值
    def loadData(self,filename): #加载数据，用于训练
        with open(filename) as fp:
            self._samples = [item.strip().split('\t') for item in fp.readlines()]
        for items in self._samples:
                y = items[0]
                X = items[1:]
                self._Y.add(y)
                for x in X:
                    self._numXY[(x,y)] += 1
    def _sample_ep(self):          #计算特征函数关于经验分布的期望
        self._ep_ = [0] * self._n
        for i,xy in enumerate(self._numXY):
            self._ep_[i] = self._numXY[xy]/self._N
            self._xyID[xy] = i
            self._IDxy[i] = xy
    def _initparams(self):          #初始化参数
        self._N = len(self._samples)
        self._n = len(self._numXY)
        self._C = max([len(sample)-1 for sample in self._samples])
        self._w = [0]*self._n
        self._lastw = self._w[:]
        self._sample_ep()
    def _Zx(self,X):                #计算规范化因子
        zx = 0
        for y in self._Y:
            ss = 0
```

```
                for x in X:
                    if (x,y) in self._numXY:
                        ss += self._w[self._xyID[(x,y)]]
                zx += math.exp(ss)
            return zx
        def _model_pyx(self,y,X):          #计算 Pλ(y|x)
            Z = self._Zx(X)
            ss = 0
            for x in X:
                if (x,y) in self._numXY:
                    ss += self._w[self._xyID[(x,y)]]
            pyx = math.exp(ss)/Z
            return pyx
        def _model_ep(self,index):       #计算特征函数关于模型的期望
            x,y = self._IDxy[index]
            ep = 0
            for sample in self._samples:
                if x not in sample:
                    continue
                pyx = self._model_pyx(y,sample)
                ep += pyx/self._N
            return ep
        def _convergence(self):          #判断收敛
            for last,now in zip(self._lastw,self._w):
                if abs(last - now) >= self._EPS:
                    return False
            return True
        def predict(self,X):             #计算预测概率
            Z = self._Zx(X)
            result = {}
            for y in self._Y:
                ss = 0
                for x in X:
                    if (x,y) in self._numXY:
                        ss += self._w[self._xyID[(x,y)]]
                pyx = math.exp(ss)/Z
                result[y] = pyx
            return result
        def train(self,maxiter = 1000):      #训练
            self._initparams()
            for loop in range(0,maxiter):   #最大训练次数
                print ("iter:%d"%loop)
                self._lastw = self._w[:]
                for i in range(self._n):
                    ep = self._model_ep(i)   #计算第i个特征的模型期望
                    self._w[i] += math.log(self._ep_[i]/ep)/self._C   #更新参数
                print("w:",self._w)
                if self._convergence():      #判断是否收敛
                    break

    maxent = MaxEntropy()                        #初始化
```

```
maxent.loadData('dataset.txt')                    #加载数据
maxent.train()                                    #训练
print(maxent.predict("sunny\tcool\thigh\tTRUE"))  #测试
```

上述代码与基于 GIS 算法实现的主要区别在于，每次更新完权值 λ 后，利用新的权值计算 $P_\lambda(y|x)$，再进一步计算新的 $E_{P_\lambda}(f_i)$。

5.4 熵相关指标总结

实际上，在机器学习中，存在基于熵的一系列概念，如联合熵、条件熵、相对熵和交叉熵等，下面将对这些概念进行简单的介绍。

（1）信息量

考虑一个离散的随机变量 X，当我们观察到这个变量的具体值的时候，我们能接收到多少信息呢？暂时把信息量看作在学习 X 的值时的"惊讶程度"。当知道一件必然会发生的事情发生了，例如苹果从树上往下掉，我们并不惊讶，因为这件事情肯定会发生，可以认为我们没有接收到信息量。而一件平时不可能发生的事情发生了，那么我们所接收到的信息量要大得多。因此，信息量的度量依赖于概率分布 $p(x)$。1928 年，R. V. L. 哈特莱提出了信息定量化的初步设想，定义信息量为：

$$I(X) = -\log p(x)$$

信息量一定是正数或者是 0，低概率事件将带来更大的信息量。

（2）熵

$I(X)$ 指在某个概率分布之下，某个概率值对应的信息量。$I(X)$ 的均值，即它的数学期望就是随机变量 X 的熵。如前所述，离散型随机变量 X 的熵定义为：

$$H(X) = -\sum_x p(x)\log p(x)$$

熵的值越大，则不确定性越大。

（3）联合熵

联合熵（Joint Entropy）用于度量一个联合分布的随机系统的不确定性。离散型随机变量 X 和 Y 的联合分布为 $p(x,y)$，则两者的联合熵表示为：

$$H(X,Y) = -\sum_x \sum_y p(x,y)\log p(x,y)$$

用于描述 X 和 Y 同时发生的不确定性。联合熵大于任意一个变量的独立熵，小于各变量独立熵的和，即

$$\max[H(x),H(y)] \leqslant H(x,y) \leqslant H(x)+H(y)$$

类似地，联合熵可以推广到多个随机变量的情况，这里不赘述。

（4）条件熵

条件熵（Conditional Entropy）用于度量在已知随机变量 X 的条件下，随机变量 Y 的不确定性；定义为给定 X 的条件下，Y 的条件概率分布的熵对 X 的数学期望：

$$H(Y|X) = -\sum_x \sum_y p(x,y)\log p(y|x) = -\sum_x p(x)\sum_y p(y|x)\log p(y|x)$$

实际上，$H(X, Y) = H(X) + H(Y \mid X)$，因而可推断熵的链式法则：

$$H(X_1, X_2, \cdots, X_n) = -\sum_{i=1}^{n} H(X_i \mid X_{i-1}, \cdots, X_1)$$

（5）相对熵

相对熵（Relative Entropy）又称 Kullback-Leible 散度（即 KL 散度）或信息散度，是两个概率分布间差异的非对称性度量。在信息理论中，相对熵等价于两个概率分布的信息熵的差值。

假设 $p(x)$ 和 $q(x)$ 是离散型随机变量 X 上的两个概率分布，则 p 对 q 的相对熵为：

$$D_{KL}(p \parallel q) = \sum_x p(x) \log \frac{p(x)}{q(x)}$$

相对熵的值非负，可以用于度量两个随机变量间的距离。当两个概率分布相同时，其相对熵为 0，而当两个概率分布的差别增大时，其相对熵也会增大。需要注意的是，相对熵不具备对称性，即

$$D_{KL}(p \parallel q) \neq D_{KL}(q \parallel p)$$

相对熵常用在一些优化算法中，如最大期望（Expectation-Maximization，EM）算法的损失函数即相对熵，此时，其中一个概率分布为真实分布，另一个为预测分布。相对熵度量的是预测分布拟合真实分布时产生的信息损耗。

（6）交叉熵

交叉熵（Cross-Entropy）是信息论中的一个重要概念，同样用于度量两个概率分布间的差异性。假设 $p(x)$ 和 $q(x)$ 是离散型随机变量 X 上的两个概率分布，则 p 和 q 间的交叉熵定义如下：

$$H(p, q) = -\sum_x p(x) \log q(x)$$

神经网络常使用交叉熵作为损失函数，p 表示真实分布，q 为预测分布，交叉熵损失用于衡量 p 和 q 间的相似性。用交叉熵作为损失函数的一个好处是，在使用 Sigmoid 函数进行梯度下降时，能避免均方误差（Mean Square Error，MSE）损失函数学习速率降低的问题，因为其学习速率可以被输出的误差所控制。

实际上，相对熵可以进一步写成：

$$\begin{aligned}
D_{KL}(p \parallel q) &= \sum_x p(x) \log \frac{p(x)}{q(x)} \\
&= \sum_x p(x) \log p(x) - \sum_x p(x) \log q(x) \\
&= -H(p(x)) + \left[-\sum_x p(x) \log q(x) \right] \\
&= H(p) + H(p, q)
\end{aligned}$$

式中第一项为 p 的熵，第二项是交叉熵，因此，交叉熵与相对熵仅相差 $H(p)$。当 p 已知时，可以将 $H(p)$ 看作一个常数，此时交叉熵与相对熵在行为上是等价的，都反映分布 p 和 q 间的相似程度，最小化相对熵等价于最小化交叉熵。

本章小结

本章介绍了最大熵原理、最大熵模型的定义和应用，通过拉格朗日乘子法推导最大熵模型的对偶形式，从而将约束最优化问题转换为等价的无约束优化问题进行求解；又介绍了最大熵模型的两种优化算法，包括通用迭代尺度算法和改进的迭代尺度算法，以及相应的 Python 实现；还介绍了与熵相关的一些概念，如常用的交叉熵等。通过对本章的学习，读者对最大熵原理和模型有了基本的了解，并希望掌握了基于 Python 编程求解最大熵模型的基本方法。

课后习题

一、选择题

1. 下面可用于度量两个概率分布间差异的指标是（　　　）。

A．熵

B．信息量

C．联合熵

D．交叉熵

2. 下列不属于对数线性分类模型的是（　　　）。

A．支持向量机

B．最大熵模型

C．Softmax 分类器

D．逻辑斯蒂分类模型

二、填空题

1. 熵由_____引入信息论，描述随机变量分布的_____。

2. 最大熵模型在满足约束条件的情况下，最大化模型的_____。（熵/条件熵）

3. 最大熵模型的学习过程通常利用_____将优化问题转化换对偶问题。

4. 在最大熵模型的学习过程中，对偶问题内部的极小值问题用于求解_____，外层的极大值问题用于求解_____。

5. 在神经网络中，常利用_____作为损失函数，衡量模型预测分布与真实分布间的一致性。

三、编程题

利用 Python 编写求解最大熵模型的梯度下降法。

第 6 章 K-近邻分类与 K-均值聚类及其 Python 实现

学习目标：

- 掌握 K-近邻分类算法及其 Python 实现方法；
- 掌握 K-均值聚类算法及其 Python 实现方法。

6.1 "近邻"与分类和聚类

我国有一个典故"孟母三迁"，说的是孟子的母亲搬了三次家，就为了给少年孟子选择"好邻居"，可见"邻居"好坏对个人的影响；又有句俗语"物以类聚，人以群分"，相似或者相近的事物会自然地聚集在一起，这其中包含"聚类"和"分类"的思想。

在日常生活中，也存在着根据"近邻"来判断事物类别的情况。例如，通过一个人经常交往的朋友，可以判断一个人的喜好、收入、所处阶层等，如果一个人所交往的朋友大部分都是学校老师，那他大概率也是学校老师，如果一个人交往了许多喜欢钓鱼的朋友，那他大概率也喜欢钓鱼。

由此引申出一个想法：人工智能能否根据事物的"邻居（近邻）"自动判断该事物所属的类别？答案是能。**K-近邻分类**和 **K-均值聚类**就是采用以上思想的两种重要的人工智能算法，两者的主要区别在于**近邻的类别是否已知**。类别已知就叫**"分类"**，类别未知就叫**"聚类"**。

分类和聚类是机器学习的两个重要的方法。分类也叫作"有监督学习"，其训练数据是有人工标注的类别标签的，其中，标签就是一种监督信息。前文介绍的线性回归、逻辑斯蒂分类，以及本章即将介绍的 K-近邻分类都是有监督学习方法。聚类也叫作"无监督学习"，其训练数据不带有标签，本章的 K-均值聚类就是一种无监督学习方法。

以下分别对 K-近邻分类和 K-均值聚类进行介绍。

6.2 K-近邻分类

6.2.1 K-近邻分类的定义

K-近邻（K-Nearest Neighbor，KNN）分类的基本思想是：已知一批数据及其对应的类别标签（这批数据是训练数据），为一批没有类别标签的测试数据预测其类别标签。具体做法是：计算测试数据与训练数据的"距离"，找到与测试数据**距离最近**的**前 *K* 个训练数据**，则该测试数据的预测类别就是这 *K* 个训练数据中出现次数最多的那个类别。

K-近邻分类算法的一般步骤如下。

- 第一步：计算测试数据到所有训练数据的距离。（问题：数据之间的距离是怎么定义的？）
- 第二步：按距离将训练数据升序排列。
- 第三步：选取与测试数据距离最近的前 *K* 个训练数据。
- 第四步：计算各个类别在前 *K* 个训练数据中出现的频率。
- 第五步：返回出现频率最高的类别作为测试数据的预测类别。

K-近邻分类算法不会形成一个模型函数，这与第 3 章的线性回归（拟合一个线性函数）、第 4 章的逻辑斯蒂分类（拟合一个逻辑斯蒂函数）不同。线性回归和逻辑斯蒂分类的计算代价主要耗费在训练阶段的模型拟合上,模型拟合好后对测试数据进行预测的时间代价会较小；与之不同的是，K-近邻分类算法不需要进行模型拟合，所以没有训练阶段，但是每次测试时，都必须计算测试数据与所有训练数据的距离，测试阶段的计算代价非常大。

以下从自定义程序和基于 scikit-learn 库编程分别介绍 K-近邻分类算法的实现，同时介绍 K-近邻分类算法的特点和要素。

6.2.2　自定义程序实现 K-近邻分类算法

下面以第 4 章的房屋是否好卖预测问题为例（数据参见表 4.1），演示如何根据前面所述步骤，自定义程序实现 K-近邻分类算法。具体说明如下。

- 由于房屋数据的两个特征"房屋单价"和"房屋面积"的取值范围差异较大，因此需先进行归一化操作，归一化方法与第 4 章的相同。
- 由于 K-近邻分类算法需要计算数据之间的距离，因此需要定义距离度量函数，代码 6.1 采用了常用的"欧几里得距离（欧氏距离）"，定义如式(6.1)所示。

$$\text{Euc}(\boldsymbol{x}, \boldsymbol{y}) = \sqrt{(x_1 - y_1)^2 + (x_2 - y_2)^2 + \cdots + (x_{d-1} - y_{d-1})^2 + (x_d - y_d)^2} \tag{6.1}$$

其中 *x* 和 *y* 是两个数据，各有 *d* 个特征。举个例子，设 $\boldsymbol{x} = (5, 7)$，$\boldsymbol{y} = (2, 3)$，则它们的欧氏距离为 5。

- 定义了一个 K-近邻分类函数 knn_classifier()，该函数有 4 个参数，分别是：一个待预测的输入样例 input、需要与其计算距离并从中寻找近邻的所有训练数据 trains、trains 所对应的类别标签 classes，以及 *K* 值。该函数首先计算输入样例与所有训练数据的欧氏距离，再按距离从小到大对训练数据进行排序，注意排序数组的元素由训练数据的索引和距离组成，然后选取前 *K* 个训练数据，最后使用字典计算在这 *K* 个数据中出现次数最多的类别作为输入样例的预测类别。
- 对每个输入样例调用一次 knn_classifier()函数。

```
#代码 6.1 自定义 K-近邻分类算法对房屋是否好卖进行预测
import numpy as np
def normalize( X, mean, std ):#对数据进行归一化的函数
    return ( X - mean ) / std
```

```
xTrain = np.array( [ [ 3.32, 94 ], [ 3.05, 120 ], [ 3.70, 160 ],
                     [ 3.52, 170 ], [ 3.60, 155 ], [ 3.36, 78 ],
                     [ 2.70, 75 ],  [ 2.90, 80 ], [ 3.12, 100 ],
                     [ 2.80, 125 ] ] )
yTrain = np.array( [ 0, 0, 0, 0, 0, 1, 1, 1, 1, 1 ] )
mean = xTrain.mean( axis = 0 )              #训练数据平均值
std = xTrain.std( axis =0 )                 #训练数据方差
xTrain = normalize( xTrain, mean, std )    #归一化训练数据
xTest = np.array( [ [ 3.00, 100 ], [ 3.25, 93 ], [ 3.63, 163 ],
                    [ 2.82, 120 ], [ 3.37, 89 ] ] )
xTest = normalize( xTest, mean, std )       #归一化测试数据
yTest = np.array( [ 1, 0, 1, 1, 1 ] )
def euclidean_distance( x, y ) :    #计算欧氏距离，x 和 y 是两个维度相同的 NumPy 向量
    diff = x - y                # [ x1 - y1, x2 - y2 ]
    diff_2 = diff ** 2          # [ ( x1 - y1 ) ** 2, ( x2 - y2 ) ** 2 ]
    summ = np.sum( diff_2 )     # ( x1 - y1 ) ** 2 + ( x2 - y2 ) ** 2
    dist = summ ** 0.5          #  [ ( x1 - y1 ) ** 2 + ( x2 - y2 ) ** 2 ] ** 0.5
    return dist
def knn_classifier( input, trains, classes, k = 3 ) : #K-近邻分类器
    #input 是一个待预测的输入样例，trains 是所有的有标记的训练数据
    #classes 是 trains 对应的类别
    dists = [ ]
    for i in range( len( trains ) ):     #对同一个输入样例计算其与所有训练数据的距离
                                         #保存坐标和距离值，用于排序
        dists.append( [ i, euclidean_distance( input, trains[ i ] ) ] )
    dists.sort( key = lambda x: x[ 1 ] ) #对列表按距离进行排序
    #统计前 k 个近邻的类别数量
    class_counts = { }                            #以类别作为 key，以类别数量作为 value
    for i in range( k ) :
        neighbor_index = dists[ i ] [ 0 ]
        class_ = classes[ neighbor_index ]
        if class_ not in class_counts:
            class_counts[ class_ ] = 0       #第一次出现，先赋值为 0
        class_counts[ class_ ] += 1
    #找最大值
    max_label_count = 0
    for class_ in class_counts:
        if max_label_count < class_counts[ class_ ]:
            max_label_count = class_counts[ class_ ]
            predicted_class = class_
    return predicted_class
#对每个输入样例进行类别预测
print( "预测类别是: ", end = " " )
for test1 in xTest:
    predicted_class = knn_classifier( test1, xTrain, yTrain, k = 6 )
    print( predicted_class, end = " " )
print( "实际类别是: ", yTest )
```

代码运行后，得到如下输出结果：

预测类别是: 1 1 0 1 1 实际类别是: [1 0 1 1 1]

从输出结果可以看出，有两个输入样例的预测类别是错误，因此正确率是 0.6、精准率是

0.75、召回率是 0.75，要高于第 4 章逻辑斯蒂分类的结果。虽然 K-近邻分类方法直观、简单，但是其分类效果较好，在许多现实问题中，会首先尝试用 K-近邻分类方法作为基准方法。

在以上代码中，K 值设置为 6，即对每个输入样例取最近的前 6 个邻居中占多数的类别为预测类别。

思考：不同的 K 值可能会导致不同的分类结果。将以上代码中的 K 值分别设置为 1 到 10，运行代码观察分类结果，说明哪个 K 值能达到最佳的分类效果，为什么？

注意：在代码 6.1 中，计算了输入样例与每一个训练数据的距离，这种方法是 K-近邻分类算法的最简单实现，称作"线性扫描法"，又称"暴力法"；当训练集很大时，暴力法是不可行的，因为该方法非常耗时；只有当训练集规模较小时，才适合用暴力法求解。

6.2.3 K-近邻分类模型的 3 个基本要素

K-近邻分类模型有 3 个基本要素，分别是：**距离度量**、**K 值**、**分类决策规则**。在以上例子中，距离度量采用欧氏距离，K 值设置为 6，分类决策规则采用"多数表决法"。对于 K-近邻分类，当训练集、距离度量、K 值及分类决策规则确定后，对于任何一个新的输入样例，其所属的类别也就确定了。

（1）距离度量

除了常用的欧氏距离之外，更为一般的距离度量是 L_p 距离或闵可夫斯基距离，其形式化定义如下所示：

$$L_p(\boldsymbol{x}, \boldsymbol{y}) = \sqrt[p]{|x_1 - y_1|^p + |x_2 - y_2|^p + \cdots + |x_{d-1} - y_{d-1}|^p + |x_d - y_d|^p} \tag{6.2}$$

或

$$L_p(\boldsymbol{x}, \boldsymbol{y}) = \left(\sum_{i=1}^{d} |x_i - y_i|^p \right)^{\frac{1}{p}} \tag{6.3}$$

以上公式中 $\boldsymbol{x}$ 和 $\boldsymbol{y}$ 是有 d 个特征的数据，并且 $p \geq 1$。当 $p = 2$ 时，即是欧氏距离；当 $p = 1$ 时，是曼哈顿距离。在 $d = 2$（二维）的情况下，曼哈顿距离就是两个点在 x 轴和 y 轴上的差距之和。曼哈顿距离是生活中常见的距离计算方法。例如，在图 6.1 所示的中国象棋棋盘中，两个棋子的曼哈顿距离就是两个棋子横向走和纵向走能互相到达的距离，该图中圈出的红兵至少要走 6 步才能吃到圈出的黑象，6 即两者间的"曼哈顿距离"。

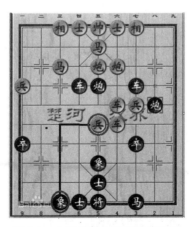

图 6.1 中国象棋中的曼哈顿距离

当 $P = \infty$ 时，闵可夫斯基距离就变成了各个坐标距离的最大值，即

$$L_\infty(\boldsymbol{x}, \boldsymbol{y}) = \max_{i=1}^{d} |x_i - y_i|$$

对于 K-近邻分类来说，不同的距离度量所确定的最近邻居是不同的，例如，已知有 3 个训练数据 $\boldsymbol{x} = (1, 1)$、$\boldsymbol{y} = (5, 1)$、$\boldsymbol{z} = (4, 4)$，当 $p = 1$ 或 $p = 2$ 时，$\boldsymbol{y}$ 是 $\boldsymbol{x}$ 的最近邻居，当 $p = 3$ 时，$\boldsymbol{z}$ 是 $\boldsymbol{x}$ 的最近邻居，具体计算过程请根据距离公式计算。

除了闵可夫斯基距离以外，其他常用的距离度量有 **"余弦相似度"**，其计算公式如下：

$$\cos ine(\boldsymbol{x}, \boldsymbol{y}) = \frac{\sum_{i=1}^{d} x_i \cdot y_i}{\sqrt{\sum_{i=1}^{d} x_i^2} \cdot \sqrt{\sum_{i=1}^{d} y_i^2}} \tag{6.4}$$

余弦相似度用向量空间中两个向量夹角的余弦值作为衡量两个数据间差异的大小。相比闵可夫斯基距离度量，余弦相似度更加注重两个向量在方向上的差异，而非距离或长度上的差异。

（2）K 值

通过上一小节的例子，我们可以初步观察到 K 值对 K-近邻分类会有重大影响。

如果选择较小的 K 值，只有与输入样例较近的训练数据才会起作用，其他训练数据会因为距离远而没有"投票权"，不能起作用。其缺点是预测结果对近邻非常敏感，如果近邻恰巧是噪声，预测就会出错，因此 K 值的减小意味着容易发生过拟合。

如果选择较大的 K 值，具有"投票权"的训练数据会增多，可能导致与输入样例不怎么相似的训练数据也会起作用，使得预测发生错误。极端情况下，如果 $K = M$（训练数据总量），则无论输入样例是什么，都将简单地预测为训练集中数量最多的那个类别。

在实际应用中，K 值一般取一个较小的数值，我们可以通过多次实验确定较好的 K 值。

（3）分类决策规则

K-近邻分类最常用的决策规则是"多数表决法"，即由 K 个最靠近的训练数据中的多数类决定输入样例的类别。此外，邻居的投票权重还可以根据距离进行加权，越近的邻居所起的作用越大，距离远的邻居的投票权重就小一些。

6.2.4 基于 scikit-learn 库实现 K-近邻分类算法

scikit-learn 库提供了用于进行 K-近邻分类的类，名为 sklearn.neighbors.NearestNeighbors，该类提供了自动实现 K-近邻分类的方法，只需要提供训练数据和训练标签，就可以对输入样例的类别进行预测。使用 NearestNeighbors 进行 K-近邻分类的一般步骤如下。

第一步：创建 NearestNeighbors 对象时，model = NearestNeighbors(n_neighbors, algorithm, metric)，需要指定 n_neighbors、algorithm、metric 等参数。

- n_neighbors 参数是需要手动指定的 K 值。
- algorithm 参数表示 K-近邻分类的实现算法，有如下 3 种选择。
  - "brute"：暴力法。
  - "kd_tree"：K-D 树。
  - "ball_tree"：在一系列嵌套的超球体上分割数据，用于改进 K-D 树的二叉树结构。
- metric 参数表示 K-近邻分类的距离计算方法，可选项如下。

- "minkowski"：闵可夫斯基距离（默认值）。
- "euclidean"：欧氏距离。
- "manhattan"：曼哈顿距离。
- "cosine"：余弦距离。

第二步：拟合模型，使用语句 model.fit(trainData)。

第三步：对输入样例进行预测，distances, indices = model.kneighbors(testData)，其中 distances 是 K 个最近邻训练数据到输入样例的距离，indices 是对应数据在训练集中的索引。

以下代码 6.2 以预测房屋是否好卖预测问题为例，演示使用 scikit-learn 库的 NearestNeighbors 类进行 K-近邻分类的方法。

```
#代码6.2 使用scikit-learn类库对房屋是否好卖进行预测
import numpy as np
from sklearn.neighbors import NearestNeighbors
def normalize( X, mean, std ) :                    #对数据进行归一化的函数
    return( X-mean ) / std
xTrain = np.array( [ [ 3.32, 94 ], [ 3.05, 120 ], [ 3.70, 160 ],
                     [ 3.52, 170 ], [ 3.60, 155 ], [ 3.36, 78 ],
                     [ 2.70, 75 ], [ 2.90, 80 ], [ 3.12, 100 ],
                     [ 2.80, 125 ] ] )
yTrain = np.array( [ 0, 0, 0, 0, 0, 1, 1, 1, 1, 1 ] )
mean = xTrain.mean( axis = 0 )                     #训练数据平均值
std = xTrain.std( axis = 0 )                       #训练数据方差
xTrain = normalize( xTrain, mean, std ) #归一化训练数据
xTest = np.array( [ [ 3.00, 100 ], [ 3.25, 93 ], [ 3.63, 163 ],
                    [ 2.82, 120 ], [ 3.37, 89 ] ] )
xTest = normalize( xTest, mean, std )     #归一化测试数据
yTest = np.array( [ 1, 0, 1, 1, 1 ] )
#创建模型，使用暴力法实现K-近邻分类算法
model = NearestNeighbors( n_neighbors = 3, algorithm = "brute", metric =
        "euclidean" )
model.fit( xTrain )
distances, indices = model.kneighbors( xTest )
print( "最近邻的索引是: ", indices )
print( "对应的最近K个类别是: ", yTrain[ indices ] )
```

代码 6.2 运行后，得到如下输出结果：

```
最近邻的索引是:
[[8 1 7]  [0 8 5]  [2 4 3]  [9 1 8]  [0 5 8]]
对应的最近K个类别是:
[[1 0 1]  [0 1 1]  [0 0 0]  [1 0 1]  [0 1 1]]
```

在代码 6.2 中，K 值设置为 3，算法采用暴力法（即与所有的训练数据计算距离）实现，距离度量采用欧氏距离。代码输出了每个输入样例到它们最近的 3 个训练数据的距离和对应数据的索引。请读者自行编程，对每个输入样例计算其占多数的类别并计算精准率和召回率。

6.2.5 K-近邻分类算法的优缺点分析

为了提高 K-近邻搜索的效率，我们可以考虑用特殊的结构存储训练数据，以减少计算距离的次数。K-D 树就是这样的方法，这是一种类似于二叉查找树的数据结构，每个训练数据

都存储在这个数据结构中。在查找数据时，采用类似于中序遍历的算法。K-D 树搜索的平均复杂度为 $O(\log m)$，其中 m 为训练数据总量。K-D 树适用于 $m \gg d$ 的情况，其中 d 是特征数量，当 d 很大时，K-D 树的搜索性能将急剧下降。

K-近邻分类算法的优点如下：

- 简单易实现；
- 精度较高，对异常值不太敏感；
- 适合于多分类的情况。

K-近邻分类算法的缺点是计算时间复杂度高，空间复杂度也高。

以下代码 6.3 以手写体阿拉伯数字识别为例，演示使用 scikit-learn 进行多类别 K-近邻分类，训练数据和测试数据与第 4 章的相同。

```python
#代码 6.3 使用 scikit-learn 的 NearestNeighbors 类实现对手写体数字识别的 K-近邻分类
import numpy as np
from sklearn.neighbors import NearestNeighbors #导入类库
import time
#加载训练数据
trains = np.loadtxt( "arab_digits_training.txt", delimiter = "\t" )
trainX = trains[ :, 1: ]                          #第 0 列是标签
trainY = trains[ :, 0 ]
K = 3 #设置 K 值
t1 = time.time() #获取当前时间, 其值是 1970 年 1 月 1 日 0 时起到当前所经过的秒数
model = NearestNeighbors( n_neighbors = K, algorithm = "kd_tree" )
model.fit( trainX )
#加载测试数据
tests = np.loadtxt( "arab_digits_testing.txt", delimiter = "\t" )
testX = tests[ :, 1: ]                            #第 0 列是标签
testY = tests[ :, 0 ]
#开始预测
indices = model.kneighbors( testX, return_distance = False )
pred_test = np.zeros( np.shape( testX ) [ 0 ] )
#np.shape(testX)[0]是测试数据个数
t2 = time.time()
print("花费时间: {}秒".format( t2 - t1 ) )
for i in range( np.shape( testX ) [ 0 ] ) :
    class_counts = { }
    for index in indices[ i ] :#indices[i]是第 i 个输入样例的 K 个近邻的索引
        class_ = trainY[ index ]
        if class_ not in class_counts :
            class_counts[ class_ ] = 0           #第一次出现时设置为 0
        class_counts[ class_ ] += 1              #出现一次加 1
    max_count = 0
    for class_ in class_counts :
        if max_count < class_counts[ class_ ] :
            pred_test[ i ] = class_
            max_count = class_counts [ class_ ]
errors = np.count_nonzero( testY - pred_test )
print("预测错误数是: {}/{}".format( errors, np.shape( tests ) [ 0 ] ) )
```

以上代码采用 K-D 树实现 K-近邻分类算法，距离度量采用默认的闵可夫斯基距离，运行后，输出结果如下：

花费时间：5.872094631195068 秒
预测错误数是：30/500

从输出结果可见，预测错误数要低于第 4 章的逻辑斯蒂分类，进一步证明了 K-近邻分类算法尽管简单，却是一种有效的分类方法。本例的训练数据总量为 5000，特征数量为 784，训练数据总量大于特征数量，使用 K-D 树进行近邻搜索耗费了将近 6 秒。如果把模型对象创建代码中的 algorithm = "kd_tree"改为 algorithm = "brute"，即改为采用暴力法，运行后耗费的时间是 0.4852738380432129 秒，低于采用 K-D 树所耗费的时间。这说明本例还不是非常适合用 K-D 树进行近邻搜索，还不满足"训练数据总量远大于特征数量"的 K-D 树使用条件。读者可以试着增加训练数据数量或者减少特征数量，看看什么情况下使用 K-D 树的运行时间会小于使用暴力法的运行时间。

6.3　K-均值聚类

6.3.1　K-均值聚类算法的定义

K-均值聚类也称 K-Means 聚类，是一种"无监督"的机器学习方法。所谓无监督学习，一般指的是在训练数据没有人工标签的情况下进行机器学习，挖掘存在于数据中的信息。人工标签是一种很强的"监督"信息，包含人类的知识。第 3 章的线性回归、第 4 章的逻辑斯蒂分类、本章的 K-近邻分类等，均需要依赖有标签的训练数据进行学习，是"有监督"的机器学习方法。然而，人工标签的获取成本是昂贵的，在许多情况下也不存在人工标签。因此，不依赖于人工标签的无监督学习方法就有了用武之地。本节介绍最基础、也是最常用的无监督学习方法——K-均值聚类。

K-均值聚类是基于划分数据集的聚类算法。K-均值聚类的数据集没有人工标记的类别标签，需要在计算过程中**根据数据间的距离**将数据集划分为 *K* 个子集。其中，每个子集代表一个类别，每个类别有一个"中心"，这个中心的"坐标"是所有属于该类别的数据的平均值；数据与类别的距离可以通过计算数据与类别中心的距离得到，每个数据所属的类别是与该数据最近的类别。

K-均值聚类算法的计算过程是一个动态迭代直至收敛的过程：类别"中心"的坐标根据属于该类别的数据坐标获得,如果属于该类别的数据发生变化则该类别的中心也会相应变化；数据所属类别又是根据其与类别中心距离而定的，因此类别中心坐标变了后，数据到类别中心的距离也会变化；该动态过程最终会收敛到一个稳定状态。

以图 6.2 为例，该图演示了 K-均值聚类的一般步骤，说明如下：

- 给定没有类别标签的数据集，每个圆点表示数据集中的一个数据；
- 设置 *K* 值为 2，随机初始化两个类别的"中心"坐标，以"十"字表示类别中心；
- 计算每个数据到这两个类别中心的距离，将各个数据归类为与之最近的类别，以三角形和菱形分别表示不同类别的数据；
- 重新计算两个类别的中心，即各类别中所有数据的平均值；
- 根据新的类别中心，重新计算各个数据到新中心的距离，并分类为与之最近的新中心的类别；
- 重新计算两个类别的中心，达到稳定状态后聚类结束。

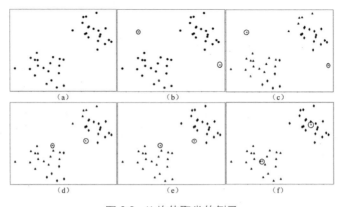

图 6.2　K-均值聚类的例子

下面，先自定义程序实现 K-均值聚类以理解算法的具体原理和过程，再采用 scikit-learn 库实现 K-均值聚类。

6.3.2　自定义程序实现 K–均值聚类算法

将以上过程用 Python 实现，如代码 6.4 所示，读者可登录人邮获取数据。

```python
#代码6.4 自定义程序实现K-均值聚类算法
import numpy as np
import matplotlib.pyplot as plt
#计算两点距离为欧氏距离
def distance( x1, x2 ) :
    return np.sum( ( x1 - x2 ) ** 2 ) ** 0.5
#计算数据x到各个中心的距离，将x分类为最近的类别
def classify_one_example( x, centers ) :
    min_i = 0
    min_dist = 99999
    for i in range( len( centers ) ) :
        center = centers [ i ]
        if distance( x, center ) < min_dist :
            min_i = i
            min_dist = distance( x, center )
    return min_i, min_dist
#重新计算各个数据所属类别
def re_classify_examples( X, example_bags, centers ) :
    for example_bag in example_bags :       #每个example_bag对应一个类别
        example_bag.clear()                  #先清空
    new_cost = 0
    for x in X:
        index, dist = classify_one_example( x, centers )
        example_bags[ index ].append( x )
        new_cost += dist
    return new_cost / len( X )               #表示各个数据到所属类别的平均距离
def cal_centers( example_bags, centers ) :
    for i in range( len( example_bags ) ) :
        centers[i] = np.mean( example_bags[ i ], 0 )
K = 2
example_bags = [ [ ] for _ in range( K ) ]
X = np.loadtxt( "cluster.txt", delimiter = "\t" )
centers = np.array( [ [ -1.0, 4.0 ], [ 5.5, 0.5 ] ] )
max_iter = 50                                #最大迭代次数
cost = 99999                                 #初始误差
```

```
for i in range( max_iter ) :
    new_cost = re_classify_examples( X, example_bags, centers )
    cal_centers( example_bags, centers )
    if np.abs( new_cost - cost ) < 1E-5 :
#如果两次相邻的迭代变化不大, 则停止聚类计算
        break
    cost = new_cost
print( "迭代次数: ", I )
print( "最小平均距离: ", new_cost )
plt.figure()
example_bags = [ np.array( example_bag ) for example_bag in example_bags ]
plt.plot( example_bags[ 0 ] [ :, 0 ], example_bags[ 0 ] [ :, 1 ], 'k^' )
plt.plot( example_bags[ 1 ] [ :, 0 ], example_bags[ 1 ] [ :, 1 ], 'kd' )
plt.plot( centers[ :, 0 ], centers [ :, 1 ], 'k+' )
plt.show ()
```

以上代码运行后输出如下文本结果, 绘制的图与图 6.2（f）相同。

迭代次数: 3
最小平均距离: 1.2346772336828284

代码 6.4 的实现过程如下。

- 定义计算两个数据欧氏距离的函数 distance()。

- 定义一个为单个数据选择最近类别的函数 classify_one_example()，该函数计算单个数据到各个类别中心的距离，返回与该数据距离最近的中心所属的类别，并返回两者的距离。

- 定义一个为所有数据重新分配类别的函数 re_classify_examples()，该函数有 3 个参数 X、example_bags、centers。X 是所有数据的集合，行数表示数据的数量，列数表示特征的数量；example_bags 是一个列表的列表，每个类别对应列表中的一个列表元素，包含所有属于该类别的数据编号；centers 是所有类别的中心坐标列表。

- 定义一个重新计算类别中心的函数 cal_centers()，根据上一个函数重新选择类别后的数据，重新计算各个类别的中心，其参数分别是 example_bags 和 centers。

- 设置 K 值为 2，加载数据并设置各类别初始中心坐标。

- K-均值聚类是一个动态过程，会进行多次重新分类 re_classify_examples() 和重新计算类别中心 cal_centers() 的过程，只要连续两次聚类的差距小于某个值，则认为聚类达到稳定状态，停止迭代。

K-均值聚类的时间复杂度是 $O(iter\_count \times m \times k \times d)$，其中 iter_count 是迭代次数，$m$ 是训练数据总数，k 是设置的类别个数，d 是特征个数。

6.3.3 基于 scikit-learn 库实现 K-均值聚类算法

scikit-learn 库包括两个 K-均值聚类算法: 一个是传统的 K-均值聚类算法, 对应的类是 KMeans; 另一个是基于采样的 Mini Batch K-均值聚类算法, 对应的类是 MiniBatchKMeans。这两个类所在包都是 sklearn.cluster。MiniBatchKMeans 类继承自 KMeans 类，适用于大数据量的场景中，其大致思想是对数据进行抽样，每次不使用所有的数据来计算，本质上还是利用了 KMeans 的思想。本节采用 KMeans 类，其构造方法和主要属性方法说明如下。

（1）构造方法说明

```
from sklearn.cluster import KMeans
model = KMeans( n_clusters, max_iter = 300, n_init = 10,
    init = "k-means++", algorithm = "auto" )
```

- n_clusters：*K* 值，一般需要多试一些值以获得较好的聚类效果。
- max_iter：最大迭代次数，默认值是 300。
- n_init：用不同的初始化聚簇"中心"运行算法的次数，默认值是 10，一般不需要改。

由于 K-均值聚类的结果可能受初始值影响而达到局部最优，因此需要多运行几次以选择一个较好的聚类结果，当 *K* 值较大时，可以适当增大这个值。

- init：初始值选择的方式，包括随机选择"random"、优化过的"k-means++"或自己指定初始化的 *K* 个中心，一般建议使用默认的"k-means++"。
- algorithm：有"auto""full"和"elkan"3 种选择，默认值是"auto"。"full"就是传统的 K-均值聚类算法："elkan"是 elkan K-均值聚类算法；"auto"根据数据值是否稀疏来决定如何选择"full"和"elkan"，如果数据是稠密的就选择"elkan"，否则选择"full"。

（2）主要属性方法说明

- fit_predict(x)：用训练数据 x 拟合分类器模型并进行预测。
- cluster_centers_：质心坐标。

代码 6.5 是采用 KMeans 类进行聚类的代码。首先创建 KMeans 对象 model，需要指定 n_clusters 参数值，也就是 *K* 值；然后调用该对象的 fit_predict() 函数，对 X 进行聚类，返回各个数据对应的类别，并保存在 y_pred 变量中，该变量是一个 NumPy 向量；最后绘制聚类后的数据点。代码中，X[y_pred＝0,0]选择所有类别为 0 的数据的第 0 个特征值，X[y_pred＝1, 1]选择所有类别为 1 的数据的第 1 个特征值。

```
#代码 6.5 使用 scikit-learn 库 KMeans 类实现 K-均值聚类算法
import numpy as np
import matplotlib.pyplot as plt
from sklearn.cluster import KMeans
X = np.loadtxt( "cluster.txt", delimiter = "\t" )
model = KMeans( n_clusters = 2 )
y_pred = model.fit_predict( X )
plt.plot( X[ y_pred == 0, 0 ], X[ y_pred == 0, 1 ], 'k^' )
#绘制类别为 0 的数据点
plt.plot( X[y_pred == 1, 0 ], X[ y_pred == 1, 1 ], 'kd' )
#绘制类别为 1 的数据点
plt.show()
```

本章小结

本章介绍了 K-近邻分类的定义与实现，以及 K-均值聚类的定义与实现。通过对本章的学习，读者应该对 K-近邻分类算法和 K-均值聚类算法有了一个基本的了解，并掌握了使用 Python 语言实现 K-近邻分类算法和 K-均值聚类算法的基本方法。

课后习题

一、选择题

1. 下列关于 K-近邻分类与 K-均值聚类算法的描述，正确的是（　　）。

A．K-近邻分类是分类算法，K-均值聚类是聚类算法

B．它们都是有监督学习

C．它们都是在数据集中找离它最近的点

D．它们都有明显的前期训练过程

2．下列关于分类算法与聚类算法的描述，正确的是（　　　）。

A．分类算法是有监督的

B．聚类算法是有监督的

C．分类算法是无监督的

D．聚类算法肯定比分类算法的计算量小

3．下列的距离度量不属于闵可夫斯基距离的是（　　　）。

A．曼哈顿距离　　　　　B．欧氏距离　　　　C．余弦相似度　　　　D．切比雪夫距离

4．下列关于 K-近邻分类和 K-均值聚类的 K，说法正确的是（　　　）。

A．K-近邻分类的 K 指的是 K 个最近的类别

B．K-均值聚类的 K 指的是进行 K 次迭代

C．K-均值聚类的 K 指的是 K 个最近的类别

D．K 值不同，分类、聚类结果也不同

二、填空题

1．scikit-learn 库用于进行 K-近邻分类的类名是_____，用于进行 K-均值聚类的类名是_____。

2．K-近邻分类模型的 3 个基本要素是_____、_____、_____。

3．K-近邻分类最常用的决策规则是_____。

4．请例举 3 种距离度量：_____、_____、_____。

5．K-均值聚类算法的计算过程是一个动态迭代直至_____的过程，类别的中心坐标根据属于该类别的数据坐标而确定，数据所属类别根据与_____的距离而定，最终会收敛到一个_____状态。

三、编程题

1．请使用余弦相似度作为距离度量，修改代码 6.1，运行后说明使用不同距离度量的输出结果的不同之处。

2．分类决策规则一般采用"多数表决制"，但是距离不同的邻居所起的作用是不同的，请重新编写代码 6.1，对距离不同的邻居采取不同的决策权重（例如采用距离的倒数）。

3．修改代码 6.3，采用自定义程序的方式实现 K-近邻分类算法对手写体数字进行识别。

4．K-均值聚类算法练习：现有若干鸢尾花的数据，每朵鸢尾花有 4 个数据，分别为萼片长、萼片宽、花瓣长度和花瓣宽（单位均为厘米）。编写代码，使用 K-均值聚类算法将这些鸢尾花分成若干类，让分类尽可能准确，以便帮助植物专家对这些花进行进一步的分析。读者可登录人邮教育社区获取数据。

第 7 章 朴素贝叶斯分类及其 Python 实现

学习目标：

- 理解和掌握朴素贝叶斯分类的定义；
- 掌握朴素贝叶斯分类的 Python 实现方法；
- 了解连续型特征值问题的朴素贝叶斯分类。

7.1 贝叶斯分类简介

在日常生活中，人们会根据一些常识和固有印象对事物"贴标签"。例如小品《卖拐》中有句经典的台词："头大脖子粗，不是大款就是伙夫"，此处"头大"和"脖子粗"是两个特征，"大款"和"伙夫"是两个类别。再比如，四川人喜欢吃辣，东北人都是活雷锋，上海人喜欢吃甜，山西人喜欢喝醋，广东人普通话不标准，内蒙古人都住蒙古包且会骑马等。不过尽管这些固有印象很重要，但通常是以偏概全并不准确。

举个简单的例子：假定某地的农民与程序员的比例是 20∶1，小王是当地的一名男性，他性格腼腆，做事认真细心，那么小王是农民还是程序员？

如果没有认真考虑总体比例，根据固有印象，很容易误认为小王是程序员，因为"男性""性格腼腆""做事认真细心"等是人们对程序员的印象。然而，事实上，小王更有可能是一位农民。针对这一问题，可以用以下的贝叶斯方法计算小王是农民或程序员的概率。

设 $P(腼腆|农民) = 0.1$ 表示农民群体中拥有"性格腼腆、做事认真"这种特点的人所占的比例（概率）；$P(腼腆|程序员) = 0.4$ 表示程序员群体中拥有这种特点的人所占的比例（概率）；某地总共有 1000 人，其中农民 950 人，程序员 50 人，即 $P(农民) = 0.95$，$P(程序员) = 0.05$。以上的概率被称为**"先验概率"**，往往作为"由因求果"问题中的"因"出现的概率。判断小王是农民还是程序员的概率分别是如下条件概率：

$$P(农民|腼腆) = \frac{P(农民,腼腆)}{P(腼腆)} = \frac{P(腼腆|农民)P(农民)}{P(腼腆)} = \frac{0.1 \times 0.95}{P(腼腆)} = \frac{0.095}{P(腼腆)}$$

$$P(程序员|腼腆) = \frac{P(程序员,腼腆)}{P(腼腆)} = \frac{P(腼腆|程序员)P(程序员)}{P(腼腆)} = \frac{0.4 \times 0.05}{P(腼腆)} = \frac{0.02}{P(腼腆)}$$

以上的两个条件概率可称为**"后验概率"**。后验概率是指在得到"结果"的信息后重新修正的概率，是"执果寻因"问题中的"果"。先验概率与后验概率有不可分割的联系，后验概

134

率的计算要以先验概率为基础。上例中，由于分母相同，根据分子即可判断各概率大小，可知小王是农民的概率要大于是程序员的概率，这与根据固有印象做出的判断是不同的。

实际上，分母中的 $P(脑䏴)$ 也是可以根据**全概率公式**从已有条件计算如下：

$$P(脑䏴) = P(脑䏴, 农民) + P(脑䏴, 程序员)$$
$$= P(脑䏴 | 农民)P(农民) + P(脑䏴 | 程序员)P(程序员)$$
$$=0.115$$

上例演示了**贝叶斯分类**的具体过程。该例中特征只有一个，类别有两个，是一种最简单的情况。然而实际情形更为复杂，数据一般有多个特征，各个特征之间也有关联（即从概率角度来说是非独立的），类别也可能有多个。如果假设特征与类别之间是条件独立的，即 $P((x_1 = 1, x_2 = 2) | y = c_1) = P(x_1 = 1 | y = c_1)P(x_2 = 2 | y = c_1)$，这就是**朴素贝叶斯分类**，以解决多特征多类别情况下的贝叶斯分类问题。

接来下对朴素贝叶斯分类进行形式化定义与推导，并用两个例子演示如何用 Python 实现朴素贝叶斯分类。

7.2 朴素贝叶斯分类的定义、推导与建模

7.2.1 定义与推导

对于一个分类问题，设输入样例 x 有 d 个特征，表示为 $x = \{x_1, x_2, \cdots, x_{d-1}, x_d\}$，其中 d 是特征数量；所属类别 y 有 K 个可能的取值，分别为 $c_1, c_2, \cdots, c_K$；则根据贝叶斯公式，输入样例 x 属于类别 c_k 的概率为：

$$P(y = c_k | x) = \frac{P(x | y = c_k)P(y = c_k)}{P(x)}$$

$$= \frac{P(\{x_1, x_2, x_3, \cdots, x_d\} | y = c_k)P(y = c_k)}{P(x)}$$

$$= \frac{P(x_1 | y = c_k, x_2 | y = c_k, x_3 | y = c_k, \cdots, x_d | y = c_k)P(y = c_k)}{P(x)} \tag{7.1}$$

式(7.1)计算得到 d 个特征的条件联合概率。根据定义，**朴素贝叶斯分类假定数据各个特征是相互条件独立的**（以类别为条件）。在该假设前提下，可以运用贝叶斯定理进一步分解上述的最后一个式子。

（1）计算分子

式(7.1)的分子部分可以分解如下：

$$P(x_1 | y = c_k, x_2 | y = c_k, x_3 | y = c_k, \cdots, x_d | y = c_k)P(y = c_k)$$
$$= P(x_1 | y = c_k)P(x_2 | y = c_k)P(x_3 | y = c_k) \cdots P(x_d | y = c_k)P(y = c_k)$$
$$= P(y = c_k)\prod_{i=1}^{d} P(x_i | y = c_k)$$

这样分解的好处是，分解后各部分的概率比分解前的联合概率更容易从训练数据中求得。例如，在所有程序员中求同时满足男性、性格腼腆、喜欢玩游戏、喜欢吃火锅条件的人员比例。由于同时满足要求的人员数量非常少，甚至很难找到，但不代表这样的人员不存在。我们可以按朴素贝叶斯方法，将该比例分解为P(男性|程序员)×P(性格腼腆|程序员)×P(喜欢玩游戏|程序员)×P(喜欢吃火锅|程序员)，分解后的这4项分别对应有相对较大数量的训练数据，容易求得，从而根据朴素贝叶斯法计算得到同时满足4个条件的概率。

不过，这样简单分解也是有代价的。朴素贝叶斯方法的独立性假设是一个很强的假设，存在误差甚至错误，因为在很多情况下，数据的特征之间有强关联关系，相互并不独立。例如，男性一般比女性更喜欢玩游戏，因此"男性"和"喜欢玩游戏"之间就有较强的关联关系。

（2）计算分母

根据全概率公式，式(7.1)的分母部分可以计算如下：

$$\begin{aligned} P(x) &= \sum_{k=1}^{K} P(\boldsymbol{x}, y = c_k) \\ &= \sum_{k=1}^{K} P(\boldsymbol{x} \mid y = c_k) P(y = c_k) \\ &= \sum_{k=1}^{K} P(\{x_1, x_2, x_3, \cdots, x_d\} \mid y = c_k) P(y = c_k) \\ &= \sum_{k=1}^{K} P(x_1 \mid y = c_k, x_2 \mid y = c_k, x_3 \mid y = c_k, \cdots, x_d \mid y = c_k) P(y = c_k) \\ &= \sum_{k=1}^{K} P(x_1 \mid y = c_k) P(x_2 \mid y = c_k) P(x_3 \mid y = c_k) \cdots P(x_d \mid y = c_k) P(y = c_k) \\ &= \sum_{k=1}^{K} P(y = c_k) \prod_{i=1}^{d} P(x_i \mid y = c_k) \end{aligned}$$

因此，结合计算后的分子和分母，最终 x 所属类别的概率公式如式(7.2)所示。

$$P(y = c_k \mid x) = \frac{P(y = c_k) \prod_{i=1}^{d} P(x_i \mid y = c_k)}{\sum_{k=1}^{K} P(y = c_k) \prod_{i=1}^{d} P(x_i \mid y = c_k)} \tag{7.2}$$

式(7.2)中的 $P(y=c_k)$ 和 $P(x_i|y=c_k)$ 可以从训练数据中计算获得，被称为"**先验概率**"。

7.2.2 对房屋是否好卖预测案例的建模与计算

下面以表 7.1 所示的房屋售卖数据为例，演示朴素贝叶斯分类的建模与计算过程。该数据集中共有 10 个训练数据，每个数据有 3 个特征：户型、居室数、所在楼层。户型的取值是大户型、中户型、小户型；居室数的取值是 2、3、4；所在楼层的取值是低楼层、中楼层、高楼层；是否好卖是类别，只有两个取值：是、否。

现预测一个新房屋是否好卖，其特征是小户型、三居室、高楼层，用朴素贝叶斯分类可得到

$$P(y = 好卖 \mid x = \{小户型, 三居室, 高楼层\})$$

$$= \frac{P(y = 好卖) P(x_1 = 小户型 \mid y = 好卖) P(x_2 = 三居室 \mid y = 好卖) P(x_3 = 高楼层 \mid y = 好卖)}{P(x = \{小户型, 三居室, 高楼层\})}$$

$$\tag{7.3}$$

$$P(y = 不好卖 \mid x = \{小户型, 三居室, 高楼层\})$$

$$= \frac{P(y = 不好卖)P(x_1 = 小户型 \mid y = 不好卖)P(x_2 = 三居室 \mid y = 不好卖)P(x_3 = 高楼层 \mid y = 不好卖)}{P(x = \{小户型, 三居室, 高楼层\})}$$

$$(7.4)$$

表 7.1   某小区在某中介处的房屋售卖数据

数据	户型	居室数	所在楼层	是否好卖
训练数据 1	大户型	4	低楼层	是
训练数据 2	大户型	3	高楼层	是
训练数据 3	中户型	3	中楼层	是
训练数据 4	中户型	2	高楼层	是
训练数据 5	大户型	4	低楼层	否
训练数据 6	大户型	3	中楼层	否
训练数据 7	中户型	3	中楼层	是
训练数据 8	中户型	2	高楼层	否
训练数据 9	小户型	2	高楼层	是
训练数据 10	小户型	2	低楼层	否
测试数据 1	中户型	3	顶楼	否
测试数据 2	中户型	2	高楼层	否
测试数据 3	大户型	5	高楼层	是
测试数据 4	小户型	3	高楼层	是
测试数据 5	小户型	2	低楼层	否

从表 7.1 的训练数据可以计算得到

$$P(y = 好卖)\frac{6}{10}, \quad P(y = 不好卖) = \frac{4}{10};$$

$$P(x_1 = 小户型 \mid y=好卖)=\frac{1}{6}, P(x_2 = 三居室 \mid y=好卖)=\frac{3}{6}, P(x_3 = 高楼层 \mid y=好卖)=\frac{3}{6};$$

$$P(x_1 = 小户型 \mid y=不好卖)=\frac{1}{4}, P(x_2 = 三居室 \mid y=不好卖)=\frac{1}{4}, P(x_3 = 高楼层 \mid y=不好卖)=\frac{1}{4}。$$

将以上式子代入式(7.3)和式(7.4)后得到

$$P(y = 好卖 \mid x = \{小户型, 三居室, 高楼层\}) = \frac{\frac{6}{10} \times \frac{1}{6} \times \frac{3}{6} \times \frac{3}{6}}{P(x)} = \frac{\frac{1}{40}}{P(x)}$$

$$P(y = 不好卖 \mid x = \{小户型, 三居室, 高楼层\}) = \frac{\frac{4}{10} \times \frac{1}{4} \times \frac{1}{4} \times \frac{1}{4}}{P(x)} = \frac{\frac{1}{160}}{P(x)}$$

由于分母是相同的，因此 x 好卖的概率要大于不好卖的概率，该房屋根据朴素贝叶斯分类的分类结果是"好卖"。

尽管 $P(x)$ 不需要计算，但仍可以根据已知条件通过全概率公式计算如下：

$$P(x = \{小户型, 三居室, 高楼层\})$$

$$= P(y = 好卖)P(x_1 = 小户型 | y=好卖)P(x_2 = 三居室 | y=好卖)P(x_3 = 高楼层 | y=好卖)$$

$$+ P(y = 不好卖)P(x_1 = 小户型 | y=不好卖)P(x_2 = 三居室 | y=不好卖)P(x_3 = 高楼层 | y=不好卖)$$

$$= \frac{1}{40} + \frac{1}{160} = \frac{5}{160}$$

7.3 自定义程序实现朴素贝叶斯分类

本节通过自定义程序实现朴素贝叶斯分类，并根据表 7.1 的数据求解房屋是否好卖的预测问题。根据朴素贝叶斯的定义，需要计算的"先验概率"包括 $P(x_i = v_{ij}|y = c_k)$，即类别与特征之间的排列组合，以及 $P(y = c_k)$；根据这些从训练数据计算得到的先验概率，可以计算任何测试数据属于哪个类别的"后验概率"，将其归类为后验概率最大的那个类别。

7.3.1 建立特征矩阵

首先，建立特征矩阵。

数据有 3 个原始特征，包括户型特征（小户型、中户型、大户型）、居室数特征（二居室、三居室、四居室、五居室）、所在楼层特征（低楼层、中楼层、高楼层、顶楼）。为了方便后面的计算，且不失一般性，先进行特征转换。

- 户型特征转换为"户型 = 小户型""户型 = 中户型""户型 = 大户型"3 个新特征。
- 居室数特征转换为"居室数 = 2""居室数 = 3""居室数 = 4""居室数 = 5"4 个新特征。
- 所在楼层特征转换为"楼层 = 低楼层""楼层 = 中楼层""楼层 = 高楼层""楼层 = 顶楼"4 个新特征。

总共得到 11 个新特征。

每个转换后的新特征的取值是 0 或 1，例如对于表 7.1 中的第一个训练数据，转换后的特征矩阵为[0,0,1,0,0,1,0,1,0,0,0]，其中第一个 1 表示"户型 = 大户型"，第二个 1 表示"居室数 = 4"，第三个 1 表示"楼层 = 低楼层"；第二个训练数据和第三个训练数据转换后的特征矩阵分别为[0,0,1,0,1,0,0,0,0,1,0]和[0,1,0,0,1,0,0,0,1,0,0]。这种特征转换的目的是方便进行计算，且具有一般性。请对表 7.1 的所有数据（训练数据和测试数据）手动计算转换后的新特征矩阵；设计算得到的训练数据特征矩阵为 trainX。

类别的取值为 0 或 1，其中 0 表示"不好卖"，1 表示"好卖"；设训练数据对应的类别向量为 trainY。

7.3.2 计算先验概率

利用转换后的训练数据特征矩阵 trainX，计算每个特征对每个类别的"先验条件概率"以及每个类别出现的先验概率。

- 不失一般性，对于任何一个特征 fea 和一个类别值 c_1，设 fea 值为 1 且属于类别 c_1 的训练数据数量为 fea_samples_c1，属于类别 c_1 的训练数据数量为 c1_samples，则特征 fea 对类别 c_1 的先验条件概率可简单计算为：$P(\text{fea} = 1 \mid c = c_1) = \dfrac{\text{fea\_samples\_c1}}{\text{c1\_samples}}$。

- 对于一个类别 c_1，该类别出现的先验概率为：$P(c = c_1) = \dfrac{\text{c1\_samples}}{\text{n\_samples}}$，其中 n_samples 为训练数据总数。

尽管以上的先验概率计算没有错误，但存在一定缺陷，需要进行**平滑处理**和**对数化处理**才能用作下一步预测。

- 平滑处理。以上先验概率的计算存在一个缺陷：有些特征值没有在训练数据中出现过，这些特征的先验概率就没有被计算。例如表 7.1 中的 "居室数 = 5" "楼层 = 顶楼" 这两个特征，没有在训练数据中出现过，却在测试数据中出现了。在对测试数据进行概率计算时，一旦出现这样的特征，式(7.2)的分子因要进行连乘而导致概率为 0。这显然是不合理的，**特征值没有在训练数据中出现是因为训练数据量不够，没有覆盖所有的情况，并非是因为这些特征值出现的概率是 0**。因此，需要对这样的特征值预设概率，常用的方法是 "平滑处理"，进行平滑处理后，特征 fea 对类别 c_1 的先验条件概率公式一般变为：

$$P(\text{fea} = 1 \mid c = c_1) = \frac{\text{fea\_samples\_c1} + \alpha}{\text{c1\_samples} + \lambda\alpha}$$

- 当 $\alpha = 1$ 时，对应为**拉普拉斯平滑**（Laplace smoothing），这是常用的平滑处理法。
- 当 $\alpha \in (0,1)$ 时，对应为利德斯通平滑（Lidstone smoothing）。
- λ 的取值通常为特征的数量，如本例中可设 $\lambda = 11$，这是为了保证所有特征对类别 c_1 的先验条件概率之和为 1，即 $\sum_{i=1}^{d} P(\text{fea}_i = 1 \mid c = c_1) = 1$。

- 对数化处理。以上对于先验概率的计算还存在另一个缺陷：式(7.2)中的分子是多个概率值（0～1）连乘，会导致结果是一个非常小的小数，最后甚至会超出计算机浮点数的范围而无法继续计算。解决的方法是对概率取对数，即进行对数化处理，大大改善浮点运算的性能。

对式(7.2)的分子进行对数化处理：

$$\log\left[P(y = c_k) \prod_{i=1}^{d} P(x_i \mid y = c_k) \right]$$

$$= \log P(y = c_k) + \sum_{i=1}^{d} \log P(x_i \mid y = c_k)$$

因此，式(7.2)变成式(7.5)：

$$P(y = c_k \mid x) = \frac{e^{\log P(y=c_k) + \sum_{i=1}^{d} \log P(x_i \mid y=c_k)}}{\sum_{k=1}^{K} e^{\log P(y=c_k) + \sum_{i=1}^{d} \log P(x_i \mid y=c_k)}} \tag{7.5}$$

7.3.3 进行预测

根据式(7.5)，原则上需要计算 x 属于各个类别的概率，然后将 x 分类为概率最大的类别。但是这里有一些 "偷懒" 的技巧：

- 由于**最终比较**的是属于各个类别的概率大小，而对于所有的类别，式(7.5)的分母部分是固定不变的，因此只需要计算并比较分子部分就可以了；

- 对于任何一个测试数据，由于其特征值已确定，并且各个特征的 $\log P(\text{fea}_i = 1 \mid c = c_k)$ 和 $\log P(c = c_k)$ 都已在计算先验概率时计算出来了，因此只需要做简单的对数加法运算即可计算出分子部分。

下面以表 7.1 的测试数据 1 为例介绍预测流程（以编程思路展开，便于理解下一小节的代码）。

① 此时 x = np.array([0,1,0, 0,1,0,0, 0,0,0,1])。

② 设 prob_fea0 为一个包含 11 个元素的向量，其中各个元素表示对应的特征对类别 0 的先验条件概率的对数值；prob_c0 是类别 0 在整个训练集中所占的比例，即类别 0 出现的先验概率。

③ 设 prob_fea1 为一个包含 11 个元素的向量，其中各个元素表示对应的特征对类别 1 的先验条件概率的对数值；prob_c1 是类别 1 在整个训练集中所占的比例，即类别 1 出现的先验概率。

④ 因此，x 属于类别 0 的概率计算公式的分子部分是 x.dot(prob_fea0) + prob_c0，x 属于类别 1 的概率计算公式的分子部分是 x.dot(prob_fea1) + prob_c1，比较两者大小即可确定所属类别。

7.3.4 Python 编程实现

代码 7.1 使用 Python 自定义程序实现 7.3.1～7.3.3 小节介绍的步骤。

```python
#代码 7.1  自定义程序实现朴素贝叶斯分类求解房屋是否好卖预测问题
import numpy as np
trainX = np.array( [ [ 0, 0, 1, 0, 0, 1, 0, 1, 0, 0, 0 ],
                     [ 0, 0, 1, 0, 1, 0, 0, 0, 0, 1, 0 ],
                     [ 0, 1, 0, 0, 1, 0, 0, 0, 1, 0, 0 ],
                     [ 0, 1, 0, 1, 0, 0, 0, 0, 0, 1, 0 ],
                     [ 0, 0, 0, 0, 0, 1, 0, 1, 0, 0, 0 ],
                     [ 0, 0, 1, 0, 0, 0, 0, 0, 1, 0, 0 ],
                     [ 0, 1, 0, 0, 1, 0, 0, 0, 1, 0, 0 ],
                     [ 0, 1, 0, 1, 0, 0, 0, 0, 0, 1, 0 ],
                     [ 1, 0, 0, 1, 0, 0, 0, 0, 0, 1, 0 ],
                     [ 1, 0, 0, 1, 0, 0, 0, 1, 0, 0, 0 ] ] )
trainY = np.array( [ 1, 1, 1, 1, 0, 0, 1, 0, 1, 0 ] )
n_samples, n_features = np.shape( trainX )    #训练数据数和特征数
def train( X, Y ) :
    c0_samples = c1_samples = n_features      #属于类别 0 和类别 1 的数据计数
    fea_samples0 = np.ones( [ n_features ] )   #各个特征出现在类别为 0 的数据计数
    fea_samples1 = np.ones( [ n_features ] )   #各个特征出现在类别为 1 的数据计数
    for i in range( len( trainY ) ) :
        if trainY[ i ] == 0 :    #如果类别为 0
            fea_samples0 += trainX[ i ]
            c0_samples += 1
        else:                    #如果类别为 1
            fea_samples1 += trainX[ i ]
            c1_samples += 1
```

```
#计算各个特征对类别 0 的先验条件概率 P(fea|0)，并取对数
prob_fea0 = np.log( fea_samples0 / ( c0_samples + 1 ) )
#计算各个特征对类别 1 的先验条件概率 P(fea|1)，并取对数
prob_fea1 = np.log( fea_samples1 / ( c1_samples + 1 ) )
prob_c0 = np.log( c0_samples / n_samples ) #计算 P(0)，并取对数
prob_c1 = np.log( c1_samples / n_samples ) #计算 P(1)，并取对数
return prob_fea0, prob_fea1, prob_c0, prob_c1
prob_fea0, prob_fea1, prob_c0, prob_c1 = train( trainX, trainY )
testX = np.array ( [ [ 0, 1, 0, 0, 1, 0, 0, 0, 0, 0, 1 ],
                     [ 0, 1, 0, 1, 0, 0, 0, 0, 0, 1, 0 ],
                     [ 0, 0, 1, 0, 0, 0, 1, 0, 0, 1, 0 ],
                     [ 1, 0, 0, 0, 1, 0, 0, 0, 0, 1, 0 ],
                     [ 1, 0, 0, 1, 0, 0, 0, 1, 0, 0, 0 ] ] )
testY = np.array( [ 0, 0, 1, 1, 0 ] )
def classify( X, prob_fea0, prob_fea1, prob_c0, prob_c1 ) :
    p0 = X.dot( prob_fea0 ) + prob_c0   #由于概率已转为对数形式，因此采用加法
    p1 = X.dot( prob_fea1 ) + prob_c1
    return p1 > p0   #属于类别 1 的概率大则属于类别 1，否则属于类别 0
print( classify( testX, prob_fea0, prob_fea1, prob_c0, prob_c1 ) )
```

预测结果如下所示，其中 True 表示类别 1，False 表示类别 0，与实际测试数据类别 testY 相比，错了 2 个，对了 3 个，正确率是 60%，精准率是 50%，召回率是 100%。

```
[ True  True  True  True  False]
```

代码 7.1 的说明如下。

- trainX 和 trainY 分别是训练数据的特征矩阵和类别。其中，trainX 是一个 10 行 11 列的二维矩阵，每行是一个训练数据，每列是一个转换后的新特征；trainY 是一个向量，共有 10 个元素，每个元素对应一个训练数据所属的类别。

- testX 和 testY 分别是测试数据的特征矩阵和类别。

- train()函数用于输入训练数据，训练一个朴素贝叶斯模型，其实质是计算各个特征对各个类别的先验条件概率 $P(fea_i = 1 | c = c_k)$ 以及计算各个类别出现的概率 $P(c = c_k)$。需要注意的是，训练时采用了拉普拉斯平滑，并对输出的概率进行了对数化。

- classify()函数用于输入测试数据，根据先验概率进行类别的预测。

7.4　基于 scikit-learn 库实现朴素贝叶斯分类

7.4.1　scikit-learn 库的 MultinomialNB 类说明

scikit-learn 库提供了用于朴素贝叶斯分类的 MultinomialNB 类，它属于 sklearn.naive_bayes 包。通过创建并使用该类的对象可实现朴素贝叶斯分类，该类的构造方法以及类定义的主要方法和属性说明如下。

（1）构造方法

```
from sklearn.naive_bayes import MultinomialNB
model = MultinomialNB( alpha = 1.0, fit_prior = True, class_prior = None )
```

- alpha：拉普拉斯或利德斯通平滑的参数 α，默认值为 1.0，如果设置为 0 则表示完全没有平滑处理。需要注意的是，平滑相当于人为给概率加上一些噪声，因此 α 设置得越大，

多项式朴素贝叶斯的精确度会越低。

- fit_prior：是否学习先验概率 $P(Y=c)$，默认值为 True，如果设置为 False 则所有的数据类别输出是相同的先验概率值。
- class_prior：形似数组的结构，结构为(n_classes,)，默认值为 None。

类的先验概率 $P(Y=c)$，如果没有给出具体的先验概率则自动根据数据来进行计算。

（2）类定义的主要方法和属性

- fit(x, y)：用训练数据 x 和 y 拟合朴素贝叶斯模型。
- predict(x)：用拟合好的模型预测测试数据 x 的标签。
- class_log_prior_：各类的对数概率值，可使用 np.ext()函数转换为概率值。
- feature_log_prior_：各特征的对数概率值，可使用 np.ext()函数转换为概率值。

7.4.2　求解步骤与编程实现

本小节使用 MultinomialNB 类进行朴素贝叶斯分类以求解房屋是否好卖预测问题，如代码 7.2 所示。

```
#代码7.2 使用scikit-learn库实现朴素贝叶斯分类求解房屋是否好卖预测问题
import numpy as np
from sklearn.naive_bayes import MultinomialNB #导入MultinomialNB类
trainX = np.array( [ [ 0, 0, 1, 0, 0, 1, 0, 1, 0, 0, 0 ],
                     [ 0, 0, 1, 0, 1, 0, 0, 0, 0, 1, 0 ],
                     [ 0, 1, 0, 0, 1, 0, 0, 0, 1, 0, 0 ],
                     [ 0, 1, 0, 1, 0, 0, 0, 0, 0, 1, 0 ],
                     [ 0, 0, 1, 0, 0, 1, 0, 1, 0, 0, 0 ],
                     [ 0, 0, 1, 0, 1, 0, 0, 0, 1, 0, 0 ],
                     [ 0, 1, 0, 0, 1, 0, 0, 0, 1, 0, 0 ],
                     [ 0, 1, 0, 1, 0, 0, 0, 0, 0, 1, 0 ],
                     [ 1, 0, 0, 1, 0, 0, 0, 0, 0, 1, 0 ],
                     [ 1, 0, 0, 1, 0, 0, 0, 1, 0, 0, 0] ] )
trainY = np.array( [ 1, 1, 1, 1, 0, 0, 1, 0, 1, 0 ] )
model = MultinomialNB() #创建MultinomialNB类对象
model.fit( trainX, trainY ) #训练模型
testX = np.array( [ [ 0, 1, 0, 0, 1, 0, 0, 0, 0, 0, 1 ],
                    [ 0, 1, 0, 1, 0, 0, 0, 0, 0, 1, 0 ],
                    [ 0, 0, 1, 0, 0, 0, 1, 0, 0, 1, 0 ],
                    [ 1, 0, 0, 0, 1, 0, 0, 0, 0, 1, 0 ],
                    [ 1, 0, 0, 1, 0, 0, 0, 1, 0, 0, 0] ] )
testY = np.array( [ 0, 0, 1, 1, 0 ] )
print( model.predict( testX ) ) #预测并输出结果
```

该代码运行后，输出结果是[1 1 1 1 0]，对应 5 个测试数据的预测类别，而真实类别是[0 0 1 1 0]，此时可以通过定义计算得到：正确率是 60%，精准率是 50%，召回率是 100%。该结果与自定义方式得到的结果相同。

代码 7.2 的说明如下。

- 创建 MultinomialNB 类对象的语句是 model = MultinomialNB()，构建该对象共需以下 3 个参数。

■ alpha：浮点型可选参数，默认值为 1.0，其实就是添加平滑处理，即公式中的 α；如果这个参数设置为 0，就是不添加平滑。

■ fit_prior：布尔型可选参数，表示是否要考虑先验概率，默认值为 True。

■ class_prior：可选参数，默认值为 None。

● 训练模型的语句是 model.fit(trainX, trainY)，通过输入的训练数据训练朴素贝叶斯分类模型。

● 预测类别的语句是 model.predict(testX)，为输入的测试数据预测类别。

7.5　连续型特征值的朴素贝叶斯分类

7.5.1　问题定义与分析

在上一小节的房屋是否好卖预测问题中，所有的特征值是离散值。然而在许多场景中，特征值存在连续值的情况，如表 7.2 所示。表 7.2 中共有 8 个数据，每个数据对应一个人，其中身高、体重、脚尺寸是 3 个特征，性别是类别，我们可以根据这 3 个特征来预测性别。与房屋是否好卖预测问题不同的是，本问题中身高、体重、脚尺寸这 3 个特征的取值都是连续型的数值，当应用朴素贝叶斯求解此类问题时，我们要对连续型特征值求条件概率。与离散型特征值不同的是，对连续型特征值进行计数是没有意义的，例如统计体重为 80.00、80.01、80.02、80.03……的人所占的比例。因此，对于连续型特征值，无法像离散型特征值一样使用 $\dfrac{\text{fea\_samples\_c1}}{\text{c1\_samples}}$（其中 fea_samples_c1 是特征 fea 在类别为 c_1 的数据中出现的次数，c1_samples 是类别为 c_1 的数据的总数）来计算每个特征值在某个类别中的条件概率。

表 7.2　　　　　　　　人类性别与身高、体重、脚尺寸特征的训练数据

身高（厘米）	体重（千克）	脚尺寸（厘米）	性别
183	82.10	30.48	男
180	86.02	27.94	男
170	77.15	30.48	男
180	75.26	25.4	男
153	45.00	15.24	女
168	68.50	20.32	女
165	58.80	17.78	女
175	68.00	22.86	女

求解连续型特征值的条件概率的方法是利用概率密度函数来代替概率，即通过概率密度函数计算某一点的概率密度（注意：连续型随机变量的概率密度计算出来的某一点的值，并不是直接的概率）。采用概率密度函数代替离散情形下的概率值后，朴素贝叶斯公式则变为：

$$P(y=c_k \mid \boldsymbol{x}) = \frac{\text{pdf}(x_1 \mid y=c_k)\text{pdf}(x_2 \mid y=c_k)\cdots\text{pdf}(x_d \mid y=c_k)P(y=c_k)}{\text{evidence}} \tag{7.6}$$

关于式(7.6)的说明如下。

- 与离散情况下的朴素贝叶斯公式相似，分母 evidence 表示全概率，一般不必计算，只需比较不同分类中分子的大小即可判断出所属的类别。

- 即使是连续型随机变量，每种类别所占的比例 $P(y=c_k)$ 仍然是可以计算的。例如，可以从表 7.2 的训练数据中计算得到两个类别（男、女）的概率为 $P(y=男)=P(y=女)=0.5$。

- 只要能够确定概率密度函数 pdf，就能够根据式(7.6)计算出后验概率。

概率密度函数 pdf 要怎么确定和计算是求解式(7.6)的一个关键问题，在大部分情况下，可假定随机变量对类别的条件概率服从正态分布，因此可以直接采用正态分布的概率密度函数。正态分布的概率密度函数如下：

$$P(x_i \mid y=c_k) = \frac{1}{\sigma_{i,k}\sqrt{2\pi}} e^{\frac{(x-\mu_{i,k})^2}{2\sigma_{i,k}^2}} \tag{7.7}$$

在式(7.7)中，$\mu_{i,k}$ 是正态分布的均值，表示类别为 c_k 的所有样本特征 x_i 的均值；$\sigma_{i,k}$ 是正态分布的标准差，表示类别为 c_k 的所有样本特征 x_i 的标准差。这两个是需要指定的正态分布的参数，可以根据训练数据计算得到。设类别"男"对应 c_1，类别"女"对应 c_2；身高、体重、脚尺寸 3 个特征分别设为 x_1、x_2、x_3，几个参数的计算方法如下：

$$\mu_{1,1} = \frac{183+180+170+180}{4} = 178.25$$

$$\mu_{2,1} = \frac{82.10+86.02+77.15+75.26}{4} \approx 80.13$$

$$\sigma_{1,1}{}^2 = \frac{(183-178.25)^2+(180-178.25)^2+(170-178.25)^2+(180-178.25)^2}{4-1} = 32.25$$

按照上述方法，可以从训练数据中计算出任意类别样本的任意特征的均值和标准差。

随后，使用正态分布概率密度函数计算后验概率。例如，要求计算身高、体重、脚尺寸分别为 175、70、28 的测试数据的类别，可以用如下计算过程得到：

$$\text{pdf}(x_1 \mid y=c_1) = \frac{1}{\sigma_{1,1}\sqrt{2\pi}} e^{\frac{(x-\mu_{1,1})^2}{2\sigma_{1,1}^2}} = \frac{1}{5.68\times\sqrt{2\pi}} e^{\frac{(175-178.25)^2}{2\times5.68^2}} \approx 0.08$$

依此类推，分别计算出 $\text{pdf}(x_2 \mid y=c_1) \approx 0.71$，$\text{pdf}(x_3 \mid y=c_1) \approx 0.17$，$\text{pdf}(x_1 \mid y=c_2) \approx 0.08$，

$\text{pdf}(x_2 \mid y=c_2) \approx 0.05$，$\text{pdf}(x_3 \mid y=c_2) \approx 5.05$，$P(y=c_1)=0.5$，$P(y=c_2)=0.5$，最终计算出：

$$P(y=c_1 \mid x) = \frac{0.08\times0.71\times0.17\times0.5}{\text{evidence}} \approx \frac{0.005}{\text{evidence}}$$

$$P(y=c_2 \mid x) = \frac{0.08\times0.05\times5.05\times0.5}{\text{evidence}} \approx \frac{0.0101}{\text{evidence}}$$

可以看出，该测试数据是男性的概率要高于是女性的概率。

7.5.2 基于 scikit-learn 库的 GaussianNB 类实现

scikit-learn 库的 GaussianNB 类用于实现连续型特征值的朴素贝叶斯分类，该类的构造方法共有 4 个参数，其中 3 个参数与 MultinomialNB 类的一致，增加的第 4 个参数是 binarize。该参数主要用来对数据进行二值化处理，可以是数值或者不输入。如果不输入，则默认每个数据特征都已经是二元的，否则，小于 binarize 的会被归为一类，大于 binarize 的会被归为另外一类。GaussianNB 类的其他属性和方法与 MultinomialNB 类的一致。

代码 7.3 是通过 GaussianNB 类对表 7.2 对应的性别分类问题进行朴素贝叶斯分类的 Python 实现。

```
#代码7.3 使用 GaussianNB 类实现连续型特征值的朴素贝叶斯分类以求解性别分类问题
import numpy as np
from sklearn.naive_bayes import GaussianNB #导入 GaussianNB 类
#训练数据
trainX = np.array( [ [ 183,   82.10, 30.48 ],
                     [ 180,   86.02, 27.94 ],
                     [ 170,   77.15, 30.48 ],
                     [ 180,   75.26, 25.40 ],
                     [ 153,   45.00, 15.24 ],
                     [ 168,   68.50, 20.32 ],
                     [ 165,   58.80, 17.78 ],
                     [ 175,   68.00, 22.86 ] ] )
trainY = np.array( [ 0, 0, 0, 0, 1, 1, 1, 1 ] )
model = GaussianNB()                         #创建 GaussianNB 类对象
model.fit( trainX, trainY )                  #训练模型
testX = np.array( [ [ 175, 70, 28 ] ] ) #测试数据
print( model.predict( testX ) )              #预测并输出结果
```

代码 7.3 的说明如下。

- 定义训练数据变量 trainX，共 8 行 3 列，每一行代表一个训练数据，每一列代表一个特征；定义训练数据的分类标签 trainY，共 8 个元素，每个元素代表对应数据的类别，其中 0 表示男性，1 表示女性。

- 创建了 GaussianNB 类对象 model，并调用 model.fit()函数根据输入的训练数据计算朴素贝叶斯模型的参数。

- 定义测试数据变量 testX，调用 model.predict()函数进行预测，最后输出预测结果 0，表示类别为男性：

```
[0]
```

本章小结

本章介绍了朴素贝叶斯分类的定义与实现，包括针对离散型特征值的朴素贝叶斯分类和针对连续型特征值的朴素贝叶斯分类。通过对本章的学习，读者应该对朴素贝叶斯分类有了一个基本的了解，并能掌握使用 Python 实现处理离散型和连续型特征值的朴素贝叶斯分类问题的基本方法。

课后习题

一、选择题

1. 关于朴素贝叶斯分类，下列说法不正确的是（　　）。

A. 通过先验概率的结果，对后验概率做调整

B. 有着坚实的数学理论基础，分类效果好

C. 假设数据之间是相互独立的

D. 对数据的缺失值不敏感，所需要估计的参数也比较少

2. 下列不属于朴素贝叶斯分类优点的是（　　）。

A. 有稳定的分类效率

B. 对小规模的数据分类效率表现很好

C. 对缺失数据敏感

D. 分类决策错误率很低

3. 朴素贝叶斯分类为（　　）。

A. 生成模型　　　　B. 判别模型　　　　C. 无监督模型　　　　D. 预算模型

4. 两个事件 A 和 B 条件独立指的是（　　）。

A. $P(AB) = P(A)P(B)$

B. $P(AB) = P(A|B)P(B)$

C. $P(A|BC) = P(A|C)$

D. $P(AB|C) = P(A|B)P(B|C)$

二、填空题

1. 朴素贝叶斯分类假定数据各个特征是_____，在此假设前提下运用贝叶斯定理进行分类。

2. scikit-learn 库中用于离散型特征值的贝叶斯分类的类名是_____，用于连续型特征值的贝叶斯分类的类名是_____。

3. 特征值没有在训练数据中出现会导致对应的先验概率为 0，需要对这样的特征值预设概率，常用的方法是_____。

三、编程题

1. 根据表 7.1 中的训练数据，采用朴素贝叶斯方法计算表 7.3 中 3 个测试数据所属的类别，并写出计算过程。

表 7.3　　　　　　　　　　　　　　　房屋售卖测试数据

测试数据	户型	居室数	所在楼层
测试数据 1	小户型	2	中楼层
测试数据 2	中户型	5	低楼层
测试数据 3	大户型	4	高楼层

2. 表 7.4 是某医院关于疾病预测的数据，其中有症状和职业两个特征，疾病是类别。对表 7.4 中的数据采用 scikit-learn 库和自定义程序方法分别实现朴素贝叶斯分类，并输出预

测的精准率和召回率。

表 7.4   某医院关于疾病预测的数据

数据	症状	职业	疾病
训练数据 1	打喷嚏	护士	感冒
训练数据 2	打喷嚏	农民	过敏
训练数据 3	头痛	建筑工人	脑震荡
训练数据 4	头痛	建筑工人	感冒
训练数据 5	打喷嚏	教师	感冒
训练数据 6	头痛	教师	脑震荡
测试数据 1	头痛	程序员	颈椎病
测试数据 2	打喷嚏	建筑工人	感冒
测试数据 3	打喷嚏	护士	过敏

3. 对表 7.2 所示的数据，不采用 scikit-learn 库，通过自定义程序实现连续型特征值朴素贝叶斯分类。

4. 垃圾邮件分类是电子邮箱常有的功能，我们可以根据邮件所包含的词，采用朴素贝叶斯方法判定邮件是否为垃圾邮件。现有如下的数据（已用 NumPy 数组定义好），请编程实现用朴素贝叶斯方法分类邮件。其中，trainX 是训练数据，包含 6 个邮件，每个邮件包含的单词数量不固定；trainY 是 6 个邮件对应的分类，其中 0 表示非垃圾邮件，1 表示垃圾邮件；testX 是测试数据。

```
trainX= [['my', 'dog', 'has', 'flea', 'problems', 'help', 'please'],
         ['maybe', 'not', 'take', 'him', 'to', 'dog',
                         'park', 'stupid'],
         ['my', 'dalmation', 'is', 'so', 'cute', 'I', 'love', 'him'],
         ['stop', 'posting', 'stupid', 'worthless', 'garbage'],
         ['mr', 'licks', 'ate', 'my', 'steak', 'how', 'to', 'stop', 'him'],
         ['quit', 'buying', 'worthless', 'dog', 'food', 'stupid']]
trainY= [0, 1, 0, 1, 0, 1]
testX = [ ['love', 'my', 'dalmation'], ['stupid', 'garbage']]
```

第 8 章 决策树及其 Python 实现

学习目标：

- 掌握 ID3 决策树；
- 掌握 CART 决策树。

8.1 决策树简介

小明与篮球社朋友的关系非常好，他们经常一起上课、打篮球。某一天晚上，小明想约朋友第二天去打篮球，但是小明不知道朋友是否有空，也不确定第二天天气如何，温度如何，他们能不能一起打篮球还不确定呢；想到最近快要期末考试了，小明的室友发出四连问，平时上课去了吗？课后作业完成了吗？老师讲的都听懂了吗？期末考试能及格吗？小明发出了一声哀嚎！

以上场景涉及的是生活中常见的可以用决策树解决的问题。回答"明天是否打篮球？""期末考试是否能及格？"这类问题就是一个决策的过程，通常需要进行一系列的判断或"子决策"。如对于"期末考试能及格吗？"首先判断"平时上课去了吗？"，如果"去了"，再判断"课后作业完成了吗？"，如果"课后作业完成了"，接着判断"老师讲的都听懂了吗？"，如果"听懂了"，最后判断"期末考试能及格吗？"。

另外，利用决策树也可以预测未来空气的质量状况。空气中 PM2.5 的浓度水平与时间、气象因素都有关系，例如，在秋冬季节，PM2.5 浓度较高，在夏季，PM2.5 浓度较低；一天中早晚的 PM2.5 浓度较高，中午的 PM2.5 浓度较低；气温高时，不易发生"逆温"，PM2.5 浓度较低；降雨量大，可冲刷空气中污染物，PM2.5 浓度也较低；当风速较大时，空气中污染物扩散得较快，PM2.5 浓度也较低。因此，可以根据"时间""温度""降雨量"和"风速"等因素构建决策树来预测未来时刻的空气质量。

上述实际问题的解决过程可以用"树"结构形象化地表示出来，即决策树。决策树既可以用于解决如预测"期末考试是否能及格"的分类问题，也可以用于解决如预测"未来空气质量如何"的回归问题。一般决策树包含一个根节点、若干个内部节点和若干个叶子节点。图 8.1 所示是判断期末考试是否能及格的一棵决策树。以这棵树为例，其中的"平时上课去了吗？"是根节点，"课后作业完成了吗？"和"老师讲的都听懂了吗？"是内部节点，"不能及格"和"能及格"则是叶子节点。在决策树中，叶子节点表示决策的结果，其他节点表示用于决策的特征。在图 8.1 的决策树中，"平时上课去了吗？""课后作业完成了吗？"和"老师讲的都听懂了吗？"是用于决策的特征，"不能及格"和"能及格"是该决策的结果。

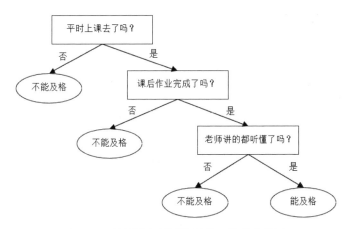

图 8.1　判断期末考试是否能及格的决策树

上述决策树的根节点是"平时上课去了吗？"，但是决策树中根节点、内部节点和叶子节点是如何得来的呢？这就是构建决策树的关键了——如何选择最优的划分特征。以"平时上课去了吗？"这个划分特征为例，一般来说，每节课都按时到堂才会学习到知识点，期末考试才能及格；相反，如果一个同学经常不去上课，那么期末考试的时候他将会有很大的概率不及格。因此，仅通过判断"平时上课去了吗？"就能初步判断该同学期末是否能及格。换句话说，该特征是最优的划分特征。

如何从一堆历史数据中构建一棵决策树并进行决策，是本章的关键。在构建决策树的时候，我们希望内部节点可以尽可能地将不同类别的数据分开，即希望内部节点的"纯度"尽可能高。"纯度"指的是内部节点的数据属于同一类别的程度，如果内部节点的数据都属于同一个类别，则该内部节点的"纯度"最高。常用的度量数据集纯度的指标有：信息熵、信息增益和基尼指数。这 3 个指标将在本章中进行详细介绍。

本章将会学习如何从历史数据中构建决策树，然后根据决策树进行问题的决策。依据构建决策树时目标变量的类型，决策树可以分为分类决策树和回归决策树。分类决策树的目标变量是离散的，例如"不能及格"和"能及格"等。回归决策树的目标变量是连续的，例如工资、年龄、气象数据等。本章主要介绍 ID3 决策树和 CART 决策树的原理与实现。其中，ID3 决策树用于解决分类问题，CART 决策树可用于解决回归问题。以下先从 ID3 决策树入手，学习和掌握利用 ID3 决策树解决问题的原理及其 Python 实现方法，进而学习 CART 决策树的原理及其 Python 实现方法。

8.2　ID3 决策树

8.2.1　ID3 决策树的基本原理

决策树的学习过程就是根据最优划分特征递归地构建决策树的过程。根据选择划分特征的方法不同，可以衍生出多种决策树。其中，最经典的决策树之一是 ID3 决策树，其核心是根据 ID3 算法递归地构建决策树。该算法选择划分特征的依据是特征的信息增益。

计算信息增益首先需要计算信息熵。信息熵是一种度量数据集纯度的指标。假设当前数据集为 D，第 k 类数据所占的比例为 p_k，$k=1,2,\cdots,K$，其中，K 表示总的类别数。之后，数据集 D 的信息熵可定义为：

$$\text{Ent}(D) = -\sum_{k=1}^{K} p_k \log_2 p_k \tag{8.1}$$

信息熵 $\text{Ent}(D)$ 的值越小，表明数据集 D 的纯度越高。在分类问题中，划分特征可以分成两类："是"和"否"，那么 p_k 可取 p_1 和 p_2，p_1 表示特征取值为"是"的数据占总数据的比例，p_2 表示特征取值为"否"的数据占总数据的比例。可以看出，式(8.1)与某个特征取值的数量密切相关，甚至影响信息熵的结果。假设某个特征 A 可能取值 $\{a^1,a^2,\cdots a^m,\cdots,a^M\}$，则根据特征 A 划分的决策树存在 M 个分支。那么对于数据集 D，可以计算特征 A 的条件熵：

$$\text{Ent}(D|A) = \sum_{m=1}^{m=M} p(A=a^m)\text{Ent}(D \mid A=a^m) \tag{8.2}$$

进一步，根据特征 A 对数据集 D 的划分计算获得的"信息增益"：

$$\text{Gain}(D,A) = \text{Ent}(D) - \text{Ent}(D \mid A) \tag{8.3}$$

信息增益 $\text{Gain}(D,A)$ 越大，表示根据特征 A 进行划分所获得的纯度越高。

ID3 决策树就是根据信息增益大的特征来划分数据集的。以判断期末考试是否能及格的决策树（图 8.1）为例，"平时上课去了吗？"是信息增益最大的特征；然后计算剩余特征的信息增益，其中"课后作业完成了吗？"这个特征的信息增益最大；再计算剩余特征的信息增益，其中"老师讲的都听懂了吗？"这个特征的信息增益最大；最后，根据特征构建好决策树。决策时，根据对应数据到达的叶子节点判断期末考试是否能够及格。

下面是 ID3 决策树算法的流程。

输入：数据集 D。

输出：ID3 决策树。

（1）如果数据集中所有数据属于同一类标签，则生成单节点树，并返回，否则执行第（2）步。

（2）如果数据集的特征数为 0，则生成单节点树，并将数据集中包含数据最多的标签作为分类标记，返回，否则执行第（3）步。

（3）如果不满足上述条件，根据式(8.3)计算每个特征的信息增益，选择信息增益最大的特征作为最优划分特征 bestFeature，生成划分节点，该特征使用后就删除。

（4）根据 bestFeature 划分数据集，得到若干子数据集。

（5）对各子数据集递归调用第（1）～第（4）步，生成决策树。

决策树生成之后，给定一个新的数据，从决策树的根节点开始根据每个节点的特征进行判断，直至遇到叶子节点，此时得到该数据的分类结果。

8.2.2　基于 NumPy 库构建 ID3 决策树

提出问题　小明好久没和篮球社的朋友们一起打球了，他想如果根据他和朋友们以往打球的经验构建一棵决策树，就可以根据明天的天气判断是否能去打球了。根据以往经验得到的数据集 D 如表 8.1 所示，一共包含 10 个训练数据。那么，小明如何得到一棵决策树，用于得出明天是否打球的结论呢？

表 8.1   历史打球经验构成的数据集

训练数据	时间	天气	温度	打球
1	有空	晴天	热	是
2	没空	晴天	热	否
3	有空	雨天	热	否
4	有空	雨天	冷	是
5	有空	阴天	热	是
6	没空	阴天	热	否
7	没空	阴天	冷	是
8	有空	晴天	冷	否
9	没空	雨天	冷	否
10	没空	雨天	热	否

分析问题 由表 8.1 可知，该数据集包含 3 个特征：时间、天气和温度。"时间"包含 2 个可能的取值，"天气"包含 3 个可能的取值，"温度"包含 2 个可能的取值。该数据集的分类结果（标签）包含两类：是（正例）和否（反例）。该数据集中包含 4 个正例，即 p_1=4/10，包含 6 个反例，即 p_1=6/10。根据式(8.1)可以计算数据集 D 的信息熵以及 3 个特征的信息熵。

$$\text{Ent}(D) = -\left(\frac{4}{10}\log_2\frac{4}{10} + \frac{6}{10}\log_2\frac{6}{10}\right) \approx 0.9710$$

当特征 A 为"时间"时，D 被划分为两个子数据集，记"时间"特征取值分别为 a^1（"时间"＝"有空"），a^2（"时间"＝"没空"）。a^1 包含编号为 1、3、4、5、8 的 5 个数据，其中包含 3 个正例，即 p_1=3/5，并包含 2 个反例，即 p_2=2/5。a^2 包含编号为 2、6、7、9、10 的 5 个数据，其中包含 1 个正例，即 p_1=1/5，并包含 4 个反例，即 p_2=4/5。根据式(8.2)可以计算出"时间"特征的条件熵：

$$\text{Ent}(D \mid A = a^1) = -\left(\frac{3}{5}\log_2\frac{3}{5} + \frac{2}{5}\log_2\frac{2}{5}\right) \approx 0.9710$$

$$\text{Ent}(D \mid A = a^2) = -\left(\frac{1}{5}\log_2\frac{1}{5} + \frac{4}{5}\log_2\frac{4}{5}\right) \approx 0.7219$$

根据式(8.3)可以计算"时间"特征的信息增益：

$$\text{Gain}(D,\text{时间}) = \text{Ent}(D) - \text{Ent}(D \mid A)$$

$$= 0.9710 - \left(\frac{5}{10} \times 0.9710 + \frac{5}{10} \times 0.7219\right) \approx 0.1246$$

类似地，"天气"和"温度"特征的信息增益分别计算为：

$$\text{Gain}(D, 天气) \approx 0.0955$$

$$\text{Gain}(D, 温度) \approx 0.0200$$

由于 ID3 划分数据的依据是选择信息增益最大的特征，因此该决策树的根节点为"时间"，其子决策树的生成过程与上述步骤类似。根据"时间"特征把数据集 D 划分为两个子数据集 D_1 和 D_2，子数据集 D_1 的数据如表 8.2 所示。

表 8.2　　　　　　　　　　　　　子数据集 D_1 的数据

训练数据	时间（已选择）	天气	温度	打球
1	有空	晴天	热	是
3	有空	雨天	热	否
4	有空	雨天	冷	是
5	有空	阴天	热	是
8	有空	晴天	冷	否

根据上述公式，对子数据集 D_1 分别计算除了"时间"特征以外的每个特征的信息增益：

$$\text{Gain}(D_1, 天气) \approx 0.1710$$

$$\text{Gain}(D_1, 温度) \approx 0.0200$$

由于"天气"特征的信息增益大于"温度"特征的信息增益，因此子树（"时间"＝"有空"）的根节点为"天气"。接着，根据"天气"将 D_1 子数据集继续划分为 3 个更小的子数据集：D_{11} 表示"天气"＝"晴天"的子数据集，D_{12} 表示"天气"＝"雨天"的子数据集，D_{13} 表示"天气"＝"阴天"的子数据集。子数据集 D_{11} 的数据如表 8.3 所示。

表 8.3　　　　　　　　　　　　　子数据集 D_{11} 的数据

训练数据	时间（已选择）	天气（已选择）	温度	打球
1	有空	晴天	热	是
8	有空	晴天	冷	否

除了"时间"和"天气"以外的特征为"温度"，因此计算子数据集 D_{11} 中"温度"的信息增益：

$$\text{Gain}(D_{11}, 温度) = 1$$

以"温度"特征划分子数据集 D_{11}，分别有：D_{111} 表示"温度"＝"热"的子数据集，D_{112} 表示"温度"＝"冷"的子数据集。由于 D_{111} 和 D_{112} 都各自拥有一个数据，属于同一类标签，因此生成叶子节点，作为分类结果。对 D_{12} 和 D_{13} 也有同样的计算过程，D_{12} 中将"温度"作为划分特征，D_{13} 中的数据属于同一类标签，直接生成叶子节点。

子数据集 D_2 的划分过程与 D_1 的划分过程类似，得到"时间"＝"没空"的子树。整个过程执行完后得到一棵完整的决策树，如图 8.2 所示。

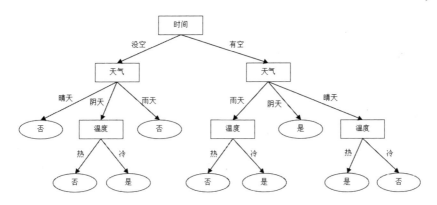

图 8.2　判断明天是否能打球的决策树

图 8.2 中，方框表示划分特征，椭圆表示决策结果，每一个数据的判断过程都在遇到叶子节点时结束。假设待决策的数据为['有空', '晴天', '热']，如果要判断能否去打球，首先要判断是否 "有空"；如果 "有空"，则到右子树中继续查找判断 "天气" 状况如何；如果是 "晴天"，则继续查找判断 "温度" 如何；如果 "温度" 为 "热"，则可直接判断出结果为 "是"，即明天去打球。

以下**基于 NumPy 库构建 ID3 决策树**，其 Python 实现的具体步骤如下。

第一步：导入所用库并创建数据集。

ID3 决策树的实现过程中主要用到 NumPy 库和 math 库，导入代码如下：

```
import numpy as np    #导入 NumPy 库并命名为 np
import math    #导入 math 库
```

创建数据集：用 np.array()定义二维数组 dataSet 存放训练数据，testData 存放测试数据。二维数组 dataSet 的每一行对应一个训练数据，行数为训练数据数；每个训练数据包括 3 个特征（时间、天气和温度）和一个标签（是否去打篮球），每个特征有不同的取值，标签作为分类或预测的依据。测试数据 testData 用于测试训练好的决策树。其具体实现代码如下：

```
dataSet = np.array( [ [ '有空', '晴天', '热', '是' ],
                      [ '没空', '晴天', '热', '否' ],
                      [ '有空', '雨天', '热', '否' ],
                      [ '有空', '雨天', '冷', '是' ],
                      [ '有空', '阴天', '热', '是' ],
                      [ '没空', '阴天', '热', '否' ],
                      [ '没空', '阴天', '冷', '是' ],
                      [ '有空', '晴天', '冷', '否' ],
                      [ '没空', '雨天', '冷', '否' ],
                      [ '没空', '雨天', '热', '否' ] ] )
features = [ '时间', '天气', '温度' ]
testData = np.array( [ [ '有空', '阴天', '冷' ] ] )
```

第二步：计算数据集的信息熵。

首先，取二维数组 dataSet 的最后一列，即标签列（决策结果）；然后，创建字典存储标签并计算其概率；最后，计算标签的信息熵。例如，计算是否打球列的信息熵，标签分别为 "是" 和 "否"，定义字典 prob 存储标签，prob['是']值为 4/10，prob['否']值为 6/10。计算信息熵时，定义变量 entropy 存储信息熵的值并初始化为 0，通过循环的形式分别计算标签值对应的概率，计算其信息熵最后返回。其具体实现代码如下：

```
def calcEntropy( dataSet ) :
    labels = list( dataSet [ :, -1 ] )        #取存放训练数据的二维数组的最后一列
    prob = { }                                #创建字典存储标签和标签对应的概率
    entropy = 0.0                             #初始信息熵为 0
    for label in labels :
        #计算标签对应值的概率，count()函数用于统计标签中 label 标签出现的次数
        prob[ label ] = ( labels.count( label ) / float( len( labels ) ) )
    for a in prob.values():
        entropy = entropy + ( -a * math.log ( a, 2 ) )
    #计算信息熵，math.log(a,2)计算以 2 为底 a 的对数
    return entropy
```

第三步：计算特征的信息增益，选择信息增益最大的特征划分数据集。

对数据集中的 3 个特征分别计算其信息增益。生成决策树时选择信息增益最大的特征作为最优划分特征，同时根据选择的特征划分数据集。首先，对于特征列和标签列构建一层循环，分别计算列中各个特征值的概率；其次，调用 calcEntropy()函数分别计算各个子集的熵；接着，计算特征列的条件熵，即代码中的 condi_entropy + prob[value] * new_entrony[value]；最后，通过 calcEntropy(dataSet) − condi_entropy 计算信息增益并返回。通过上述计算可以知道，"时间"特征的信息增益约为 0.1246，"天气"特征的信息增益约为 0.0955，"温度"特征的信息增益约为 0.0200。选择信息增益最大的特征（即"时间"特征）作为划分特征，此时 bestInfoGain 值为 0.1246，bestFeature 值为 0，表示将第 1 列特征作为最优划分特征。

```
#计算信息增益
def chooseBestFeatureToSplit( dataSet ) :
    labels = list( dataSet [ :, -1 ] )        #用列表存储数据集最后一列并赋给标签
    bestInfoGain = 0.0                        #定义变量存储最大的信息增益值，并初始化
    bestFeatureI = -1
    #定义变量存储信息增益最大时的特征的列索引，并初始化
    for i in range( dataSet.shape[ 1 ] 1 ) :
        prob = { }
        featureColL = list( dataSet[ :, i ] )    #取第 i 列特征
        for fcl in featureColL:
            #计算第 i 列特征每个特征取值的概率
            prob[ fcl ] = featureColL.count( fcl ) / float( len( featureColL ) )
        new_entrony = { }         #创建字典存储特征的取值及对应的熵
        condi_entropy = 0.0       #定义变量存储特征列的条件熵，并初始化
        featureCol = set( dataSet[ :, i ] )
        #set()创建无序不重复集合，包含第 i 个特征的可能取值
        for value in featureCol:
            subDataSet = splitDataSet( dataSet, i, value )
            #splitDataSet()函数的参数 dataSet 为训练集，i 表示第 i 列特征
            #value 表示第 i 列特征的取值，该函数实现根据第 i 列
            #特征的取值划分数据集为多个子数据集的功能
            prob_fc = len( subDataSet ) / float( len(dataSet) )
            #子数据集内的数据占总数据的比例
            new_entrony[ value ] = calcEntropy( subDataSet )
            #计算各个子数据集的信息熵
            condi_entropy = condi_entropy + prob[value] * new_entrony[ value ]
            #特征列的条件熵
```

```
        infoGain = calcEntropy( dataSet ) - condi_entropy      #计算信息增益
        if infoGain > bestInfoGain :
            bestInfoGain = infoGain      #选择信息增益最大的特征列
            bestFeatureI = i             #最优划分特征的列索引
    return bestFeatureI
```

第四步：构建 ID3 决策树。

根据最优划分特征划分数据集，并构建决策树。此时，有如下几种情况：如果数据集中的所有数据都属于同一类标签，则决策树 T 为单节点树，并将该标签作为该节点的类标记，返回 T；如果特征集为空，则 T 为单节点树，并将数据集 D 中出现最多的一个标签作为该节点树的类标记，返回 T；否则，按 ID3 算法计算特征集中每个特征对数据集 D 的信息增益，选择信息增益最大的特征作为最优划分特征。在 ID3 算法的计算过程中，通过 chooseBestFeatureToSplit()函数选择最优划分特征索引，调用 createDecisionTree()函数构建决策树并返回。其具体实现现代码如下：

```
def createDecisionTree( dataSet, features ) :
    labels = list( dataSet[ :, -1 ] )
    #如果数据集中的所有数据属于同一类标签，则 T 为单节点树，并将该标签作为该节点的
    #类标记，返回 T，否则继续向下执行
    if len( set( labels ) ) == 1:
        return labels[ 0 ]
    #如果特征集为空，则 T 为单节点树，并将数据集 D 中出现最多的一个标签
    #作为该类节点树的标记，返回 T
    if len( dataSet[ 0 ] ) == 1 :
        return majorityLabelCount( labels )     #返回 labels 中出现次数最多的标签
    #否则，按 ID3 算法计算特征集中各特征对数据集 D 的信息增益
    #选择信息增益最大的特征 bestFeature
    else:
        #定义 bestFeatureI 存储信息增益最大时的特征的列索引，用于快速访问数组位置
        bestFeatureI = chooseBestFeatureToSplit( dataSe t)
        bestFeature = features[bestFeatureI]
        #定义 bestFeature 存储信息增益最大时的特征
        #构建字典存储决策树，以信息增益最大的特征 bestFeature 为子节点
        #其中 bestFeature 也为子树的根节点
        decisionTree = {bestFeature:{}}
        del(features[bestFeatureI])     #该特征被使用后即被删除，以便接下来继续构建子树
        bestFeatureCol = set(dataSet[:,bestFeatureI])
        for bfc in bestFeatureCol:
            subFeatures = features [ : ]
            decisionTree[ bestFeature ] [ bfc ] = createDecisionTree(
            splitDataSet( dataSet, bestFeatureI, bfc ), subFeatures )
        return decisionTree             #返回决策树
```

以上代码是构建决策树的核心代码，采用递归调用 createDecisionTree()实现完整决策树的构建。由上文可知，在数据集 D 下计算每个特征的信息增益，信息增益最大的特征为"时间"，调用 chooseBestFeatureToSplit()函数，返回的值赋给 bestFeatureI，利用 bestFeatureI 可快速访问 features 数组，找到与最优划分特征对应的数据。用"时间"特征作为根节点划分数据集后，采用 del(features[bestFeatureI])删除该特征，后续划分数据集时，就不再考虑"时间"特征，而是根据剩余的其他特征进行划分，直至所有子数据集中特征数为 0 或者所有子数据集内的数据都

属于同一类标签，此时不再划分子数据集，而是将其内所有数据作为单一节点（叶子节点）。

上述函数实现了决策树的构造过程，并可以用print()函数将决策树输出，如图8.3所示，可见与图8.2所示的树结构相同。输出决策树的代码如下：

```
decisionTree = createDecisionTree( dataSet, features )        #调用函数构建决策树
print( 'decisonTree: ', decisionTree )                        #输出决策树
```

```
decisonTree: {'时间': {'有空': {'天气': {'雨天':
{'温度': {'热': '否', '冷': '是'}}, '阴天': '是',
'晴天': {'温度': {'热': '是', '冷': '否'}}}}, '没
空': {'天气': {'雨天': '否', '阴天': {'温度':
{'热': '否', '冷': '是'}}, '晴天': '否'}}}}
```

图8.3　字典存储的决策树

8.2.3　用 ID3 决策树实现分类

使用构建好的决策树可以进行分类，具体为：对决策树字典中的键值 key 构建一层循环，查找 key 在特征列表中的索引，分别将特征索引赋值给 index、测试数据中的特征值赋值给 testData_value、决策树的 key 赋值给 subTree。对于字典类型的子树，递归调用 classify()函数并返回分类结果，否则直接返回子树。其具体实现代码如下：

```
def classify( testData, features, decisionTree ) :
    for key in decisionTree :
        index = features.index( key )
        #从特征列表中查找，返回指定 key 的特征的索引值
        testData_value = testData[ index ]      #特征对应的取值
        subTree = decisionTree[ key ] [ testData_value ]
        if type( subTree ) == dict :              #如果子树仍为字典结构，继续决策
            result = classify( testData, features, subTree )
            return result                         #返回分类结果
        else:                                     #子树为叶子节点，返回子树
            return subTree
```

当 ID3 决策树构建好后，可以定义 classify()函数调用该决策树进行分类。从决策树字典中按顺序读取键值 key，key 对应划分特征，根据该特征对应的索引读取 testData 中对应的特征值。decisionTree[key][testData_value]对应了 key 特征下取值为 testData_value 的子树，即实现第一次判断。之后，根据语句 if type(subTree) == dict 判断该子树是否是字典结构，如果该语句为真，则表明该子树不是单节点树，需要进一步判断。例如图 8.2 中以"天气"为根节点的子树，向下查找仍然存在子树，则需要根据 testData 内的其他数据调用 classify()函数做进一步的判断。如果 type(subTree) == dict 的判断结果为假，则说明该子树为叶子节点，直接返回该子树，即得到分类结果。例如图 8.2 中以"否"为根节点的子树，由于该子树是单节点树，向下查找不存在子树分支，直接返回该子树"否"。

上述代码实现了利用决策树进行分类的函数。对于实际的测试数据['有空', '阴天', '冷']，应用上述的决策树构造以及分类函数，实现决策"明天是否能打球？"。其代码如下：

```
result = classify( testData, features, decisionTree )
#采用决策树对测试数据进行分类的结果
print('对于明天是否打球的决策: ', testData)
print('打球吗: ', result)    #输出决策结果
```

输出结果如下所示。可以看出，对于测试数据['有空', '阴天', '冷']，决策结果为"打球吗：是"。

对于明天是否打球的决策：['有空', '阴天', '冷']
打球吗：是

上述代码和示例完整地显示了如何构建 ID3 决策树并用于解决分类问题。对于回归问题，决策树的构建与应用有些不同。下文将详细介绍 CART 决策树在回归问题中的构建与应用。

8.3　CART 决策树

8.3.1　CART 决策树的基本原理

CART 决策树是另外一种应用广泛的决策树。根据决策目标的不同，CART 决策树又可以分为 CART 分类树和 CART 回归树。CART 分类树可以解决分类问题；CART 回归树可以解决回归问题。接下来主要介绍 CART 回归树，以解决实际的回归问题。

CART 决策树与 ID3 决策树原理相似，区别在于两者选择最优划分特征的依据不同。根据 8.2 节可知，ID3 决策树是根据信息增益选择最优划分特征的，而本节的 CART 决策树则是将基尼指数（基尼指数表示数据集中随机一个数据被分错类别的概率，是度量数据"纯度"的一种指标）或者误差函数作为特征选择的依据。基尼指数或者误差函数越小，表示数据集的纯度越高。CART 决策树有一个特性，即假设决策树为二叉树，因而在选择最优划分特征的同时也决定了该特征的最优二值切分点。

对于分类问题，需要根据数据集计算特征的基尼指数，并根据基尼指数选择最优特征，递归构建 CART 分类树。对于回归问题，需要采用均方误差作为选择最优划分特征的依据，递归构建 CART 回归树。

下面详细介绍 CART 回归树的构建过程。

首先，根据当前特征 A 的取值选取所有可能的划分点构成划分点集合。然后，计算特征 A 对数据集 D 的均方误差。对每一个划分点计算特征 A 的均方误差，将均方误差最小值对应的划分点作为特征 A 的划分点 s。最后，根据划分点 s，将数据集 D 划分为子数据集 D_1 和 D_2，那么特征 A 对数据集 D 的均方误差定义为：

$$\text{MSE}(D, A) = \min_{A,s} \left[\min_{c_1} \frac{1}{n_1} \sum_{x_i \in D_1(A,s)} (y_i - c_1)^2 + \min_{c_2} \frac{1}{n_2} \sum_{x_i \in D_2(A,s)} (y_i - c_2)^2 \right] \tag{8.4}$$

其中，y_i 表示在子数据集内特征 A 取 x_i 对应的预测结果，n_1 表示子数据集 D_1 内的数据数，n_2 示子数据集 D_2 内的数据数。$\min_{c_1} \frac{1}{n_1} \sum_{x_i \in D_1(A,s)} (y_i - c_1)^2$ 表示选择 c_1 使得其在子数据集 D_1 中计算的均方误差最小，$\min_{c_2} \frac{1}{n_2} \sum_{x_i \in D_2(A,s)} (y_i - c_2)^2$ 表示选择 c_2 使得其在子数据集 D_2 中计算的均方误差最小。在确定的区间内，c_1 和 c_2 取数据集的均值时，计算的均方误差达到最小。因此，c_1 为子数据集 D_1 的数据均值，c_2 为子数据集 D_2 的数据均值。$\min_{A,s}[\cdots]$ 表示选择"特征和划分点"对 (A,s) 使得子数据集 D_1 和 D_2 的均方误差总和最小。所有划分点计算的均方误差的最小值即当前特征的均方误差。

计算所有特征的均方误差后，选择均方误差最小的特征作为根节点，并得到子数据集 D_1 和 D_2。之后，每个子数据集按照同样的方法计算特征的均方误差，分别构建各自的子树。

下面是 **CART 回归树的算法**。

输入：训练集，停止阈值。

输出：CART 回归树。

根据训练集，从根节点开始，递归地构建 CART 回归树：

（1）对于当前节点的数据集，如果数据数小于阈值或者没有特征，则返回子树，当前节点停止递归，否则执行第（2）步；

（2）计算数据集的均方误差，如果均方误差小于阈值，则返回子树，当前节点停止递归，否则执行第（3）步；

（3）根据式(8.4)计算当前节点的所有特征对数据集的均方误差；

（4）计算出每个特征对数据集的均方误差后，选择均方误差最小的特征 A 作为最优划分特征；根据最优划分特征 A 和对应划分点，把数据集划分成两个子集，同时建立当前节点的左右节点；

（5）对左右的子节点递归地调用第（1）～（4）步，生成 CART 回归树。

算法的停止条件是节点中的数据数小于预定阈值，或者数据集的均方误差小于阈值（即数据基本属于同一类），或者没有特征。构建好的 CART 回归树可以用来预测未来数据，预测时采用叶子节点的均值作为预测的输出结果。

8.3.2　scikit-learn 库的 DecisionTreeRegressor 类介绍

本小节主要应用 scikit-learn 库中的树模型来构建 CART 回归树。除了 scikit-learn 库之外，还用到 NumPy、Pandas 库和 Pylab 模块。其中，Pandas 库是一个强大的数据处理和数据分析库，可使用指令 pip install pandas 进行安装。

scikit-learn 库中提供了 sklearn.tree.DecisionTreeRegressor 回归树模型类，使用该类可以构建回归树模型。

（1）DecisionTreeRegressor 的构造方法

```
from sklearn import tree    #导入 scikit-learn 中的树模型
skdt = tree.DecisionTreeRegressor( criterion = 'mse', splitter = 'best', max_depth = None,min_samples_split = 2, min_samples_leaf = 1, min_weight_fraction_leaf = 0.0, max_features = None, random_state = None, max_leaf_nodes = None, min_impurity_split = 1e-07)
```

其中参数说明如下。

● criterion：设置选择划分特征的标准，默认值为 mse 即均方误差，表示计算均方误差作为选择最优划分特征的依据。

● splitter：设置选择划分点的标准，默认值为 best，表示在所有特征中找最好的切分点。

● max_depth：设置决策树的最大深度，默认值为 None，表示不设置树的最大深度。

● min_samples_split：设置划分节点需要的最少数据数，默认值为 2。

● min_samples_leaf：设置成为叶子节点需要的最少数据数，默认值为 1，表示每个叶子节点至少包含 1 个数据。

- min_weight_fraction_leaf：设置叶子节点所有数据权重和的最小值，默认值为 0。
- max_features：设置划分数据时使用的特征数量，默认值为 None，表示使用全部特征。
- random_state：默认值为 None，表示使用 np.random 的 RandomState 实例。
- max_leaf_nodes：设置叶子节点数的最大值。
- min_impurity_split：设置树停止增长的阈值，如果节点的纯度小于阈值，则该节点为叶子节点，默认值为 1e-07。

（2）DecisionTreeRegressor 的属性和方法

- feature_importances：返回特征重要性，在决策树中为基尼指数或误差值结果，用于选择决策树的节点并构建决策树。
- fit(x,y)：拟合函数，输入训练数据进行训练，使得决策树模型符合数据特征。
- predict(x)：预测函数，使用训练好的决策树模型，根据输入 x 预测输出 y。

8.3.3　基于 scikit-learn 库构建 CART 决策树

以下通过一个预测空气中 PM2.5 浓度的案例来演示 CART 决策树的使用。

提出问题　利用 CART 回归树实现空气中 PM2.5 的浓度预测。先根据已有的数据集构建 CART 回归树，根据当前时间和气象数据，运用训练好的 CART 回归树预测未来时刻空气中的 PM2.5 浓度。采用的数据集来自 UCI Machine Learning Repository 的数据集 PM2.5 Data of Five Chinese Cities Data Set，包括 2010 年 1 月 1 日到 2015 年 12 月 31 日 5 个省/市（北京、上海、广东、成都和沈阳）的 PM2.5 数据。将时间和气象数据作为输入，PM2.5 数据作为输出，训练并使用决策树进行预测。本小节以上海的数据为例，该数据集的部分数据如表 8.4 所示。

表 8.4 的数据中，No 表示数据编号，Year 表示年，Month 表示月，Day 表示日，Hour 表示小时，DEWP 表示露点（空气中水蒸气变为露珠时的温度，℃），HUMI 表示湿度（%），PRES 表示大气压（hPa），TEMP 表示温度（℃），lws 表示累计风速（m/s），lprec 表示累计降水量（mm）。PM2.5 表示 PM2.5 浓度（μg/m³），在本例中是需要预测的变量。该预测任务主要是：根据时间（Year、Month、Day 等）和气象数据（DEWP、TEMP、PRES 等）对未来时刻空气中的 PM2.5 浓度进行预测。

分析问题　以表 8.4 列出的 12 个数据为例，计算"温度"特征的均方误差。"温度"的取值范围为 [26,32]，由于"温度"取值均为整数，如果划分点 s 取小数点后一位则可以将"温度"数据划分为两部分。根据经验，划分点 s 可取 26.5、27.5、28.5、29.5、30.5 和 31.5，PM2.5 浓度的取值范围为 [6,61]。当 s 取 26.5 时，D_1 包含 {1,2,3,4,5,6,7,8,9,10} 共 10 个数据，D_2 包含 {11,12} 共 2 个数据，c_1 为 39.2，c_2 为 24.0，$s = 26.5$ 划分取得的均方误差为：

$$mse = 238.1600 + 324.0000 = 526.1600$$

表 8.4　　　　　　　　　　PM2.5 Data of Shanghai Data Set 部分数据

No.	Year	Month	Day	Hour	DEWP	HUMI	PRES	TEMP	lws	lprec	PM2.5
1	2012	7	3	15	24	66.45	1001	31	14	0	14
2	2012	7	3	16	25	66.66	1000	32	19	0	15
3	2012	7	3	17	25	70.54	1000	31	5	0	31
4	2012	7	3	18	25	74.69	1001	30	9	1.5	38
5	2012	7	3	19	26	83.94	1001	29	12	0	34

No.	Year	Month	Day	Hour	DEWP	HUMI	PRES	TEMP	lws	lprec	PM2.5
6	2012	7	3	20	26	88.94	1002	28	14	0.2	44
7	2012	7	3	21	26	88.94	1002	28	2	0.6	44
8	2012	7	3	22	26	88.94	1002	28	0	4.5	58
9	2012	7	3	23	26	94.29	1001	27	4	4.8	53
10	2012	7	4	0	26	94.29	1001	27	1	0	61
11	2012	7	4	1	23	83.6	1003.1	26	8	0	42
12	2012	7	4	2	23	83.6	1001	26	10	0	6

当 s 取 27.5 时，D_1 包含 $\{1,2,3,4,5,6,7,8\}$ 共 8 个数据，D_2 包含 $\{9,10,11,12\}$ 共 4 个数据，c_1 为 34.75，c_2 为 40.5，$s = 27.5$ 划分取得的均方误差为：

$$\text{mse} = 194.6875 + 442.2500 = 636.9375$$

当 s 取 28.5 时，D_1 包含 $\{1,2,3,4,5\}$ 共 5 个数据，D_2 包含 $\{6,7,8,9,10,11,12\}$ 共 7 个数据，c_1 为 26.4，c_2 为 44.0，$s = 28.5$ 划分取得的均方误差为：

$$\text{mse} = 99.4400 + 287.7143 = 387.1543$$

当 s 取 29.5 时，D_1 包含 $\{1,2,3,4\}$ 共 4 个数据，D_2 包含 $\{5,6,7,8,9,10,11,12\}$ 共 8 个数据，c_1 为 24.5，c_2 为 42.75，$s = 29.5$ 划分取得的均方误差为：

$$\text{mse} = 106.2500 + 262.6875 = 368.9375$$

当 s 取 30.5 时，D_1 包含 $\{1,2,3\}$ 共 3 个数据，D_2 包含 $\{4,5,6,7,8,9,10,11,12\}$ 共 9 个数据，c_1 为 20.0，c_2 约为 42.22，$s = 30.5$ 划分取得的均方误差为：

$$\text{mse} = 60.6667 + 235.7284 = 296.3951$$

当 s 取 31.5 时，D_1 包含 $\{2\}$ 共 1 个数据，D_2 包含 $\{1,3,4,5,6,7,8,9,10,11,12\}$ 共 11 个数据，c_1 为 15.0，c_2 约为 38.64，$s = 31.5$ 划分取得的均方误差为：

$$\text{mse} = 0 + 263.8678 = 263.8678$$

将上述计算结果综合成表 8.5 所示。

表 8.5　　　　　　　　　　TEMP 特征划分点及均方误差

s	26.5	27.5	28.5	29.5	30.5	31.5
mse	526.1600	636.9375	387.1543	368.9375	296.3951	263.8678

由式(8.4)可知特征 $A = \text{TEMP}$ 对数据集 D 的均方误差为：

$$\text{MSE}(D, A = \text{TEMP}) = \min_{A = \text{TEMP}, s}\left[\min_{c_1}\frac{1}{n_1}\sum_{x_i \in D_1(A = \text{TEMP}, s)}(y_i - c_1)^2 + \min_{c_2}\frac{1}{n_2}\sum_{x_i \in D_2(A = \text{TEMP}, s)}(y_i - c_2)^2\right] = 263.8678$$

由表 8.5 结果可知，划分点 $s = 31.5$ 时，TEMP 的均方误差最小，$\text{MSE}(D, A = \text{TEMP})$ 为 263.8678。相似地，划分点 $s = 3.5$ 时，Day 的均方误差最小，$\text{MSE}(D, A = \text{Day})$ 为 726.1728；划分点 $s = 0.5$ 时，Hour 的均方误差最小，$\text{MSE}(D, A = \text{Hour})$ 为 251.7025；划分点 $s = 25.5$ 时，DEWP 的均方误差最小，$\text{MSE}(D, A = \text{DEMP})$ 为 264.8889；划分点 $s = 84.5$ 时，HUMI 的均方误差最小，$\text{MSE}(D, A = \text{HUMI})$ 为 213.9755；划分点 $s = 1002.5$ 时，PRES 的均方误差最小，$\text{MSE}(D, A = \text{PRES})$ 为 307.6033；划分点 $s = 1.5$ 时，lws 的均方误差最小，$\text{MSE}(D, A = \text{lws})$ 为

218.1400；划分点 $s=1.5$ 时，lprec 的均方误差最小，$\mathrm{MSE}(D, A=\mathrm{lprec})$ 为 261.3400；Year 和 Month 的特征取值均只有一个，不能再继续划分，将直接生成叶子节点。根据上述 12 个数据计算所有特征的均方误差，HUMI 的均方误差最小，因此将 HUMI 特征作为最优划分特征，那么根据划分点 $s=84.5$，数据集可以划分为两个子数据集。之后再计算每个子数据集对应的子树，分别构建左、右子树。构建子树时按照上述方法，计算每个特征的均方误差，选择均方误差最小的特征为最优划分特征，递归构建每个子数据集的回归树，直至所有子数据集都生成叶子节点。

CART 回归树的 Python 实现过程如下。

第一步，导入所用包和数据集。

首先从 scikit-learn 库的 sklearn.tree 中导入 scikit-learn 的回归树模型类 DecisionTreeRegressor，DecisionTreeRegressor 类提供 fit()拟合函数。其次导入数据集 Data_DT_Regression，在这部分已将数据集中含有缺失值的数据行删除，并且将 PM2.5 数据调整到最后一列；接着导入依赖库 NumPy、Pandas 等，导入 matplotlib.pyplot 用于画图。其代码如下：

```
from sklearn import tree          #导入 scikit-learn 中的树模型
import Data_DT_Regression as data #导入数据集
import numpy as np                #导入 NumPy 库并命名为 np
import pandas as pd               #导入 Pandas 库并命名为 pd
import matplotlib.pyplot as plt   #导入 matplotlib.pyplot 并命名为 plt
```

第二步，构造数据。

通过 data.dt_data[0]['train']分别存储训练输入和训练输出并赋给 X_data 和 Y_data。X 表示输入的特征数据，包括 Year、Month、Day、Hour、DEWP、HUMI、PRES、TEMP、lws 和 lprec。Y 表示输出的 PM2.5 浓度。

```
#取所有特征数据，特征包括 Year、Month、Day、Hour、DEWP、HUMI、PRES、TEMP、lws 和 lprec
#并存储为训练输入
X_data = data.dt_data[ 0 ] [ 'train' ] [ :, :-1 ]
Y_data = data.dt_data[ 0 ] [ 'train' ] [ :, -1: ].T [ 0 ]
#取 PM2.5 浓度数据，并存储为训练输出
```

通过 data.test_data 分别存储测试输入和测试输出并赋给 X_data_test 和 Y_data_test。

```
#取所有特征数据，特征包括 Year、Month、Day、Hour、DEWP、HUMI、PRES、TEMP、lws 和 lprec
#并存储为测试输入
X_data_test = data.test_data[ :, :-1 ]
Y_data_test = data.test_data[ :, -1: ].T [ 0 ]
#取 PM2.5 浓度数据，并存储为测试输出
```

第三步，创建 CART 回归树。

scikit-learn 库中包含 tree 模块，从该模块中调用 DecisionTreeRegressor()方法可以创建 CART 回归树模型，调用时采用 DecisionTreeRegressor()的默认参数，可用如下代码创建模型对象：

```
skdt = tree.DecisionTreeRegressor()
```

上述创建 CART 回归树采用默认参数，接下来输入训练数据训练回归树。DecisionTreeRegressor 模型类的 fit()函数在输入训练数据(X_data,Y_data)后自动执行拟合，并且根据模型的默认参数采用均方误差作为选择特征的依据，在训练时自动计算数据集的均方误差，并选择均方误差最小的特征划分数据，其代码如下：

```
clf = skdt.fit( X_data, Y_data )    #X_data 和 Y_data 用于训练回归树
```

fit()函数的主要参数为：

```
fit( x, y, batch_size = 32, epochs = 10, verbose = 1, callbacks = None )
```

其中，x 为输入数据，y 为标签，batch_size 表示梯度下降时每个批次包含的数据数，epochs 表示训练终止时的轮数，verbose 表示显示日志，1 为输出进度条记录，callbacks 表示函数回调。

fit() 函数执行后，模型对象 skdt 将被训练直至达到停止条件得到完整的回归树。将训练好的 CART 回归树模型赋给 clf，之后可以利用训练好的回归树进行预测。图 8.4 所示是根据完整数据集训练出来的用于预测 PM2.5 浓度的 CART 回归树。

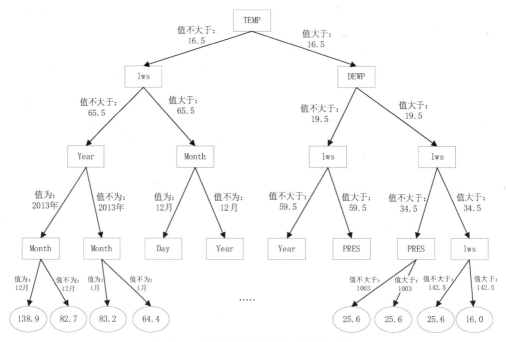

图 8.4　预测 PM2.5 浓度的 CART 回归树

8.3.4　用 CART 回归树实现预测

使用训练好的回归树模型 clf，根据预测输入 X_data_test 调用回归树模型的 predict() 函数进行预测，得到的预测输出 Y_data_test_out 为：

```
Y_data_test_out = clf.predict(X_data_test)
```

对应图 8.4 所示的回归树进行进一步说明：输入测试数据后，根据 CART 回归树预测未来上海空气的 PM2.5 浓度，首先判断 TEMP，如果 TEMP 不大于 16.5℃则判断 lws，如果 lws 不大于 65.5m/s 则判断 Year，如果 Year 为 2013 年则判断 Month，如果 Month 为 12 月则根据叶子节点预测出未来一个小时空气中 PM2.5 的浓度为 138.9μg/m³，为中度污染。

预测结果分析：为了观察 CART 回归树的预测效果，将某段时间内的真实数据与利用 CART 回归树预测得到的数据进行比较，截取 200 个数据点绘制的曲线图如图 8.5 所示。绘制曲线图的代码如下：

```
a, b = select(Y_data_test_out, Y_data_test, count = 200)
#从真实结果和预测结果中选择 200 个数据画图
plt.plot(list(range(len(a))), a, 'r--', list(range(len(b))), b, 'g--')
```

```
#以 a、b 的长度范围为 x 轴，以 a、b 的值为 y 轴绘制曲线
#a 的曲线为预测数据，b 的曲线为真实数据
plt.legend(['预测', '真实'])      #设置图例，'r--'为预测，'g--'为真实
plt.title('预测数据')              #设置图片标题
plt.show()                         #显示曲线图
```

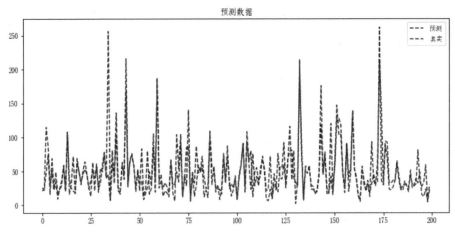

图 8.5　CART 回归树预测结果与真实结果的曲线图

进一步评价预测性能，定义均方误差函数：采用 np.array() 创建数组，分别存储 PM2.5 浓度的真实输出和预测输出，计算真实输出与预测输出之间的差值并返回均方误差。定义误差函数如下：

```
def errorLoss(initialData, outData):
    trueData= np.array(initialData)      #创建数组存储真实输出
    preData = np.array(outData)          #创建数组存储预测输出
    diff = trueData − preData            #计算真实输出与预测输出的差值
return np.sum([i ** 2 for i in diff]) / len(trueData)    #返回均方误差
```

利用上述函数计算真实结果与预测结果之间的误差，输出代码为：

```
print(errorLoss(Y_data_test, Y_data_test_out))
```

输出结果为：632.2103。

上述指标可以直观显示出预测结果与真实结果之间的差距。该计算结果表明 CART 回归树具有一定的预测和解决问题的能力，预测的 PM2.5 浓度结果可以作为未来空气质量的参考。但是采用 CART 回归树进行预测时，仍然存在较大的误差，相比前文介绍的回归模型，CART 回归树的预测能力稍弱。因此，也可以在现有的 CART 回归树基础之上进行改进，提高该模型解决问题的能力。

本章小结

本章描述了决策树的概念，并且利用两种常见的决策树解决实际问题。ID3 决策树采用"贪心"的方式，每次选择信息增益最大的特征作为最优划分特征。CART 决策树采用二元切分法，根据基尼指数或均方误差选择最优划分特征，每次将数据切分为两份，分别归类为左、右子树。相较于 ID3 决策树，CART 决策树既可以用于解决分类问题，也可以用于解决回归

问题，在实际场景中应用得更加广泛。

对决策树知识的学习与掌握非常重要，是学习随机森林（Random Forest，RF）、梯度增强决策树（Gradient Boosting Decision Tree，GBDT）、极限梯度提升（eXtreme Gradient Boosting，XGBoost）、轻量梯度提升（Light Gradient Boosting，LightGB）等集成方法的基础。希望读者通过对本章的学习可以深入理解决策树的基础理论。

课后习题

一、选择题

1. 下列不属于决策树生成算法的是（   ）。

A．LSTM   B．CART   C．ID3   D．C4.5

2. 下列哪一项是决策树的优点？（   ）

A．直观和可视化   B．易于追溯和倒推

C．效率高   D．适合特征关联强的数据

3. CART 回归树的分支衡量标准是（   ）。

A．信息熵   B．信息增益

C．基尼指数   D．均方误差

4. 下列哪一项不是决策树划分停止的条件？（   ）

A．数据属于同一类别

B．数据特征数为 0

C．信息增益为 0

D．决策树深度达到阈值

二、填空题

1. 决策树的构建过程主要用_____实现。（递归/迭代）

2. CART 决策树不使用信息增益作为划分标准的原因是_____。

3. ID3 决策树选择划分节点的标准是_____，CART 决策树选择划分节点的标准是_____。

4. 根据表 8.6 所示的数据构建 ID3 决策树，完成计算并填空。

（1）该数据集的信息熵为_____。

（2）"年龄"特征的信息增益为_____，"收入"特征的信息增益为_____，"学生"特征的信息增益为_____，"信用等级"特性的信息增益为_____。

（3）根据上述数据构建 ID3 决策树的左子树根节点的特征是_____。

表 8.6   购买计算机数据集

训练数据	年龄	收入	学生	信用等级	购买计算机
1	青年	高	否	一般	否
2	青年	高	否	好	是
3	中年	高	否	一般	是
4	老年	中等	否	一般	否

训练数据	年龄	收入	学生	信用等级	购买计算机
5	老年	低	是	好	否
6	青年	中等	是	好	是
7	中年	中等	是	一般	否
8	中年	低	是	好	是

三、问答和编程

1．试分析 ID3 决策树和 CART 决策树的异同。

2．编程实现基于 scikit-learn 库求解 CART 分类树。

3．若不采用 scikit-learn 库，编程实现 CART 决策树。

4．查阅资料，编程实现其他任意一种决策树。

5．信贷业务是银行的一项重要的资产业务，但是在信贷业务中存在诸多风险。为了实现银行信贷业务的可持续发展，需要实现风险管理程序以判断是否可批准贷款。试根据表 8.7 所示的信贷决策数据集，构建 CART 决策树，回答对于测试数据 {"青年","已婚","有","好"}，银行是否同意该贷款申请？

表 8.7 信贷决策数据集

训练数据	年龄	婚配	工作	信誉	可贷款
1	青年	未婚	有	好	是
2	青年	未婚	有	差	否
3	青年	已婚	无	好	是
4	青年	未婚	无	好	否
5	中年	未婚	无	好	否
6	中年	已婚	有	差	否
7	中年	已婚	无	差	否
8	中年	未婚	有	好	是
9	老年	已婚	有	好	是
10	老年	未婚	有	差	否
11	老年	已婚	无	好	是

第 **9** 章　神经网络及其Python实现

学习目标：

- 掌握全连接神经网络的基本原理与 Python 实现；
- 掌握卷积神经网络的基本原理与 Python 实现。

9.1　神经网络简介

小张的家里养了一条狗、一只猫和一只兔子，计算机里也存了这 3 种宠物的大量照片，计算机能不能自动将 3 种宠物照片快速地分辨出来？学习时需要阅读的文献太多，怎么高效率地按照文件类型进行整理？公安部门公布了在逃嫌犯的照片，公共监控系统如何将拍摄到的画面与嫌犯照片进行精准比对？

以上场景都是现实生活中经常会遇见的，本质上都是通过对数据的已有信息进行观察和分析，从而实现对数据的分类、整理。神经网络可以很好地实现这一功能，通过从**数据**中学习**特征**与**标签**之间的关系，便可以根据新数据的特征计算其分类标签。

以图像分类为例，给定若干个由 N 维像素矩阵组成的图像集 S，其中 s 为 S 中的一个图像，x 为 s 的特征。这里将像素作为图像的特征，则 $x = [x_{ij}, i, j \in (1, N)]$，其中 x_{ij} 为图像 s 的第 i 行第 j 列像素。神经网络根据训练数据学习得到一个分类函数 $f(x)$，该函数的值 $\hat{y}$ 便是当前函数对图像的**分类**结果，公式如下：

$$\hat{y} = f(x) = f(Wx + \theta) \tag{9.1}$$

该公式就是需要学习的分类模型。其中，$f()$ 为激活函数，通常为 Sigmoid 函数，W 为分类函数中的投影矩阵，即 $W = (\omega_{ij}, i, j \in (1, N))$，$\theta$ 为偏置项。神经网络要学习和调整的参数为 W 和 θ。训练神经网络的过程就是寻找一条合适的曲线，使得其与特征空间中所有数据点的距离最小。

神经网络是一种模仿生物神经网络行为特征,进行分布式并行信息处理的算法数学模型。这种网络依靠系统的复杂程度，通过调整内部大量节点之间相互连接的关系，从而达到处理信息的目的。神经网络的发展大致经历了 3 次高潮：20 世纪 40 年代～20 世纪 60 年代的控制论、20 世纪 80 年代～20 世纪 90 年代中期的联结主义以及 2006 年以来的深度学习。1943 年，McCulloch 和 Pitts 首次提出神经元的 M-P 模型。该模型借鉴了已知的神经细胞生物衍生过程原理，是第一个神经元数学模型，是人类历史上第一次对大脑工作原理进行描述的尝试。M-P

模型的工作原理是对神经元的输入信号加权求和，与阈值比较，再决定神经元是否输出。这从原理上证明了人工神经网络可以计算任何算术和逻辑函数。1949 年，唐纳德·奥尔丁·赫布（Donald Olding Hebb）对神经元之间连接强度的变化进行了分析，首次提出来一种调整权值的方法，称为 Hebb 学习规则。1958 年，弗兰克·罗森布拉特（Frank Rosenblatt）发明了一种称为感知器（Perceptron）的人工神经网络。它可以被视为一种形式最简单的前馈神经网络。1969 年，Marvin Minsky 和西摩·佩珀特（Seymour Papert）发现了神经网络的两个重大缺陷：其一，基本感知器无法处理异或回路；其二，当时计算机的计算能力不足以用来处理大型神经网络。自此，神经网络的研究陷入了很长一段时间的低迷期。1974 年，保罗·韦尔博斯（Paul Werbos）提出了用误差反向传导（Back Propagation）来训练人工神经网络，有效解决了异或回路问题，使得训练多层神经网络成为可能。1982 年，John Hopfield 提出了连续和离散的 Hopfield 神经网络，并采用全互联型神经网络尝试对非多项式复杂度的旅行商问题进行求解，促进神经网络的研究再次进入蓬勃发展的时期。1983 年，Geoffrey Hinton 和谢诺夫斯基（Sejnowski）设计了玻尔兹曼机。在全连接的反馈神经网络中，包含可见层和一个隐层，这就是玻尔兹曼机。1986 年，Rumelhart Geoffrey Hinton、威廉斯（Williams）发展了多层感知器的误差反向传播算法（BP 神经网络学习算法）。1988 年，戴维·布鲁姆黑德（David Broomhead）和戴维·洛（David Lowe）将径向基函数引入神经网络的设计，形成了径向基函数神经网络（Radial Basis Function Neyral Network，RBFNN）。RBFNN 是神经网络真正走向实用化的一个重要标志。1997 年，泽普·霍赫赖特（Sepp Hochreiter）和于尔根·施米德胡贝（Jürgen Schmidhuber）提出了长短期记忆（Long Short-Term Memory，LSTM）神经网络。1998 年，以 Yann LeCun 为首的研究人员实现了一个 7 层的卷积神经网络 LeNet-5 以识别手写数字。21 世纪初，借助 GPU 和分布式计算，计算机的计算能力大大提升，深度神经网络方法及深度学习得到了快速发展。2006 年，Geoffrey Hinton 用贪婪逐层预训练算法有效训练了一个深度信念网络。2009—2012 年，Jürgen Schmidhuber 带领研究小组发展了递归神经网络和深度前馈神经网络。2012 年，Geoffrey Hinton 和他的学生亚历克斯·克里日夫斯基（Alex Krizhevsky）提出了 AlexNet，并在 ImageNet 大赛上以远超第二名的成绩夺冠，使卷积神经网络乃至深度学习引起了广泛的关注。此后，更多的神经网络被提出，例如 VGG、GoogLeNet。

神经网络的实现较为复杂，目前已有较为成熟的 Python 神经网络库可以直接使用。以下分别介绍两种基于 Python 的神经网络和深度学习库，即 Keras 和 TensorFlow；并从最基础的全连接神经网络（Fully Connected Neural Network，FCNN）出发，带领读者学习和掌握神经网络的基本训练方法和基于 Keras 库的实现方法；进一步讨论更复杂的卷积神经网络（Convolutional Neural Network，CNN）的基本原理和基于 TensorFlow 的实现方法。

9.2　TensorFlow

9.2.1　TensorFlow 简介

TensorFlow 是由谷歌公司在 2015 年 11 月发布的深度学习开源工具，可用来快速构建神经网络，并训练深度学习模型。TensorFlow 及其他开源框架提供了一个更利于搭建深度神经网络的模块工具箱，使得我们在开发时能够简化代码，并且让最终呈现出的模型更加简洁、易懂。

2019 年，TensorFlow 推出了 2.0 版本，也意味着 TensorFlow 从 1.x 时代正式过渡到 2.x 时代。据 TensorFlow 官方介绍的内容显示，TensorFlow 2.0 版本将专注于简洁性和易用性的改善。因此，本节主要介绍 TensorFlow 2.0 的使用。

作为一个端到端的开源机器学习库，TensorFlow 用于感知和语言理解任务的机器学习，拥有多层级结构，可部署于各类服务器、PC 终端和网页并支持 CPU、GPU 和 TPU 高性能数值计算，被广泛应用于谷歌内部的产品开发和各领域的科学研究。TensorFlow 提供 Python 下的 4 个不同版本：CPU 版本（tensorflow）、GPU 加速的版本（tensorflow-gpu），以及它们的每日编译版本（tf-nightly、tf-nightly-gpu）。TensorFlow 的 Python 版本支持 Ubuntu 16.04、Windows 7、macOS 10.12.6 Sierra、Raspbian 9.0 及对应更高版本的操作系统，其中 macOS 版不包含 GPU 加速。安装 TensorFlow 可以使用模块管理工具 pip/pip3 或 Anaconda 并在终端直接运行。

TensorFlow 是一个强大的库，可执行大规模的数值计算，如矩阵乘法或自动微分，这两种运算是实现和训练深度神经网络所必需的。TensorFlow 的底端由 C++实现，计算速度快。TensorFlow 有一个高级机器学习 API（tf.contrib.learn），可以更容易地配置、训练和评估大量的机器学习模型。TensorFlow 库中也可以使用 Keras 库。因此，TensorFlow 成为了非常受欢迎的深度学习库。

9.2.2　TensorFlow 2.0 的安装

我们可以通过 pip 指令安装 TensorFlow 2.0，又由于 TensorFlow 存在 CPU 版和 GPU 版，因此我们可分别通过不同的指令来安装它们。如果是 GPU 版，还需要进行 cuda 的配置。关于 cuda 的配置，具体可参见官方资料，本书不赘述。pip 指令默认是从官方地址下载安装程序，如果想要提速，则可以选择第 1 章介绍的镜像源。

```
pip install tensorflow          #安装 CPU 版
pip install tensorflow-gpu      #安装 GPU 版
```
安装完成后，在命令提示符窗口输入如下 Python 语句进行测试。
```
import tensorflow as tf
```
执行该语句后，如果不提示任何错误，则说明安装成功。

9.2.3　TensorFlow 2.0 的张量

与 NumPy 类似，一维的数组称为向量，二维的数组称为矩阵，N 维数组则称为**张量**（Tensor）。可以看出，零阶张量即标量，一阶张量即向量，二阶张量即矩阵，而更重要的 N 阶张量就是 N 维数组。在 NumPy 中，数据使用 Ndarray 多维数组进行定义，而在 TensorFlow 中，数据都使用张量进行表述。

在 TensorFlow 中，每一个张量都具备两个基础属性：数据类型（默认为 float32）和形状。根据不同的用途，TensorFlow 中主要有两种张量类型，分别是变量张量和常量张量。

- tf.Variable：变量张量，需要指定初始值，常用于定义可变参数，例如神经网络的权重。
- tf.constant：常量张量，需要指定初始值，定义不变化的张量。

我们可以通过传入列表或 NumPy 数组来新建变量张量和常量张量。以下代码演示了创建张量及输出张量的过程。

```
import tensorflow as tf
print(tf.__version__)
v = tf.Variable([[1, 2], [3, 4]])   #形状为(2, 2)的二维变量张量
print(v)
c = tf.constant([[1, 2], [3, 4]])   #形状为(2, 2)的二维常量张量
print(c)
c_numpy = c.numpy()
print(c_numpy)
```

运行后输出结果如下：

```
'2.0.0'
<tf.Variable 'Variable:0' shape = (2, 2) dtype = int32, numpy =
array([[1, 2],
       [3, 4]], dtype = int32)>
<tf.Tensor: id = 9, shape = (2, 2), dtype = int32, numpy =
array([[1, 2],
       [3, 4]], dtype = int32)>
```

以下是经常会用到的新建特殊常量张量的方法。

- tf.zeros()：新建指定形状且元素全为 0 的常量张量。
- tf.zeros_like()：参考某种形状，新建元素全为 0 的常量张量。
- tf.ones()：新建指定形状且元素全为 1 的常量张量。
- tf.ones_like()：参考某种形状，新建元素全为 1 的常量张量。
- tf.fill()：新建一个指定形状且元素全为某个标量的常量张量。

以下代码是上述方法的使用示例。

```
import tensorflow as tf
c = tf.zeros([3, 3])      #3 × 3且元素全为 0 的常量张量
d = tf.ones_like(c)       #与 c 形状一致，且元素全为 1 的常量张量
e = tf.fill([2, 3], 6)    #2 × 3且元素全为 6 的常量张量
print(c)
print(d)
print(e)
```

输出如下：

```
<tf.Tensor: id = 12, shape = (3, 3), dtype = float32, numpy =
array([[0., 0., 0.],
       [0., 0., 0.],
       [0., 0., 0.]], dtype = float32)>
<tf.Tensor: id = 15, shape = (3, 3), dtype = float32, numpy =
array([[1., 1., 1.],
       [1., 1., 1.],
       [1., 1., 1.]], dtype = float32)>
<tf.Tensor: id = 18, shape = (2, 3), dtype = int32, numpy =
array([[6, 6, 6],
       [6, 6, 6]], dtype = int32)>
```

9.2.4　TensorFlow 2.0 的基本运算

TensorFlow 2.0 带来的最大改变之一是将 1.x 版本的 Graph Execution（静态图机制）更改为 Eager Execution（动态图机制）。在 1.x 版本的 TensorFlow 中，首先需要定义数据流图，然

后再创建 TensorFlow 会话，这一点在 2.0 版本中被完全舍弃。TensorFlow 2.0 中的 Eager Execution 是一种命令式编程环境，可立即评估操作，无须构建图。

因此，TensorFlow 的张量运算过程可以像 NumPy 一样直观、自然。以下是一些 TensorFlow 2.0 基本运算的示例。

```
#接上面代码
cc = c + c    #加法计算
print(cc)
a = tf.constant([1., 2., 3., 4., 5., 6.], shape = [2, 3])
b = tf.constant([7., 8., 9., 10., 11., 12.], shape = [3, 2])
ab = tf.linalg.matmul(a, b)              #矩阵乘法
abt = tf.linalg.matrix_transpose(ab)    #矩阵转置
print(ab)
print(abt)
```

运行后输出结果如下：

```
<tf.Tensor: id = 27, shape = (3, 3), dtype = float32, numpy =
array([[0., 0., 0.],
       [0., 0., 0.],
       [0., 0., 0.]], dtype = float32)>
<tf.Tensor: id = 34, shape = (2, 2), dtype = float32, numpy =
array([[ 58.,  64.],
       [139., 154.]], dtype = float32)>
<tf.Tensor: id = 36, shape = (2, 2), dtype = float32, numpy =
array([[ 58., 139.],
       [ 64., 154.]], dtype = float32)>
```

9.2.5 TensorFlow 2.0 的自动微分和梯度计算

多元函数中的一个变量的导数称为偏导数，由全部变量的偏导数汇总而成的张量称为梯度。神经网络的学习过程，实质就是沿梯度方向找到函数的最高点或最低点的过程。对于复杂函数，其微分过程是极其麻烦的。为了提高应用效率，大部分深度学习框架都有自动微分机制。

TensorFlow 为自动微分机制提供了 tf.GradientTape API，可以跟踪全部运算过程，以便在必要的时候计算梯度，示例代码如下所示。

```
w = tf.Variable([1.0])              #新建张量
with tf.GradientTape() as tape:    #追踪梯度
    loss = w * w
grad = tape.gradient(loss, w)      #计算梯度
print(grad)
```

运行后输出结果如下：

```
<tf.Tensor: id = 52, shape = (1,), dtype = float32, numpy = array([2.,
                          dtype = float32)>
```

上例演示了一个自动微分的过程，它的数学求导过程如下：

$$\text{loss} = w^2 \rightarrow \frac{\partial \text{loss}}{\partial w} = 2w$$

所以当 w 等于 1 时，计算结果为 2。tf.GradientTape 会像磁带一样记录下相关梯度信息，然后使用.gradient()即可回溯计算出任意梯度，这对使用 TensorFlow 库构建神经网络时更新参数非常重要。

9.2.6　TensorFlow 2.0 的常用模块

对 TensorFlow 库的使用，实际上就是灵活运用各种封装好的类和函数。由于 TensorFlow 库中模块数量太多，更新太快，因此要养成随时查阅官方文档的习惯。以下为 TensorFlow 库中的常用模块。

- tf：包含张量定义、变换等常用函数和类。
- tf.data：输入数据处理模块，提供了如 tf.data.Dataset 等类，用于封装输入数据、指定批量大小等。
- tf.image：图像处理模块，提供了如图像裁剪、变换、编码、解码等类。
- tf.keras：原 Keras 框架的高阶 API，包含原 tf.layers 中的高阶神经网络层。
- tf.linalg：线性代数模块，提供了大量线性代数计算方法和类。
- tf.losses：损失函数模块，便于定义神经网络的损失函数。
- tf.math：数学计算模块，提供了大量数学计算函数。
- tf.saved_model：模型保存模块，可用于模型的保存和恢复。
- tf.train：提供用于训练的组件，例如优化器、学习速率衰减策略等。
- tf.nn：提供用于构建神经网络的底层函数，以帮助实现深度神经网络的各类功能层。
- tf.estimator：高阶 API，提供了预创建的 Estimator 或自定义组件。

在构建深度神经网络时，TensorFlow 可以说提供了大量会用到的组件，从不同形状的张量、激活函数、神经网络层到优化器、数据集等，一应俱全。

9.3　Keras

9.3.1　Keras 简介

Keras 是由纯 Python 编写的面向对象的基于 TensorFlow 的深度学习库。Keras 支持简易和快速的原型设计，秉承用户友好、模块化、易扩展的设计原则，没有特定格式的单独配置文件，可以在 CPU 和 GPU 上无缝切换。Keras 允许构建任意的神经网络模型，可以进行机器学习模型的设计、调试、评估、应用以及可视化。Keras 包含许多常用神经网络构建块的实现，例如层、目标函数、激活函数、优化器和一系列工具，可以轻松地处理图像数据和文本数据，其代码托管在 GitHub 上。

Keras 里有两种搭建神经网络模型的方式：一种是序列模型（Sequential 模型）；另一种是函数式模型（Model 模型）。两者差异在于不同的拓扑结构。Sequential 模型是多个网络层的线性堆叠，逐层添加网络结构。使用 Sequential 模型，首先我们要实例化 Sequential 类，之后使用该类的 add() 函数加入每一层网络，从而实现最终的模型。Model 模型则用于设计非常复杂、任意拓扑结构的神经网络，能够比较灵活地构造网络结构，设置各层级关系。Sequential 模型可视为 Model 模型的一种特例。使用 Model 模型，首先使用 Input() 函数将输入转换为一个张量，然后将每一层用变量存储后，作为下一层的参数，最后使用 Model 类将输入和输出作为参数使用即可搭建模型。

下面先介绍 Keras 的安装，再分别介绍 Sequential 模型和 Model 模型。

9.3.2 Keras 的安装

Keras 依赖于 TensorFlow 库，所以在安装 Keras 前需要先安装 TensorFlow，然后用如下指令安装 Keras。

```
pip install keras
```

安装完成后，可以用如下指令进行测试。运行后，如果没有提示错误，则说明安装成功。

```
import keras
```

9.3.3 Keras 的 Sequential 模型

Keras 最简单的模型是 Sequential 模型，它是多个网络层的线性堆叠。这种模型的编译速度快、操作简单，主要流程如下。

（1）构建模型

```
from keras import models          #导入 models 模块用于组装各个组件
from keras import layers          #导入 layers 模块用于生成神经网络层
neural_net = models.Sequential()  #组合层级叠加的网络架构
neural_net.add(layers)            #添加模型的网络层
neural_net.summary()             #输出网络初始化后各层的参数概况
```

其中，neural_net 即创建的 Sequential 模型，neural_net.add() 函数用于添加模型的网络层，neural_net.summary() 函数用于输出模型结构和参数概况。

（2）训练模型

```
neural_net.compile(optimizer= keras.optimizers.SGD(lr = 0.1),
                         loss = 'mse', metrics = ['accuracy'])
#配置网络的训练方法
history = neural_net.fit(x, y, epochs, batch_size)   #执行模型的训练
```

neural_net.compile() 函数用于配置网络的训练方法，keras.optimizers.SGD() 为随机梯度下降方法，neural_net.fit() 函数用于执行模型的训练，其中参数说明如下。

- optimizer：优化方法，通常为随机梯度下降方法。
- loss：优化损失函数，默认为均方误差。
- metrics：在训练和测试时评估模型性能的指标，在分类任务中通常为正确率。
- x：输入数据。
- y：输入数据对应的标签。
- epochs：训练批次，只能是整数。
- batch_size：一个训练批次包含的数据量。

（3）测试模型

模型训练好后，可以使用如下代码对新的数据进行测试。

```
test_loss, test_acc = neural_net.evaluate(data, label, batch_size)
#测试模型
```

neural_net.evaluate() 函数用于测试训练后的模型，其中参数说明如下。

- data：用于测试的输入数据。
- label：测试数据对应的标签。
- batch_size：测试批次包含的数据量。

9.3.4　Keras 的 Model 模型

前一小节介绍了 Sequential 模型的使用，本小节介绍如何使用 Model 模型。以下是一个简单的例子。

（1）构建模型

```
from keras.layers import Input,Dense
#Input 用于接收模型的输入；Dense 用于构建全连接层
from keras.models import Model                    #用于构建 Model 模型
inputs = Input(shape = (784,))                    #设置模型输入数据的格式
x = Dense(64, activation = 'relu')(inputs)        #全连接层的输入层
x = Dense(64, activation = 'relu')(x)             #全连接层的隐藏层
predictions = Dense(10, activation = 'softmax')(x)  #全连接层的输出层
model = Model(inputs = inputs, outputs = predictions)
#构建模型并设置模型的输入和输出
```

其中，model 即创建的 Model 模型，inputs 为模型的输入，outputs 为模型的输出。

（2）训练模型

```
model.compile(optimizer = 'rmaprop',
              loss = 'categorical_crossentropy',
              metrics = ['accuracy'])    #设置模型的优化方法、损失函数、性能指标
model.fit(data,labels)#start training    #训练模型
```

模型创建好之后，需要对模型的学习过程进行编译，否则在调用 fit() 或者 evaluate() 时会抛出异常。compile(self, optimizer, loss, metrics = None, sample_weight_mode = None, weighted_metrics = None, target_tensors = None) 函数用于执行模型的编译，fit(self, x, y, batch_size = 32, epochs = 10, verbose = 1, callbacks = None, validation_split = 0.0, validation_data = None, shuffle = True, class_weight = None, sample_weight = None, initial_epoch = 0) 函数用于执行模型的训练。

compile() 函数主要接收第 2~4 个参数，其参数说明如下。

- optimizer：字符串类型，用来指定优化方法，如 rmsprop、adam、sgd。
- loss：字符串类型，用来指定损失函数，如 categorical_crossentropy、binary_crossentropy。
- metrics：列表类型，用来指定衡量模型性能的指标，如 accuracy。

fit() 函数的部分参数说明如下。

- x：训练数据数组，如果输入的是框架本地的张量（如 TensorFlow 的数据 tensors），x 可以是 None（默认）。
- y：目标（标签）数据数组，如果输入的是框架本地的张量（如 TensorFlow 的数据 tensors），y 可以是 None（默认）。
- batch_size：指定批量大小，为整数或者为 None，如果没有指定，默认值为 32。
- epochs：指定训练时全部数据的迭代次数，为整数。

（3）测试模型

模型训练完成后，通过如下代码可以对模型进行测试。

```
model.predict(self, x, batch_size = 32, verbose = 0)    #测试模型
```

predict() 函数按照 batch_size 获得数据对应的输出结果，返回值为 batch_size 大小的 NumPy 张量，其中部分参数说明如下。

- x：测试数据数组，格式要求同 fit() 函数中的 x。
- y：目标（标签）数据数组，情况同 fit() 函数中的 y。

- batch_size：其含义同 fit()函数中的 batch_size。
- verbose：用于日志显示控制，其值若为 0 则不输出日志信息，若为 1 则输出进度条记录，默认值为 0。

9.4　全连接神经网络及其 Keras 实现

全连接神经网络是一种最简单的神经网络，通常用于完成分类任务。下面对全连接神经网络的基本原理、模型构建、训练方法以及在图像识别上的应用分别展开介绍。

9.4.1　全连接神经网络的基本原理

全连接神经网络包含 3 层结构：输入层、隐含层（一层或多层）、输出层。图 9.1 所示为全连接神经网络的结构示意图。**所谓全连接，就是每一层中的神经元与后面一层的各个神经元都有连接，同层神经元之间不存在连接，也不存在跨层连接。**输入层用来接收数据的特征输入，输入层的神经元不会对特征进行函数处理；隐含层用于对输入的特征进行加工处理，通过其内部神经元的激活函数实现；输出层用于接收隐含层的加工信息并输出分类结果，输出层的神经元通过激活函数将加工信息映射为输出值。其中，在隐含层和输出层的神经元上使用激活函数是为了增加网络的非线性映射能力。若没有激活函数，每一层的输出都是上一层输入的线性组合，也就不是神经网络了。常见的激活函数有 Sigmoid 函数、ReLU 函数和 Softmax 函数，详细说明如表 9.1 所示。

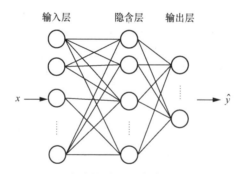

图 9.1　全连接神经网络的结构示意图

表 9.1　　　　　　　　　　　　　　　常见的激活函数

激活函数	表达式	特点
Sigmoid	$S(x) = \dfrac{1}{1 + e^{-x}}$	将数值映射至(0,1)； 在数值相差不大时效果较好
ReLU	$\mathrm{ReLU}(x) = \begin{cases} x, & x > 0 \\ 0, & x \leq 0 \end{cases}$	计算过程简单； 其为目前最受欢迎的激活函数之一
Softmax	$S_i = \dfrac{e^i}{\sum_j e^j}$	将数值映射至(0,1)； 通常用于多分类神经网络输出

前向传播和反向传播是指神经网络中信息流动的两个方向。**前向传播**指的是数据从输入

层开始，依次经过隐含层，最终到达输出层的过程。**反向传播**指的是从输出层的结果产生的误差，通过复合函数链式求导法则按照前向传播的反方向更新各层参数的过程。

全连接神经网络的计算过程（**前向传播**）如下。

输入数据特征为 x，隐含层的输出为 $h(x)$，计算公式为：

$$h(x)=g(W_1 x+\theta_1) \tag{9.2}$$

其中，W_1 和 θ_1 分别为输入层和隐含层之间的连接权重矩阵和偏置项，$g()$ 为隐含层的激活函数。

在输出层输出分类结果 $\hat{y}$，计算公式为：

$$\hat{y} = f(W_2 h(x) + \theta_2) \tag{9.3}$$

其中，W_2 和 θ_2 分别为隐含层与输出层之间的连接权重矩阵和偏置项，$f()$ 为输出层的激活函数。

下面举个例子，如果 $x=[1,2,3]$，$W_1 = \begin{bmatrix} 1 & 1 & 1 \\ 2 & 2 & 2 \\ 3 & 3 & 3 \end{bmatrix}$，$W_2 = \begin{bmatrix} 2 & 2 & 2 \\ 3 & 3 & 3 \\ 4 & 4 & 4 \end{bmatrix}$，$\theta_1 = \theta_2 = [1,1,1]$，

$g() = f() = \dfrac{1}{1+\mathrm{e}^{-z}}$，则有

$$z_1 = W_1 x + \theta_1 = [1\times1+1\times2+1\times3+1, 2\times1+2\times2+2\times3+1, 3\times1+3\times2+3\times3+1] = [7,13,19]$$

$$h(x) = \frac{1}{1+\mathrm{e}^{-z_1}} = \frac{1}{1+\mathrm{e}^{-[7,13,19]}} = [0,99908895, 0.99999774, 0.99999999]$$

$$z_2 = W_2 h(x) + \theta_2 = [6.99817336, 9.99726004, 12.99634672]$$

$$\hat{y} = \frac{1}{1+\mathrm{e}^{-z_2}} = [0.99908728, 0.99995448, 0.99999773]$$

为了使分类结果更贴近目标，需要训练全连接神经网络。全连接神经网络的训练，本质上就是学习输入层与隐含层之间的连接权重矩阵 W_1 和偏置项 θ_1、隐含层与输出层之间的连接权重矩阵 W_2 和偏置项 θ_2。

全连接神经网络的训练是通过**反向传播**实现的。首先，由分类结果 $\hat{y}$ 与数据标签 y 计算得到损失值。**损失函数**通常选择均方误差，即数据的分类结果与真实标签之间的欧氏距离。均方误差损失函数 Loss 的计算公式如下：

$$\mathrm{Loss} = \frac{1}{2K} \sum_{k=1}^{K} (\hat{y}^k - y^k)^2 \tag{9.4}$$

其中，K 为数据量，$\hat{y}^k$ 和 y^k 分别表示第 k 个数据的分类结果和标签。

因此，训练全连接神经网络的过程，就是最小化均方误差的过程，通常使用反向传播来实现。**反向传播是一种迭代学习算法**，在每轮迭代中对参数进行更新。反向传播基于**梯度下降法**，以目标的负梯度方向对参数进行更新。各参数的梯度计算公式如下：

$$\nabla W_1 = -\frac{\partial \text{Loss}}{\partial W_1} \tag{9.5}$$

$$\nabla \theta_1 = -\frac{\partial \text{Loss}}{\partial \theta_1} \tag{9.6}$$

$$\nabla W_2 = -\frac{\partial \text{Loss}}{\partial W_2} \tag{9.7}$$

$$\nabla \theta_2 = -\frac{\partial \text{Loss}}{\partial \theta_2} \tag{9.8}$$

那么，各参数的更新公式为：

$$W_1 = W_1 + \lambda \nabla W_1 \tag{9.9}$$

$$\theta_1 = \theta_1 + \lambda \nabla \theta_1 \tag{9.10}$$

$$W_2 = W_2 + \lambda \nabla W_2 \tag{9.11}$$

$$\theta_2 = \theta_2 + \lambda \nabla \theta_2 \tag{9.12}$$

其中，λ 为**学习速率**，且 $\lambda \in (0,1)$。**学习速率**作为神经网络训练中的重要参数，决定着损失函数的收敛速度和收敛效果。当学习速率过低时，收敛过程会变得非常缓慢；当学习速率过高时，梯度可能在损失函数最小值附近来回浮动，甚至可能无法收敛。因此，应当选择合适的学习速率，使损失函数在合适的时间内收敛到最小值。

当损失值小于给定值或者训练迭代至一定次数时，训练完成，此时全连接神经网络的分类性能达到最佳。在分类任务中，通常以正确率或者错误率作为神经网络的性能度量标准。正确率就是分类正确的数据数占数据总数的比例，错误率则是分类错误的数据数占数据总数的比例。

9.4.2 基于 Keras 库构建全连接神经网络

提出问题 以手写体数字图片数据集 MNIST 为例，实现对手写体数字图片的分类与识别。数据集 MNIST 可以从 Keras 库中加载获得，包含 60000 张训练图片和 10000 张测试图片。图 9.2 为数据集 MNIST 中的部分数据。

分析问题 数据集 MNIST 中每张图片的尺寸大小均为 28px × 28px，每张图片都对应一个数字标签，标签为 [0,9] 的一个整数，因此需要对图片进行 10 种分类。以下代码基于 Keras 库搭建具有单层隐含层的全连接神经网络，应用于图像识别。

第一步，导入所用框架和库。

首先，从 Keras 库导入数据集 MNIST 用于训练和测试模型；其次，导入 models 和 layers 模块用于搭建网络，models 模块用于组装各个组件，layers 模块用于生成神经网络层；接着，导入 TensorFlow 框架和依赖库 NumPy，方便后续使用工具包；最后，导入基于 scikit-learn 的 OneHotEncoder，用于对数据标签进行独热（one-hot）编码。

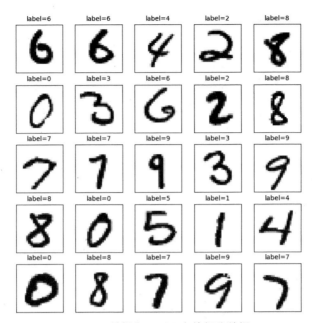

图 9.2　数据集 MNIST 中的部分数据

```
from keras.datasets import mnist    #导入数据集 MNIST 用于训练和测试模型
from keras import models            #导入 models 模块用于组装各个组件
from keras import layers            #导入 layers 模块用于生成神经网络层
import tensorflow as tf             #导入 TensorFlow 框架并命名为 tf
import numpy as np                  #导入 NumPy 库并命名为 np
from sklearn.preprocessing import OneHotEncoder
#从 sklearn.preprocessing 导入 OneHotEncoder,
#用于对数据标签进行独热编码
import matplotlib.pyplot as plt     #用于绘制图像
```

第二步，获取并处理训练集和测试集。

将 MNIST 数据集分为训练集和测试集，其中训练数据量和测试数据量分别为 60000 和 10000。为了防止数据集中特征值之间差值太大而影响训练结果，需要对特征值进行归一化，使其都在 (0,1) 范围内。其实现代码如下：

```
(train_images, train_labels), (test_images, test_labels) = mnist.load_data()
#分割训练集和测试集
#(train_images, train_labels)为训练集, (test_images, test_labels)为测试集
train_images = train_images.reshape((60000, 28*28))    #将训练集特征值转换为一维向量
train_images.astype('float32') / 255
#对训练集特征值进行归一化，以防止数值之间差值太大，影响训练结果
test_images = test_images.reshape((10000, 28*28))      #将测试集特征值转换为一维向量
test_images.astype('float32') / 255
#对测试集特征值进行归一化，以防止数值之间差值太大，影响训练结果
```

由于当前数据标签是离散型数据，需要对数据标签进行独热编码以使数值连续。

```
train_labels = train_labels.reshape(60000, 1)     #将训练数据标签转换为一维向量
test_labels = test_labels.reshape(10000, 1)       #将测试数据标签转换为一维向量
onehot_encoder = OneHotEncoder(sparse = False)    #设置独热编码格式
train_labels = onehot_encoder.fit_transform(train_labels)
```

```
#得到训练数据的标签编码结果
train_labels = tf.squeeze(train_labels)          #删除编码后维度为 1 的训练数据标签
test_labels = onehot_encoder.fit_transform(test_labels)
#得到测试数据的标签编码结果
test_labels = tf.squeeze(test_labels)            #删除编码后维度为 1 的测试数据标签
```

OneHotEncoder()函数中参数 sparse = False，使得 fit_transform()函数的返回值为一维数组。fit_transform()函数返回编码结果。由于数据的标签有 10 种，因此编码后数据标签的维度为 (1,10)，编码后的数据标签如表 9.2 所示。tf.squeeze()函数用于删除编码后维度为 1 的标签。

表 9.2   独热编码后的数据标签

数据标签	独热编码									
0	1	0	0	0	0	0	0	0	0	0
1	0	1	0	0	0	0	0	0	0	0
2	0	0	1	0	0	0	0	0	0	0
3	0	0	0	1	0	0	0	0	0	0
4	0	0	0	0	1	0	0	0	0	0
5	0	0	0	0	0	1	0	0	0	0
6	0	0	0	0	0	0	1	0	0	0
7	0	0	0	0	0	0	0	1	0	0
8	0	0	0	0	0	0	0	0	1	0
9	0	0	0	0	0	0	0	0	0	1

第三步，构建全连接神经网络。

models 模块中的 Sequential()函数用于组合层级叠加的网络架构；layers 模块中的 Dense()函数用于构建全连接神经网络并初始化输入层、隐含层和输出层。其中，参数 units 定义某层输出数据的长度，即神经元数量；activation 定义某层的激活函数；input_shape 定义某层输入数据的尺寸。add()函数用于添加隐含层和输出层。因为 MNIST 数据集中图片的尺寸大小为 $28px \times 28px$，所以输入层的神经元数量设置为 28×28。因为编码后的数据标签的长度为 10，所以输出层的神经元数量为 10。对于简单的数据集，通常一层隐含层就足够了，隐含层神经元的数量一般约为输入层的 2/3 加输出层神经元数量的 2/3，因此本例中隐含层的神经元数量设置为 512。隐含层的激活函数为 ReLU。输出层的激活函数为 Softmax，该函数适用于处理多分类问题。summary()函数用于输出网络初始化后各层的参数概况。全连接神经网络的构建代码如下：

```
neural_net = models.Sequential()   #组合层级叠加的网络架构
neural_net.add(layers.Dense(units = 512, activation ='relu', input_shape = (28
*28, )))
#设置隐含层的神经元数量和激活函数
neural_net.add(layers.Dense(units = 10, activation = 'softmax'))
#设置输出层的神经元数量和激活函数
neural_net.summary()              #输出网络初始化后各层的参数状况
```

另外，以下代码是使用 Sequential 模型的另一种用法来构建全连接神经网络的：

```
neural_net = models.Sequential(
    tf.keras.layers.Dense( 512, activation = 'relu' ),
    tf.keras.layers.Dense( 10, activation = 'softmax' ))
```

该网络各层之间的连接权重值和各层的偏置项值均是随机初始化并使权重服从正态分布的，具体为：输入层与隐含层之间的连接权重矩阵 W_1、隐含层的偏置项 θ_1、隐含层与输出层之间的连接权重矩阵 W_2、输出层的偏置项 θ_2。全连接神经网络初始化后的参数概况如图 9.3 所示。已知偏置项是个一维向量，且长度为所属层的神经元数量，因此隐含层的参数量为输入层的神经元数量×隐含层的神经元数量+隐含层偏置项的向量长度，即 $28^2 \times 512 + 512 = 401920$；输出层的参数量为隐含层的神经元数量×输出层的神经元数量+输出层偏置项的向量长度，即 $512 \times 10 + 10 = 5130$，因此整个网络待训练参数的总量为 401920+5130=407050。

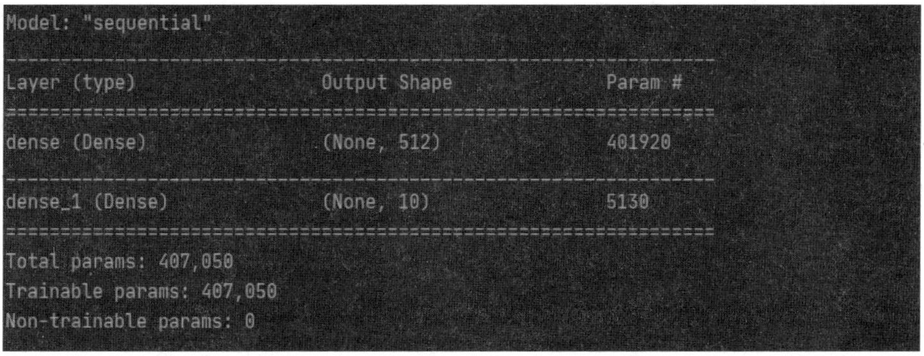

```
Model: "sequential"

Layer (type)              Output Shape             Param #

dense (Dense)             (None, 512)              401920

dense_1 (Dense)           (None, 10)               5130

Total params: 407,050
Trainable params: 407,050
Non-trainable params: 0
```

图 9.3　全连接神经网络初始化后的参数概况

9.4.3　基于 Keras 库训练全连接神经网络

基于 Keras 库训练全连接神经网络的步骤如下。

首先，使用 compile()函数配置神经网络的训练方法。参数 optimizer = tf.keras.optimizers.SGD(learning_rate = 0.1)表示定义的优化算法为随机梯度下降法、学习速率为 0.1；loss = 'mse' 定义损失函数为均方误差；metrics = ['accuracy'])定义用于衡量神经网络性能的指标，即正确率，并存储在变量名为 accuracy 的向量中。其实现代码如下：

```
neural_net.compile(        #配置网络的训练方法
optimizer= tf.keras.optimizers.SGD(learning_rate = 0.1),
#设置优化算法为随机梯度下降法，学习速率为 0.1
loss = 'mse',              #设置损失函数为均方误差
metrics = ['accuracy'])    #设置变量 accuracy 用于存储分类正确率
```

接着，由 fit()函数执行训练过程，并返回一个 history 对象，该对象记录了在训练过程中损失值和正确率的变化情况。其中，fit()函数的前两个参数分别对应训练数据的特征和标签，参数 epoch 定义训练轮次，batch_size 定义一个批次中的数据量。

```
history = neural_net.fit(train_images, train_labels, epochs = 50, batch_size =
512)
#执行模型的训练
epoch_list = list(range(0, 50))                #训练轮次
loss_list = history.history['loss']            #训练过程中的损失值
accuracy_list = history.history['accuracy']    #训练过程中的正确率
pre_result = neural_net.predict(test_images)   #对测试集的预测结果
pre_result = np.argmax(pre_result, axis = 1)   #获取图片类别
```

为了观察全连接神经网络的训练效果及其分类性能变化，下面分别绘制 50 个轮次的损失

函数值和正确率曲线图，如图9.4、图9.5所示。绘制曲线图的代码如下：

```
import matplotlib.pyplot as plt          #导入 matplotlib.pyplot 并命名为 plt
#绘制图 9.4
plt.plot(epoch_list, loss_list, label = "loss")
#以轮次为 x 轴，以该轮次的损失函数值为 y 轴绘制曲线
plt.ylabel('loss')                       #设置 y 轴名称
plt.xlabel('epoch')                      #设置 x 轴名称
plt.legend(['loss'], loc = 'upper left') #设置图例及其位置
plt.show()                               #显示损失函数值变化曲线图
#绘制图 9.5
plt.plot(epoch_list, accuracy_list , label = "accuracy")
#以轮次为 x 轴，以该轮次的正确率为 y 轴绘制曲线
plt.ylabel('loss')                       #设置 y 轴名称
plt.xlabel('epoch')                      #设置 x 轴名称
plt.legend(['loss'], loc = 'upper left') #设置图例及其位置
plt.show()    #显示正确率变化曲线图
```

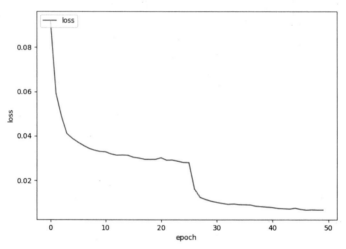

图 9.4　50 个轮次的损失函数值变化曲线

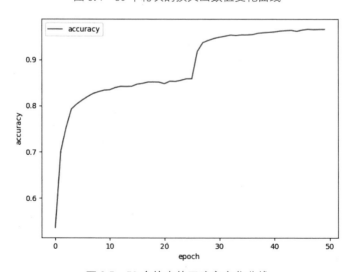

图 9.5　50 个轮次的正确率变化曲线

180

训练完成后，由 evaluate()函数对训练后的网络模型进行测试，并输出测试结果，如图 9.6 所示。最终，训练好的全连接神经网络模型的平均正确率为 95.44%。

```
test_loss, test_acc = neural_net.evaluate(test_images, test_labels)
#测试训练后的模型
print(test_loss, test_acc)  #输出测试损失值和平均正确率
```

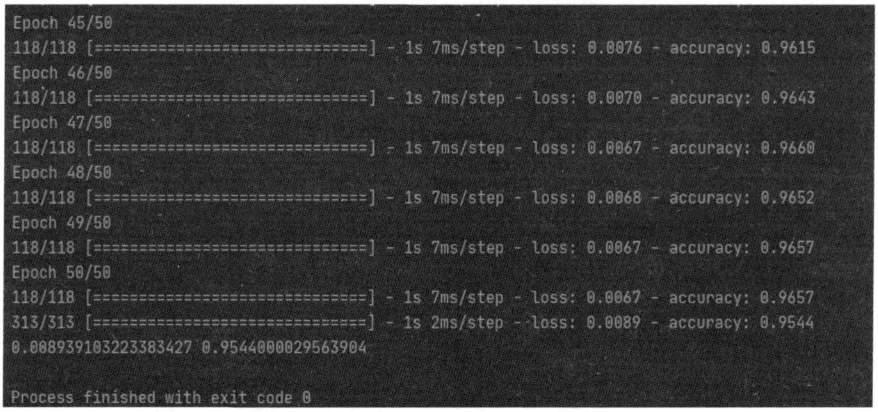

```
Epoch 45/50
118/118 [==============================] - 1s 7ms/step - loss: 0.0076 - accuracy: 0.9615
Epoch 46/50
118/118 [==============================] - 1s 7ms/step - loss: 0.0070 - accuracy: 0.9643
Epoch 47/50
118/118 [==============================] - 1s 7ms/step - loss: 0.0067 - accuracy: 0.9660
Epoch 48/50
118/118 [==============================] - 1s 7ms/step - loss: 0.0068 - accuracy: 0.9652
Epoch 49/50
118/118 [==============================] - 1s 7ms/step - loss: 0.0067 - accuracy: 0.9657
Epoch 50/50
118/118 [==============================] - 1s 7ms/step - loss: 0.0067 - accuracy: 0.9657
313/313 [==============================] - 1s 2ms/step - loss: 0.0089 - accuracy: 0.9544
0.008939103223383427 0.9544000029563904

Process finished with exit code 0
```

图 9.6　训练完成后的测试结果

9.4.4　用全连接神经网络实现图像识别

为了观察训练完成的全连接神经网络对数据集 MNIST 的识别效果，下面对比显示了数据的真实标签和分类（预测）标签，部分识别结果如图 9.7 所示。显示识别结果的代码如下：

```
def plot_images_labels_prediction(images, labels, prediction, idx, num):
                                              #表示从第 idx 个图像开始要显示 num 个图像
    fig = plt.gcf()                           #初始化一个图空间
    fig.set_size_inches(25, 25)               #设置显示尺寸
if num > 25:                                  #设置仅显示 25 张图的识别效果
num = 25                                      #防止越界
    for i in range(0, num):                   #设置显示识别效果的循环
        ax = plt.subplot(5, 5, i + 1)         #设置一行显示 5 张图的识别结果
        ax.imshow(np.reshape(images[idx], (28, 28)), cmap = 'binary')
        #转换第 idx 个图的数据格式为 28 × 28 的 NumPy 数组并显示
        title = "label = " + str(np.argmax(labels[idx]))
        #设置图标题，将编码转为数值码
        """如果有预测标签，则重写 title"""
        if len(prediction) > 0:               #判断是否有预测标签
            title += ",predict = " + str(prediction[idx])
        #若有，则在图标题上显示预测标签
        ax.set_title(title, fontsize = 10)  #显示图标题
        ax.set_xticks([])                     #设置 x 轴为空，如果不设置则会有标度(像素值)
        ax.set_yticks([])                     #设置 y 轴为空，如果不设置则会有标度(像素值)
        idx += 1                              #切换下一个图
plt.show()                                    #显示图

pre_result = neural_net.predict(test_images)  #对测试集的预测结果
plot_images_labels_prediction(mnist.test.images, mnist.test.labels,
```

```
pre_result, 0, 25)
#调用定义好的函数，显示前 25 个数据的识别结果
```

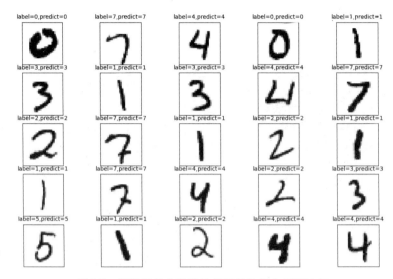

图 9.7　训练好的全连接神经网络的部分识别结果

从以上结果可以看出，全连接神经网络能够收集数据的有效特征，并通过网络内的神经元"记忆"收集到的信息，较准确地完成分类任务。然而，在处理比较复杂的高维度数据时，若仍采用全连接神经网络，就必须增加隐含层的节点数和层数来满足数据需求，这样就会引入过多的待训练参数，网络性能难以通过训练得到提升。

9.5　全连接神经网络的自定义程序实现

9.5.1　全连接神经网络类的定义

首先，导入所用框架和库。

```
import numpy as np                  #导入 NumPy 库并命名为 np
from tqdm.std import trange         #用于显示进度条
from keras.datasets import mnist    #导入数据集 MNIST 用于训练和测试模型
```

然后，定义用于获取数据集的函数，并处理训练集、验证集和测试集。

```
def load_data():
    (x_train, y_train), (x_test, y_test) = mnist.load_data()    #获取数据
    x_train = x_train.reshape(60000, 28 * 28)                   #训练集
    x_test = x_test.reshape(x_test.shape[0], 28 * 28)           #测试集
    x_train = x_train.astype('float32')                        #转换格式
    x_test = x_test.astype('float32')                          #转换格式
    x_train, x_test = x_train / 255, x_test / 255              #归一化
    y_train = tf.keras.utils.to_categorical(y_train)           #对标签进行编码
    y_test = tf.keras.utils.to_categorical(y_test)             #对标签进行编码
    return (x_train, y_train), (x_test, y_test)
```

接着，构建全连接神经网络。

定义全连接神经网络并封装成类，在类中实现**前向传播**和**反向传播**，其代码如下：

```
class FullConnectionLayer():
    def __init__(self):            #用于初始化类实例
        self.mem = {}              #定义的字典对象，用于存储反向传播中需要用到的中间变量

    def forward(self, X, W):       #前向传播，X 为输入数据，W 为网络的连接权重矩阵
        self.mem["X"] = X          #接收输入数据
        self.mem["W"] = W          #接收网络参数
        H = np.matmul(X, W)        #计算网络输出
        return H

    def backward(self, grad_H):           #反向传播，grad_H 为损失函数关于 H 的梯度
        X = self.mem["X"]                 #输入数据
        W = self.mem["W"]
        grad_X = np.matmul(grad_H, W.T)   #损失函数关于 X 的梯度
        grad_W = np.matmul(X.T, grad_H)   #损失函数关于 W 的梯度
        return grad_X, grad_W
```

9.5.2　激活函数和损失函数的定义

实现 ReLU 激活函数并将其封装在类中，其代码如下：

```
class Relu():
    def __init__(self):            #构造函数
        self.mem = {}              #成员变量

    def forward(self, X):          #前向传播
        self.mem["X"] = X          #该激活函数的输入数据
        return np.where(X > 0, X, np.zeros_like(X))   #对应 ReLU 激活函数的表达式

    def backward(self, grad_y):                   #反向传播
        X = self.mem["X"]                         #获取成员变量
        return (X > 0).astype(np.float32) * grad_y   #对 ReLU 激活函数求导
```

实现交叉熵损失函数并将其封装在类中用于训练，其代码如下：

```
class CrossEntropy():                             #交叉熵损失函数
    def __init__(self):                           #构造函数
        self.mem = {}                             #成员变量
        self.epsilon = 1e-12                      #防止求导后分母为 0

    def forward(self, p, y):                      #p 为预测值，y 为真实值
        self.mem['p'] = p                         #加入参数列表
        log_p = np.log(p + self.epsilon)          #取对数
        return np.mean(np.sum(-y * log_p, axis = 1))   #计算损失值

    def backward(self, y):                        #计算梯度
        p = self.mem['p']                         #获取参数
        return -y * (1 / (p + self.epsilon))      #计算损失函数关于 p 的梯度
```

实现 Softmax 激活函数并将其封装在类中用于输出分类结果，其代码如下：

```
class Softmax():
    def __init__(self):                           #构造函数
        self.mem = {}                             #参数列表
```

```
        self.epsilon = 1e-12                                    #防止求导后分母为 0

    def forward(self, p):                                       #前向传播
        p_exp = np.exp(p)                                            #指数函数
        denominator = np.sum(p_exp, axis = 1, keepdims - True)       #求和
        s = p_exp / (denominator + self.epsilon)   #对应 Softmax 激活函数的表达式
        self.mem["s"] = s                                           #参数赋值
        self.mem["p_exp"] = p_exp                                   #参数赋值
        return s

    def backward(self, grad_s):                                 #计算反向传播梯度
        s = self.mem["s"]                                          #获取参数
        sisj = np.matmul(np.expand_dims(s, axis = 2), np.expand_dims(s, axis = 1))
#矩阵相乘
        tmp = np.matmul(np.expand_dims(grad_s, axis = 1), sisj)  #矩阵相乘
        tmp = np.squeeze(tmp, axis = 1)                     #去掉 shape 为 1 的维度
        grad_p = -tmp + grad_s * s                          #更新参数
        return grad_p
```

9.5.3 全连接神经网络模型的定义

构建全连接神经网络模型并将其封装在类中，其代码如下：

```
class FullConnectionModel():                            #全连接神经网络模型类
    def __init__(self, latent_dims):                    #构造函数
        self.W1 = np.random.normal(loc = 0, scale = 1, size = [28 * 28 + 1,
                latent_dims]) / np.sqrt((28 * 28 + 1) / 2)   #初始化 W1
        self.W2 = np.random.normal(loc = 0, scale = 1, size = [latent_dims, 10]) /
                np.sqrt(latent_dims / 2)
                                                            #初始化 W2
        self.mul_h1 = FullConnectionLayer()                 #隐含层
        self.relu = Relu()                                  #激活函数
        self.mul_h2 = FullConnectionLayer()                 #输出层
        self.softmax = Softmax()                            #激活函数
        self.cross_en = CrossEntropy()                      #损失函数

    def forward(self, X, labels):                               #前向传播
        bias = np.ones(shape = [X.shape[0], 1])  #生成权值均为 1 的矩阵作为偏置项
        X = np.concatenate([X, bias], axis = 1)           #合并矩阵
        self.h1 = self.mul_h1.forward(X, self.W1)         #隐含层的计算
        self.h1_relu = self.relu.forward(self.h1)         #经过隐含层激活函数处理
        self.h2 = self.mul_h2.forward(self.h1_relu, self.W2)    #输出层的计算
        self.h2_soft = self.softmax.forward(self.h2)  #经过输出层激活函数处理
        self.loss = self.cross_en.forward(self.h2_soft, labels) #计算交叉熵损失

    def backward(self, labels):                                 #反向传播
        self.loss_grad = self.cross_en.backward(labels)
                                                    #计算损失函数在输出层的梯度
        self.h2_soft_grad = self.softmax.backward(self.loss_grad)
                                                    #对 Sofamax 激活函数求导
        self.h2_grad, self.W2_grad = self.mul_h2.backward(self.h2_soft_grad)
                                                    #求导
        self.h1_relu_grad = self.relu.backward(self.h2_grad)
```

```
                                                #对 ReLU 激活函数求导
self.h1_grad, self.W1_grad = self.mul_h1.backward(self.h1_relu_grad)
                                                #计算隐含层的梯度
```

9.5.4　训练函数的定义

定义计算正确率的函数，其代码如下：

```
def computeAccuracy(prob, labels):          #prob 为预测值，labels 为真实值
    predictions = np.argmax(prob, axis = 1)     #获取分类结果
truth = np.argmax(labels, axis = 1)             #获取真实值
return np.mean(predictions == truth)            #判断分类结果与真实值是否相等
```

定义训练函数，其代码如下：

```
def trainOneStep(model, x_train, y_train, learning_rate = 1e-5):
                                                #首先定义单步训练函数
    model.forward(x_train, y_train)             #前向传播
    model.backward(y_train)                     #反向传播
    model.W1 += -learning_rate * model.W1_grad  #更新参数
    model.W2 += -learning_rate * model.W2_grad  #更新参数
    loss = model.loss                           #损失函数值
    accuracy = computeAccuracy(model.h2_soft, y_train)  #计算正确率
    return loss, accuracy


def train(x_train, y_train, x_validation, y_validation):    #定义训练函数
    epochs = 50                                 #训练批次的数据量
    learning_rate = 1e-5                        #学习速率
    latent_dims_list = [100, 200, 300]          #参数列表
    best_accuracy = 0                           #存储最佳的正确率
    best_latent_dims = 0                        #存储最新的参数

    print("Start seaching the best parameter...\n")     #在验证集上寻优
    for latent_dims in latent_dims_list:        #遍历参数列表
        model = FullConnectionModel(latent_dims)    #在该参数下运行模型

        bar = trange(20)    #使用 tqdm 第三方库，调用 trange()方法实现以进度条显示
        for epoch in bar:                               #训练
            loss, accuracy = trainOneStep(model, x_train, y_train, learning_rate)
                                        #训练并获取损失值和正确率
            bar.set_description(f'Parameter latent_dims = {latent_dims: <3},
            epoch = {epoch + 1: <3}, loss = {loss: <10.8}, ' f'accuracy =
            {accuracy: <8.6}')   #给进度条加个描述
        bar.close()                     #关闭进度条

        validation_loss, validation_accuracy = evaluate(model, x_validation,
        y_validation)           #运行在验证集
        print(f"Parameter latent_dims = {latent_dims: <3}, validation_loss =
        {validation_loss}, validation_accuracy = {validation_accuracy}.\n")
                                            #显示验证结果

        if validation_accuracy > best_accuracy:     #判断最佳正确率
            best_accuracy = validation_accuracy     #获取最高的正确率
            best_latent_dims = latent_dims          #获取参数列表中各参数对应的正确率

    print(f"The best parameter is {best_latent_dims}.\n")
                                        #选择最高正确率对应的参数
    print("Start training the best model...")       #开始训练模型
```

```
best_model = FullConnectionModel(best_latent_dims)        #执行模型
x = np.concatenate([x_train, x_validation], axis = 0)      #将训练集与验证集合并
y = np.concatenate([y_train, y_validation], axis = 0)      #将训练集与验证集合并
bar = trange(epochs)                                        #显示进度条
for epoch in bar:                                           #开启训练循环
    loss, accuracy = trainOneStep(best_model, x, y, learning_rate)
                                                            #训练模型
    bar.set_description(f'Training the best model, epoch = {epoch + 1: <3},
        loss = {loss: <10.8}, accuracy = {accuracy: <8.6}')  #给进度条加个描述
bar.close()                                                 #关闭进度条
return best_model                                           #返回训练后的模型
```

9.5.5 测试函数的定义

定义测试函数的代码如下：

```
def test(model, x, y):                                      #测试函数
    model.forward(x, y)                                     #运行模型
    loss = model.loss                                       #损失值
    accuracy = computeAccuracy(model.h2_soft, y)            #获取正确率
    return loss, accuracy
```

9.5.6 主函数的定义

整个全连接神经网络框架基本已经搭建并训练完成，测试模型并观察测试结果，其代码如下：

```
if __name__ == '__main__':
    (train_images, train_labels), (test_images, test_labels) = load_data()
    #加载数据集
    valid_images, valid_labels = train_images[:5000], train_labels[:5000] #验证集
    train_images, train_labels = train_images[5000:], train_labels[5000:] #训练集
    model = train(train_images, train_labels, valid_images, valid_labels)
    #训练模型
    loss, accuracy = test(model, test_images, test_labels) #测试模型并得到最优的模型
    print(f'Evaluate the best model, test loss = {loss:0<10.8}, accuracy =
        {accuracy: 0<8.6}.')    #输出正确率
```

一个 Python 文件通常有两种使用方法：一个是作为脚本直接执行；另一个是被导入到其他 Python 脚本中被调用执行。以上代码中 if __name__ == '__main__':的作用则是控制这两种方法的使用，只有在第一个方法中该语句才会被执行。

最后对模型执行测试函数，程序运行结果如图 9.8 所示，全连接神经网络的平均正确率为 91.6%。

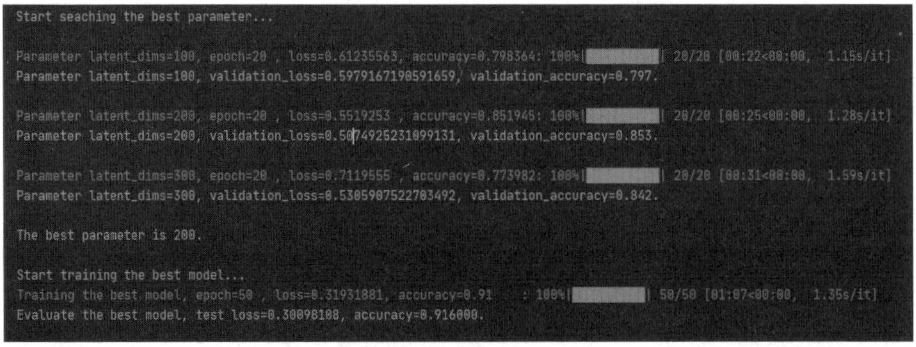

图 9.8　程序运行结果

9.6 卷积神经网络及其 TensorFlow 实现

卷积神经网络是深度学习中经典的一种神经网络。下面将对卷积神经网络的基本原理、模型构建以及在图像识别上的应用展开介绍。

9.6.1 卷积神经网络的基本原理

卷积神经网络包含 3 层结构：输入层、隐含层（一层或多层）和输出层。图 9.9 所示为卷积神经网络的结构示意图。卷积神经网络的输入层可以处理多维数据。隐含层可包含**卷积层和池化层**。其中，**卷积层对输入数据进行特征提取，其内部可以有多个不同的卷积核**。以 9.4.2 小节中手写体数字图片数据集 MNIST 为例，每个卷积核在图像的左上角滑动至右下角，每次仅处理一块区域，该区域的大小取决于卷积核的大小，表示卷积核内的神经元在输入层的卷积区域。随着卷积层的增加，网络从低级特征逐渐提取至高级特征。**池化层通过特征选择简化在卷积层提取到的特征，减少无效特征**。例如，在池化层通过池化核对池化区域内的神经元求最大值。为使卷积神经网络完成分类任务，输出层通常为全连接层，与上一节介绍的全连接神经网络的结构相同。

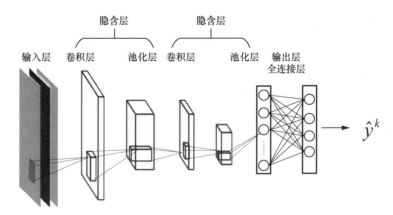

图 9.9 卷积神经网络的结构示意图

以 MNIST 数据集为例，卷积神经网络的计算过程（**前向传播**）如下。

网络输入的数据特征为 $x=[x_{ij}, i,j \in [1,28]]$，$x$ 为 5×5 的卷积核，则计算公式如下：

$$z_{u,v}^1 = \sum_{i=1}^{5}\sum_{j=1}^{5} x_{i+u-1, j+v-1} \cdot k_{i,j}^1 + b^1 \tag{9.13}$$

其中，$z_{u,v}^1$ 表示 Z^1 中第 u 行第 v 列的值，且 $u,v \in [1,28]$，b^1 为第一个卷积层的偏置项，$k_{i,j}^1$ 表示卷积核 X 中第 i 行第 j 列的值。

第一个池化层的输出为 $A^1(14,14) = [a_{i,j}^1, i,j \in [1,14]]$，计算过程如下：

$$a_{i,j}^1 = p(z_{u,v}^1)(u,v = 2,4,\cdots,26,28) \tag{9.14}$$

其中，$p(\ )$ 为池化层的池化函数。

同理，第二个卷积层的输出为 $\boldsymbol{Z}^2(14,14)$，第二个池化层的输出为 $\boldsymbol{A}^2(7,7)$。

最后，由全连接层对其进行分类，输出分类结果的计算公式如下：

$$h(\boldsymbol{A}^2) = g(\boldsymbol{W}_1\boldsymbol{A}^2(7,7) + \boldsymbol{\theta}_1) \tag{9.15}$$

$$\hat{\boldsymbol{y}} = f(\boldsymbol{W}_2 h(\boldsymbol{A}^2) + \boldsymbol{\theta}_2) \tag{9.16}$$

其中，$g(\ )$ 和 $f(\ )$ 分别为全连接层隐含层和输出层的激活函数，$\boldsymbol{W}_1$ 和 $\boldsymbol{W}_2$ 分别为全连接层输入层与隐含层之间和隐含层与输出层之间的连接权重矩阵，θ_1 和 θ_2 分别为全连接层输入层与隐含层之间和隐含层与输出层之间的偏置项。

具体实例计算如下。

如果网络输入 $\boldsymbol{x} = \begin{bmatrix} x_{11} & x_{12} & x_{13} & x_{14} & x_{15} & x_{16} \\ x_{21} & x_{22} & x_{23} & x_{24} & x_{25} & x_{26} \\ x_{31} & x_{32} & x_{33} & x_{34} & x_{35} & x_{36} \\ x_{41} & x_{42} & x_{43} & x_{44} & x_{45} & x_{46} \\ x_{51} & x_{52} & x_{53} & x_{54} & x_{55} & x_{56} \\ x_{61} & x_{62} & x_{63} & x_{64} & x_{65} & x_{66} \end{bmatrix}$，$\boldsymbol{\chi} = \begin{bmatrix} k_{11} & k_{12} & k_{13} \\ k_{21} & k_{22} & k_{23} \\ k_{31} & k_{32} & k_{33} \end{bmatrix}$，$b = 0$，卷积结果

$\boldsymbol{Z} = \begin{bmatrix} z_{11} & z_{12} & z_{13} & z_{14} \\ z_{21} & z_{22} & z_{23} & z_{24} \\ z_{31} & z_{32} & z_{33} & z_{34} \\ z_{41} & z_{42} & z_{43} & z_{44} \end{bmatrix}$，那么计算过程如下：

$z_{11} = x_{11} \times k_{11} + x_{12} \times k_{12} + x_{13} \times k_{13} + x_{21} \times k_{21} + x_{22} \times k_{22} + x_{23} \times k_{23} + x_{31} \times k_{31} + x_{32} \times k_{32} + x_{33} \times k_{33}$

$z_{12} = x_{12} \times k_{11} + x_{13} \times k_{12} + x_{14} \times k_{13} + x_{22} \times k_{21} + x_{23} \times k_{22} + x_{24} \times k_{23} + x_{32} \times k_{31} + x_{33} \times k_{32} + x_{34} \times k_{33}$

$z_{13} = x_{13} \times k_{11} + x_{14} \times k_{12} + x_{15} \times k_{13} + x_{23} \times k_{21} + x_{24} \times k_{22} + x_{25} \times k_{23} + x_{33} \times k_{31} + x_{34} \times k_{32} + x_{35} \times k_{33}$

$z_{14} = x_{14} \times k_{11} + x_{15} \times k_{12} + x_{16} \times k_{13} + x_{24} \times k_{21} + x_{25} \times k_{22} + x_{26} \times k_{23} + x_{34} \times k_{31} + x_{35} \times k_{32} + x_{36} \times k_{33}$

$z_{21} = x_{21} \times k_{11} + x_{22} \times k_{12} + x_{23} \times k_{13} + x_{31} \times k_{21} + x_{32} \times k_{22} + x_{33} \times k_{23} + x_{41} \times k_{31} + x_{42} \times k_{32} + x_{43} \times k_{33}$

$z_{22} = x_{22} \times k_{11} + x_{23} \times k_{12} + x_{24} \times k_{13} + x_{32} \times k_{21} + x_{33} \times k_{22} + x_{34} \times k_{23} + x_{42} \times k_{31} + x_{43} \times k_{32} + x_{44} \times k_{33}$

$z_{23} = x_{23} \times k_{11} + x_{24} \times k_{12} + x_{25} \times k_{13} + x_{33} \times k_{21} + x_{34} \times k_{22} + x_{35} \times k_{23} + x_{43} \times k_{31} + x_{44} \times k_{32} + x_{45} \times k_{33}$

$z_{24} = x_{24} \times k_{11} + x_{25} \times k_{12} + x_{26} \times k_{13} + x_{34} \times k_{21} + x_{35} \times k_{22} + x_{36} \times k_{23} + x_{44} \times k_{31} + x_{45} \times k_{32} + x_{46} \times k_{33}$

$z_{31} = x_{31} \times k_{11} + x_{32} \times k_{12} + x_{33} \times k_{13} + x_{41} \times k_{21} + x_{42} \times k_{22} + x_{43} \times k_{23} + x_{51} \times k_{31} + x_{52} \times k_{32} + x_{53} \times k_{33}$

$z_{32} = x_{32} \times k_{11} + x_{33} \times k_{12} + x_{34} \times k_{13} + x_{42} \times k_{21} + x_{43} \times k_{22} + x_{44} \times k_{23} + x_{52} \times k_{31} + x_{53} \times k_{32} + x_{54} \times k_{33}$

$z_{33} = x_{33} \times k_{11} + x_{34} \times k_{12} + x_{35} \times k_{13} + x_{43} \times k_{21} + x_{44} \times k_{22} + x_{45} \times k_{23} + x_{53} \times k_{31} + x_{54} \times k_{32} + x_{55} \times k_{33}$

$z_{34} = x_{34} \times k_{11} + x_{35} \times k_{12} + x_{36} \times k_{13} + x_{44} \times k_{21} + x_{45} \times k_{22} + x_{46} \times k_{23} + x_{54} \times k_{31} + x_{55} \times k_{32} + x_{56} \times k_{33}$

$z_{41} = x_{41} \times k_{11} + x_{42} \times k_{12} + x_{43} \times k_{13} + x_{51} \times k_{21} + x_{52} \times k_{22} + x_{53} \times k_{23} + x_{61} \times k_{31} + x_{62} \times k_{32} + x_{63} \times k_{33}$

$z_{42} = x_{42} \times k_{11} + x_{43} \times k_{12} + x_{44} \times k_{13} + x_{52} \times k_{21} + x_{53} \times k_{22} + x_{54} \times k_{23} + x_{62} \times k_{31} + x_{63} \times k_{32} + x_{64} \times k_{33}$

$z_{43} = x_{43} \times k_{11} + x_{44} \times k_{12} + x_{45} \times k_{13} + x_{53} \times k_{21} + x_{54} \times k_{22} + x_{55} \times k_{23} + x_{63} \times k_{31} + x_{64} \times k_{32} + x_{65} \times k_{33}$

$z_{44} = x_{44} \times k_{11} + x_{45} \times k_{12} + x_{46} \times k_{13} + x_{54} \times k_{21} + x_{55} \times k_{22} + x_{56} \times k_{23} + x_{64} \times k_{31} + x_{65} \times k_{32} + x_{66} \times k_{33}$

$$
假设\ \boldsymbol{x} = \begin{bmatrix} 1 & 1 & 1 & 0 & 0 & 1 \\ 0 & 1 & 1 & 1 & 0 & 1 \\ 0 & 0 & 1 & 1 & 1 & 0 \\ 0 & 0 & 1 & 1 & 0 & 0 \\ 0 & 1 & 1 & 0 & 0 & 1 \\ 1 & 0 & 1 & 0 & 0 & 1 \end{bmatrix},\ 卷积核\ \boldsymbol{\chi} = \begin{bmatrix} 1 & 0 & 1 \\ 0 & 1 & 0 \\ 1 & 0 & 1 \end{bmatrix},\ 卷积结果为\ \boldsymbol{Z} = \begin{bmatrix} 4 & 3 & 4 & 2 \\ 2 & 4 & 3 & 4 \\ 2 & 3 & 4 & 2 \\ 4 & 2 & 2 & 2 \end{bmatrix}。
$$

池化层与卷积层的计算方法相似，一般分为最大池化和平均池化。最大池化取窗口内的最大值，平均池化取窗口内各数值的平均值。以上述卷积操作结果为例，设池化窗口大小为

2×2，则最大池化操作的结果是 $\boldsymbol{A} = \begin{bmatrix} 4 & 4 \\ 4 & 4 \end{bmatrix}$，平均池化操作的结果是 $\boldsymbol{A} = \begin{bmatrix} \dfrac{13}{4} & \dfrac{13}{4} \\ \dfrac{11}{4} & \dfrac{5}{2} \end{bmatrix}$。

同样地，为提高卷积神经网络的性能，需要对其进行训练。与全连接神经网络相比，卷积神经网络的训练要更加复杂，但训练原理都是一样的。本节将交叉熵损失作为损失函数，计算公式如下：

$$
\mathrm{CrossEntLoss} = \sum_{k=1}^{K} \hat{y}^k \ln y^k \tag{9.17}
$$

其中，K 为数据量，$\hat{y}^k$ 和 y^k 分别表示第 k 个数据的分类结果和标签。

训练时，利用高等数学中的链式法则求导计算损失函数对参数的梯度，通过**反向传播**根据**梯度下降法**更新待训练参数。值得注意的是，卷积神经网络的独特之处在于局部连接、权值共享和池化层。局部连接是指每个神经元不再与上一层的所有神经元相连，而是只与一个小区域的神经元相连，因而减少了很多参数。权值共享是指一组连接共享一个权值，而不是每个连接有一个不同的权值，这样又减少了网络的参数量。池化层减少了特征数，进一步地减少了参数量，同时也提升了卷积神经网络的鲁棒性。最终，待训练参数包括：每层隐含层中卷积层的卷积核与池化层的池化核内部神经元之间的连接权重矩阵和偏置项，全连接层隐含层与输出层之间的连接权重矩阵和偏置项。

9.6.2　基于 TensorFlow 库构建卷积神经网络

以下代码使用 TensorFlow 库构建卷积神经网络，应用于识别 MNIST 数据集中的图片。为实现较好的效果，以下构建了一个具有两层卷积层和池化层的卷积神经网络。

第一步，导入所用框架和库。

```
import numpy as np                    #导入 NumPy 用于矩阵运算
from tensorflow import keras          #导入 Keras
import matplotlib.pyplot as plt       #导入 matplotlib.pyplot 用于绘制图像
from tensorflow.keras.models import Sequential   #导入 Sequential 模型
from tensorflow.keras.layers import Conv2D, MaxPooling2D, Dense, Dropout, Flatten
                                      #为搭建网络做准备
```

第二步，获取并处理训练集和测试集。

为方便对数据进行归一化，定义归一化函数并调用该函数。

```
(x_train, y_train), (x_test, y_test) = keras.datasets.mnist.load_data()
#加载训练集和测试集

def normalize(x):                        #归一化
    x = x.astype(np.float32) / 255.0     #归一化处理
return x
```

由于 MNIST 数据集中的图片存储为28×28的二维浮点型数据，而卷积层需要的输入为四维数据，因此需要通过 tf.reshape()函数将初始图像数据转换为特定维度的数据并归一化。

```
x_train = x_train.reshape(x_train.shape[0], 28, 28, 1).astype('float32')
#设置训练集中数据的格式
x_test = x_test.reshape(x_test.shape[0], 28, 28, 1).astype('float32')
#设置测试集中数据的格式
x_train = normalize(x_train)    #对训练集进行归一化
x_test = normalize(x_test)      #对测试集进行归一化
```

第三步，构建卷积神经网络模型。

初始化模型。

```
model = Sequential()            #Sequential 模型
```

首先，初始化第一个卷积层和池化层。其中，卷积核的大小为5×5，卷积层的激活函数为 relu()，当输入值小于或等于 0 时，函数值为 0；当输入值大于 0 时，函数值等于输入值。经过第一层卷积层后，将卷积特征传递至池化层。池化核的大小为2×2，经过池化层的特征为14×14。

```
model.add(Conv2D(filters = 8, kernel_size = (5, 5), padding = 'same',
input_shape = (28, 28, 1), activation = 'relu'))     #第一个卷积层
model.add(MaxPooling2D(pool_size = (2, 2)))           #第一个池化层
```

接着，初始化第二个卷积层和池化层。其中，卷积核的大小仍为5×5，卷积层的激活函数仍为 relu()。池化核的大小仍为2×2，则经过池化层的特征为7×7。

```
model.add(Conv2D(filters = 16, kernel_size = (5, 5), padding = 'same', activation
                    = 'relu'))                 #第二个卷积层
model.add(MaxPooling2D(pool_size = (2, 2)))    #第二个池化层
```

已知原图片大小为28×28，在第一次卷积后图片大小不变，第一次池化后图片大小变为14×14；在第二次卷积后图片大小还是14×14，第二次池化后图片大小变为7×7。最终得到了 16 张7×7的特征平面。

然后，初始化全连接层。全连接层的隐含层设置 100 个神经元，全连接层的输出层设置 10 个神经元，以对应图片的类别数量。其中，Flatten()仅适用于 NumPy 数组，返回一个一维数组。

```
model.add(Flatten())
#将第二个池化层的输出扁平化为一维数据
model.add(Dense(100, activation = 'relu'))     #全连接层的隐含层
model.add(Dropout(0.25))                        #用来放弃一些权值，防止过拟合
model.add(Dense(10, activation = 'softmax'))   #全连接层的输出层
```

最后，输出卷积神经网络模型结构及参数概况，结果如图 9.10 所示。

```
print(model.summary())    #输出卷积神经网络模型结构及参数概况
```

```
Model: "sequential"
_____
Layer (type)                 Output Shape              Param #
=================================================================
conv2d (Conv2D)              (None, 28, 28, 8)         208

max_pooling2d (MaxPooling2D  (None, 14, 14, 8)         0
)

conv2d_1 (Conv2D)            (None, 14, 14, 16)        3216

max_pooling2d_1 (MaxPooling  (None, 7, 7, 16)          0
2D)

flatten (Flatten)           (None, 784)               0

dense (Dense)               (None, 100)               78500

dropout (Dropout)           (None, 100)               0

dense_1 (Dense)             (None, 10)                1010

=================================================================
Total params: 82,934
Trainable params: 82,934
Non-trainable params: 0
```

图 9.10　卷积神经网络的模型结构及参数概况

在第一个卷积层中，卷积核大小为 5×5，滤波器为 8 个，参数量为 $(5\times5+1)\times8=208$。同理，第二个卷积层的参数量为 $(5\times5\times8+1)\times16=3216$。全连接层的隐含层参数量为 $(28\times28+1)\times100=78500$，输出层的参数量为 $(100+1)\times10=1010$。因此整个卷积神经网络的待训练参数量为 $208+3216+78500+1010=82934$。

9.6.3　基于 TensorFlow 库训练卷积神经网络

以下为卷积神经网络的训练过程，使用了 TensorFlow 中的 Adam 优化算法。Adam 优化算法是随机梯度下降算法的扩展算法，能够快速取得较好的训练效果，实现高效计算，适合解决大规模数据和参数优化问题，近几年被广泛应用于深度神经网络的训练。Adam 优化算法能够基于训练数据迭代地更新神经网络的权重，以较快的速度找到全局最优点。

首先，设置损失函数，将交叉熵损失作为训练卷积神经网络的损失函数。其中，compile() 用于配置模型的训练方法。函数中的参数 loss 用于设置损失函数，optimizer 用于设置优化算法，metrics = ['accuracy'] 用于指定正确率为模型性能的度量。

```
model.compile(loss = 'sparse_categorical_crossentropy', optimizer = 'adam',
metrics = ['accuracy'])
#编译模型
```

然后，开始训练模型，整个训练分为 10 个训练轮次。fit() 函数用于执行模型的训练，返回的对象由 history 接收，可用于查看训练过程和损失值。其中，参数 x、y 用于接收训练集；validation_split 用于设置验证集占训练集的比例；epochs 用于设置迭代次数；batch_size 设置每次训练使用的数据数；verbose 用于设置是否展示每次训练的日志，可选值有 0、1 和 2，0

代表不展示日志，1 代表显示训练进度条，2 代表对应每个 epoch 输出一行记录。

```
history = model.fit(x = x_train, y = y_train, validation_split = 0.2, epochs
     = 10, batch_size = 200, verbose = 2)
# 训练模型
```

为了观察卷积神经网络的训练效果及其分类性能的变化，分别绘制 10 个轮次的损失函数值和在测试集上的正确率曲线，如图 9.11、图 9.12 所示。绘制曲线图的代码如下：

```
plt.plot(history.history['loss'], label = 'Loss')      #绘制损失值曲线图
plt.plot(history.history['val_loss'], label = 'Validation loss')
                                                #绘制损失值曲线图
plt.xlabel('Epoch')                             #设置图的横坐标轴的标题
plt.ylabel('Loss')                              #设置图的纵坐标轴的标题
plt.ylim([0, 0.6])                              #设置纵坐标轴的范围
plt.legend(loc = 'upper right')                 #设置图例
plt.show()                                      #显示绘制图

plt.plot(history.history['accuracy'], label = 'Accuracy')    #绘制正确率曲线图
plt.plot(history.history['val_accuracy'], label = 'Validation accuracy')
                                                #绘制正确率曲线图
plt.xlabel('Epoch')                             #设置图的横坐标轴的标题
plt.ylabel('Accuracy')                          #设置图的纵坐标轴的标题
plt.ylim([0.75, 1])                             #设置纵坐标轴的范围
plt.legend(loc = 'lower right')                 #设置图例
plt.show()                                      #显示绘制图
```

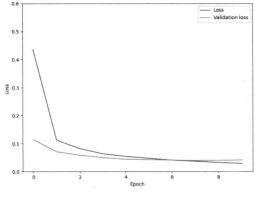

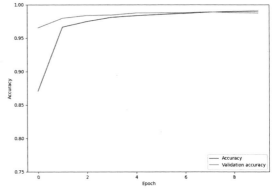

图 9.11　10 个轮次的损失函数值的变化图　　　　图 9.12　10 个轮次的正确率变化图

　　训练完成后，输出该卷积神经网络模型在测试集上的平均正确率。evaluate()用于评估训练后的模型，返回正确率和损失值，前两个参数对应测试集，verbose 的作用与前面 fit()函数的同名参数的作用相同。

```
test_loss, test_acc = model.evaluate(x_test, y_test, verbose = 2)    #测试模型
print("test loss - ", round(test_loss, 3), " - test accuracy - ",
round(test_acc, 3))                             #显示测试结果
```

　　输出结果如图 9.13 所示，模型的平均正确率为 99%，可见卷积神经网络在 MNIST 数据集上的正确率明显高于全连接神经网络。

```
Epoch 5/10
240/240 - 11s - loss: 0.0543 - accuracy: 0.9835 - val_loss: 0.0441 - val_accuracy: 0.9876 - 11s/epoch - 45ms/step
Epoch 6/10
240/240 - 11s - loss: 0.0474 - accuracy: 0.9854 - val_loss: 0.0422 - val_accuracy: 0.9877 - 11s/epoch - 45ms/step
Epoch 7/10
240/240 - 11s - loss: 0.0408 - accuracy: 0.9869 - val_loss: 0.0410 - val_accuracy: 0.9879 - 11s/epoch - 44ms/step
Epoch 8/10
240/240 - 11s - loss: 0.0366 - accuracy: 0.9888 - val_loss: 0.0395 - val_accuracy: 0.9892 - 11s/epoch - 44ms/step
Epoch 9/10
240/240 - 11s - loss: 0.0324 - accuracy: 0.9899 - val_loss: 0.0401 - val_accuracy: 0.9880 - 11s/epoch - 44ms/step
Epoch 10/10
240/240 - 11s - loss: 0.0291 - accuracy: 0.9903 - val_loss: 0.0414 - val_accuracy: 0.9874 - 11s/epoch - 44ms/step
313/313 - 2s - loss: 0.0295 - accuracy: 0.9898 - 2s/epoch - 5ms/step
test loss - 0.03 - test accuracy - 0.99
```

图 9.13 训练完成的卷积神经网络的测试结果

9.6.4 用卷积神经网络实现图像识别

为了观察训练完成的卷积神经网络对 MNIST 数据集的识别效果，我们可以显示数据的真实标签与模型分类结果的对比，部分识别结果如图 9.14 所示。结果显示的实现代码参考 9.3.4 小节。

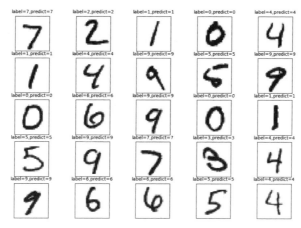

图 9.14 卷积神经网络的部分识别结果

从以上结果可以看出，卷积神经网络在图像识别上要比传统的全连接神经网络更有优势。这是因为卷积神经网络的结构能够较好地适应图像的结构，提取到更有助于分类的特征。相比于全连接神经网络，卷积神经网络的权值共享机制更类似于生物神经网络，减少了网络的训练参数，也省略了复杂的图像特征提取过程，使得网络结构训练难度降低、适应性更强。然而，卷积神经网络的缺点是它的构建相当消耗内存，每个卷积核只能关注一个特征，且没有记忆功能。

9.7 卷积神经网络的 AlexNet 编程实现

AlexNet 是 2012 年 ImageNet 竞赛冠军获得者 Geoffrey Hinton 和他的学生 Alex Krizhevsky 设计的。

AlexNet 首次在 CNN 中成功应用了 ReLU、Dropout 和 LRN 等技巧。同时，AlexNet 也使用了 GPU 进行运算加速。其中包含几个比较新的技术点。

（1）成功使用 ReLU 作为卷积神经网络的激活函数，并验证其效果在较深的网络上超过了 Sigmoid，成功解决了 Sigmoid 在网络较深时的梯度弥散问题。虽然 ReLU 激活函数在很久之前就被提出了，但是直到 AlexNet 的出现才将其发扬光大。

（2）训练时使用 Dropout 随机忽略一部分神经元，以避免模型过拟合。Dropout 虽有单独的论文论述，但是 AlexNet 将其实用化，通过实践证实了它的效果。在 AlexNet 中主要是最后几个全连接层使用了 Dropout。

（3）在卷积神经网络中使用重叠的最大池化。此前卷积神经网络中普遍使用平均池化，而在 AlexNet 中全部使用最大池化，避免平均池化的模糊化效果。并且 AlexNet 中提出让步长比池化核的尺寸小，这样池化层的输出之间会有重叠和覆盖，提升了特征的丰富性。

（4）使用 CUDA 加速深度卷积网络的训练，利用 GPU 强大的并行计算能力，处理神经网络训练时大量的矩阵运算。AlexNet 使用了两个 GTX 580 GPU 进行训练，单个 GTX 580 只有 3GB 显存，这限制了可训练的网络的最大规模。因此 AlexNet 分布在两个 GPU 上，在每个 GPU 的显存中存储一半的神经元的参数。因为 GPU 之间通信方便，可以互相访问显存，而不需要通过主机内存，所以同时使用多块 GPU 是非常高效的。同时，AlexNet 的设计让 GPU 之间的通信只在网络的某些层进行，控制了通信的性能损耗。

（5）数据增强。AlexNet 随机地从 256×256 的原始图像中截取 224×224 大小的区域（以及水平翻转的镜像），相当于增加了 $2 \times (256-224)^2 = 2048$ 倍的数据量。如果没有数据增强，仅靠原始的数据量，参数众多的卷积神经网络会陷入过拟合中，使用了数据增强后可以大大减轻过拟合，提升模型的泛化能力。进行预测时，取图片的 4 个角加中间共 5 个位置的数据，进行左右翻转，一共获得 10 张图片，对它们进行预测并对 10 次结果求均值。同时，对图像的 RGB 数据进行主成分分析（Principal Component Analysis，PCA）处理，并对主成分做一个标准差为 0.1 的高斯扰动，增加一些噪声，这个技巧可以让错误率再下降 1%。

AlexNet 共有 8 层，前面 5 层是卷积层，后面 3 层是全连接层。以下为卷积神经网络的 AlexNet 编程实现版本。

9.7.1　准备工作

首先，导入所用框架和库，其代码如下：

```
import tensorflow as tf          #导入 TensorFlow
from tensorflow import keras     #导入 Keras
from tensorflow.keras import layers, datasets, Sequential, optimizers
#导入数据集、构建网络层和优化器
import os                        #为使用操作系统接口导入标准库 os
import numpy as np               #导入 NumPy 用于矩阵运算
```

在深度学习中，确定一个随机种子，以使每次随机的结果相同，其代码如下：

```
tf.random.set_seed(0)            #设置全局随机种子
```

通过设置 os.environ['TF_CPP_MIN_LEVEL'] 的值以显示程序运行提示信息，可选值有 1、2、3。默认值为 1，显示所有信息；值为 2 时，仅显示警告信息和错误信息；值为 3 时，仅显示错误信息。

```
os.environ['TF_CPP_MIN_LEVEL'] = '2'     #显示警告信息和错误信息
```

AlexNet 是基于 TensorFlow 实现的，因此使用前要检查 TensorFlow 版本，其代码如下：

```
assert tf.__version__.startswith('2.')   #判断 TensorFlow 版本是否为 2
```

设置训练批次的数据量为 128，训练时的优化算法为 Adam，默认学习速率为 0.000005。为提高模型的正确率，对模型使用所有训练集反复训练两次，其代码如下：

```
batch_size = 128                              #训练批次的数据量
optimizer = optimizers.Adam(0.000005)         #设置优化算法和学习速率
epochs = 2                                    #在训练过程中所有训练集反复训练的次数
```

为方便对数据进行预处理，定义预处理函数，其代码如下：

```
def preprocess(x, y):                         #预处理函数
    x = tf.cast(x, dtype = tf.float32) / 255   #对数据归一化
    y = tf.cast(y, dtype = tf.int32)           #处理标签格式
    y = tf.one_hot(y, depth = 10)              #独热编码
    return x, y
```

接着，获取并处理训练集和测试集。由于卷积层需要四维数据，为数据增加一个维度，其代码如下：

```
(x_train, y_train), (x_test, y_test) = datasets.mnist.load_data()
#加载训练集和测试集
x_train = x_train[:, :, :, np.newaxis]   #增加一个维度
x_test = x_test[:, :, :, np.newaxis]     #增加一个维度
train_db = tf.data.Dataset.from_tensor_slices((x_train, y_train))
#对训练集切片
train_db = train_db.map(preprocess).shuffle(50000).batch(batch_size)
#将训练集的数据顺序打乱
test_db = tf.data.Dataset.from_tensor_slices((x_test, y_test))   #对测试集切片
test_db = test_db.map(preprocess).batch(batch_size)
#将测试集的数据顺序打乱
```

9.7.2 AlexNet 类的定义

定义 AlexNet 并封装为类，其代码如下：

```
class AlexNet(keras.Model):                   #AlexNet 类
    def __init__(self):                       #构造函数
        super(AlexNet, self).__init__()       #继承 AlexNet
        self.conv = Sequential([              #五层卷积
            #unit1[b,28,28,1] => [b,14,14,16]
            layers.Conv2D(16, (3, 3), padding = 'same', strides = 1,
            activation = tf.nn.relu),          #第一个卷积层
            layers.MaxPool2D(pool_size = (2, 2), strides = 2, padding = 'same'),
                                               #第一个池化层
            layers.BatchNormalization(),  #批标准化
            #unit2[b,14,14,16] => [b,7,7,32]
            layers.Conv2D(32, (3, 3), padding = 'same', strides = 1,
            activation = tf.nn.relu),          #第二个卷积层
            layers.MaxPool2D(pool_size = (2, 2), strides = 2, padding = 'same'),
                                               #第二个池化层
            layers.BatchNormalization(),  #批标准化
            #unit3[b,7,7,32] => [b,7,7,64]
            layers.Conv2D(64, (3, 3), padding = 'same', strides = 1,
            activation = tf.nn.relu),          #第三个卷积层
            #unit4[b,7,7,64] => [b,7,7,128]
            layers.Conv2D(128, (3, 3), padding = 'same', strides = 1,
            activation = tf.nn.relu),          #第四个卷积层
            #unit5[b,7,7,128] => [b,4,4,256]
            layers.Conv2D(256, (3, 3), padding = 'same', strides = 1,
            activation = tf.nn.relu),          #第五个卷积层
```

```
                layers.MaxPool2D(pool_size=(2, 2), strides=2, padding='same'),
                                                    #第三个池化层
                layers.BatchNormalization(), #批标准化
            ])
            self.fc = Sequential([              #全连接
                layers.Dense(4096, activation=tf.nn.relu),    #全连接神经网络的输入层
                layers.Dropout(0.4),                #防止过拟合
                layers.Dense(2048, activation=tf.nn.relu),    #第一个全连接层
                layers.Dropout(0.4),                #防止过拟合
                layers.Dense(1024, activation=tf.nn.relu),    #第二个全连接层
                layers.Dropout(0.4),                #防止过拟合
                layers.Dense(10, activation=tf.nn.relu)       #全连接神经网络的输出层
            ])

        def call(self, inputs, training=None):            #重载函数
            x = inputs                                    #模型的输入
            out = self.conv(x)                            #卷积
            out = tf.reshape(out, (-1, 4 * 4 * 256))      #将卷积后的数据扁平化
            out = self.fc(out)                            #输入至全连接神经网络
            return out
```

实例化定义的 AlexNet 类，其代码如下：

```
model = AlexNet()                                #将 AlexNet 类实例化
```

9.7.3　主函数的定义

定义主函数，执行模型的编译、训练和测试，其代码如下：

```
if __name__ == '__main__':                                #主函数
    model.compile(optimizer=optimizers.Adam(learning_rate=0.0001),  #编译模型
                  loss=tf.losses.CategoricalCrossentropy(from_logits=True),
                  metrics=['acc'])
    model.fit(train_db, epochs=epochs, validation_data=test_db,
                  validation_freq=2)                      #训练模型
    model.save_weights('./checkpoint/weights.ckpt')       #保存模型至指定路径
    model.evaluate(test_db)                               #测试模型
```

程序运行结果如图 9.15 所示，卷积神经网络在 MNIST 数据集上的平均正确率为 98.75%。

图 9.15　程序运行结果

本章小结

　　本章首先介绍了全连接神经网络的基本原理、构建过程、训练过程及在手写体数字图片数据集 MNIST 上的实际应用。全连接神经网络的基本原理包括基本组成结构和每个组成结构的作用。全连接神经网络的训练通过反向传播实现，利用了随机梯度下降法。

　　本章还介绍了卷积神经网络的基本原理、构建过程及其在 MNIST 数据集上的实际应用。卷积神经网络的基本原理包括基本组成结构、每个组成结构的功能。卷积神经网络的训练也

通过反向传播实现，利用了 TensorFlow 中的 Adam 优化算法。

全连接神经网络和卷积神经网络分别作为机器学习中的基础神经网络和经典深度神经网络，常常用于计算机视觉、自然语言处理等领域。因此，读者在学习神经网络时应牢固掌握这两种模型，更加深入理解神经网络的基础原理和实际应用。

课后习题

一、选择题

1. 神经网络的隐含层使用最广泛的激活函数为（　　　）。

A. ReLU　　　　　　B. Softmax　　　　　　C. Sigmoid　　　　　　D. sgn

2. 下列哪一选项的底层是由 C++实现的？（　　　）。

A. Keras　　　　　　B. TensorFlow　　　　　C. PyTorch　　　　　　D. Torch

3. 下列哪个函数可用于转换数据维度？（　　　）

A. tensorflow.squeeze()　　　　　　　　　B. tensorflow.resize()

C. tensorflow.reshape()　　　　　　　　　D. tensorflow.shape()

4. Keras 库中用于配置网络的训练方法的函数为（　　　）。

A. fit()　　　　　　　B. evaluate()　　　　　　C. Sequential()　　　　D. compile()

二、填空题

1. 已知全连接神经网络的输入层、隐含层和输出层的神经元数量分别为 300、1000 和 5，则隐含层的待训练参数有_____个，整个全连接神经网络的待训练参数有_____个。

2. Keras 最核心的数据结构是_____。

3. Keras 库中的 fit()函数执行完成后会返回一个_____对象，该对象用于_____。

4. TensorFlow 库中用于定义输入模型数据格式的函数是_____。

三、问答与编程

1. 说一说全连接神经网络和卷积神经网络的特点，分析两者的优缺点。

2. 从网上下载公开的图像数据集，如 CIFAR-10，自己尝试使用 Python 实现一个包含 3 层隐含层的全连接神经网络，在下载的数据集上进行实验测试。

3. 试着使用 Python 实现一个多层（3 层及以上）隐含层的卷积神经网络，在上题下载的数据集上进行实验测试，比较全连接神经网络与卷积神经网络的性能差距，并分析其原因。

4. 若不采用 Keras 库，试编程实现反向传播训练全连接神经网络。

5. 试着在本章中构建的卷积神经网络上继续增加隐含层，探索隐含层的数量对卷积神经网络性能的影响。

6. 自己查阅资料，编程实现其他任意一种神经网络。

第 **10** 章 图像识别领域的应用案例

学习目标：

- 了解 CIFAR10 数据集；
- 掌握各个分类法在 CIFAR10 数据集的应用；
- 了解各个分类法在 CIFAR10 数据集的分类效果。

10.1 图像识别问题简介

图像识别技术已经融入人们的生活中。小张下班离开单位时要先"刷脸"下班打卡，在餐馆吃饭通过扫描二维码点菜，结账时通过手机的指纹识别或人脸识别打开手机和进行支付。此处，小张遇到的"刷脸"、扫描二维码、指纹识别、人脸识别等都是图像识别技术的具体应用。可以说，图像识别问题是与人们的现代生活联系紧密的人工智能问题。

图像识别问题是计算机视觉中的一个重要核心问题，其是指利用计算机对图像进行处理、分析和理解，以识别各种模式的目标和对象。图像识别包括但不限于文字识别（如识别手写体数字）、物体识别（识别图片中的动物、商品）、指纹识别、人脸识别（识别图片中有无人脸并指出是谁的脸）等。商品识别可运用在商品流通过程中，特别是无人货架、智能零售柜等无人零售领域；人脸识别可运用在安全检查、身份核验与移动支付中。

图像的传统识别流程分为 4 个步骤：图像采集、图像预处理、特征提取、图像识别。传统的机器学习方法如逻辑斯蒂分类、K-近邻分类等在图像识别问题中都能应用，也有一定的效果；在深度学习技术兴起后，图像识别中比较成功、效果较好的方法都是基于深度学习的。以下几节先介绍一个图像识别经典数据集 CIFAR10，将传统机器学习方法应用到该数据集，再应用神经网络方法解决图像识别问题，最后介绍一种经典的深度学习模型 ResNet。

10.2 CIFAR10 数据集

10.2.1 数据集简介

CIFAR10 是一个彩色图像数据集，由深度学习三巨头之一的 Geoffrey Hinton 的学生 Alex Krizhevsky 和伊利亚·苏特斯科夫（Ilya Sutskever）整理的用于识别普适物体的小型数据集。可通过 CIFAR 官方网站下载。

CIFAR10 数据集包含 10 个类别的 RGB 彩色图像：飞机（airplane）、汽车（automobile）、鸟类（bird）、猫（cat）、鹿（deer）、狗（dog）、蛙类（frog）、马（horse）、船（ship）和卡车（truck）。图 10.1 是 CIFAR10 数据集的一个例子。每个图像的尺寸为 32px × 32px，每个类别有 6000 个图像，数据集中一共有 50000 个训练图像和 10000 个测试图像。

图 10.1 CIFAR10 数据集图像举例（来源于 CIFAR10 官网）

从官网下载数据文件后，文件名为 cifar-10-python.tar.gz，解压后包含 8 个文件，表 10.1 所示为这些文件的说明。

表 10.1   CIFAR10 数据集中的 8 个文件

文件名	文件用途
batches.meta	该文件存储了每个类别的英文名称
data_batch_1 data_batch_2 data_batch_3 data_batch_4 data_batch_5	这 5 个文件是 CIFAR10 的训练数据，每个文件以二进制格式存储了 10000 个 32px × 32px 的彩色图像和这些图像对应的类别标签。这 5 个文件是可用 Python 默认自带的 pickle 库打开
test batch	该文件存储测试图像和测试图像的标签，共 1000 个图像
readme.html	数据集介绍文件

CIFAR10 数据集有特殊的格式，一般用 Python 自带的 pickle 库进行读取，代码如 10.1 所示。pickle.load() 函数有两个参数——文件头、编码格式，返回一个字典对象。

```
#代码 10.1 读取 CIFAR10 数据
import pickle
import numpy as np
def unpickle(file):
    with open(file, 'rb') as f:
        data = pickle.load(f, encoding = 'bytes')
    return data
data = unpickle("cifar-10-python/data_batch_1")
print("数据字典的键值: ", data.keys())
```

```
print("数据行列数: ", np.shape(data[b"data"]))
print("前 20 个数据的类别标签: ", data[b"labels"][:20])
print("数据: ", data[b"data"])
meta = unpickle("cifar-10-python/batches.meta")
print("元数据字典的键值: ", meta.keys())
```

代码 10.1 运行后，输出如下所示结果：

```
数据字典的键值: dict_keys([b'batch_label', b'labels', b'data', b'filenames'])
数据行列数: (10000, 3072)
前 20 个数据的类别标签:
[6, 9, 9, 4, 1, 1, 2, 7, 8, 3, 4, 7, 7, 2, 9, 9, 9, 3, 2, 6]
数据: [[ 59  43  50 ... 140  84  72]
      [154 126 105 ... 139 142 144]
      [255 253 253 ...  83  83  84]
      ...
      [ 71  60  74 ...  68  69  68]
      [250 254 211 ... 215 255 254]
      [ 62  61  60 ... 130 130 131]]
元数据字典的键值: dict_keys([b'num_cases_per_batch', b'label_names', b'num_vis'])
```

该代码读取了数据文件和元数据文件的信息，输出字符串前面有个 b，表示后面字符串是 bytes 类型，可通过字符串的 encode('utf-8') 将其转换为 str 类型。

（1）第 1 行输出的是数据文件的 labels 和 data，说明如下。

• data：1 个 10000×3072 的 NumPy 的 uint8 数组，每一行存储一个 32×32 彩色图像，前 1024 个条目包含红色通道值，后 1024 个条目包含绿色通道值，最后 1024 个条目包含蓝色通道值，图像按行顺序存储。

• labels：范围为 0~9 的 10000 个数字的列表，索引 i 处的数字表示数据中第 i 个图像所属类别。

（2）第 2 行输出的是数据文件的行数和列数，行数是 10000，列数是 3072。

（3）第 3 行输出前 20 个数据的类别标签，因为共 10 个类别，所以每个类别以数字 0~9 进行表示；数据总共有 10000 个，每个数据对应一个类别标签。

（4）第 4 行开始输出具体的数据，每一个值都是 0~255 的像素值；由于数据量过大，因此中间大部分数据以省略号表示。

（5）最后一行输出元数据文件的 label_names，说明如下。

• label_names：一个十元素列表，为上述标签数组中的数字标签提供有意义的名称。例如，标签 meta[b"label_names"][0]= b"airplane"、meta[b"label_names"][1]= b"automobile"等。

10.2.2 数据预处理和加载 cifar10_reader.py

CIFAR10 数据集主要包括 5 个训练数据文件和 1 个测试数据文件，本小节使用 NumPy 库将该数据集文件读取到内存并保存到 NumPy 数组中，分割成训练数据、验证数据、测试数据。本小节定义读取数据的代码文件，保存为 cifar10_reader.py，该文件中包含读取一个数据文件的函数 load_cifar10_file()、读取多个数据文件的函数 load_cifar10_files()、进行数据分割和预处理的函数 load_split_ cifar10_files()。

（1）读取一个数据文件的函数 load_ cifar10_file()

该函数只有一个参数，即要读取的数据文件所在的路径，使用 pickle 加载该文件，将数据特征保存到 X 变量，标签数据保存到 Y 变量，并将 X 转换成 10000×3×32×32 的形状，此后将 X 进行转置备用，最后返回 X 和 Y 作为输出。

```
#代码 10.2 cifar10_reader.py 文件的 load_cifar10_file()函数需要与其他两个函数
#load_cifar10_files()、load_split_cifar10_files()合在一起，构成完整代码文件
import os
import pickle
import numpy as np
#读取一个文件的函数
def load_cifar10_file( cifar10_filename ) :
    with open( cifar10_filename, 'rb' ) as file:
        data = pickle.load( file )
        X = data['data' ]
        Y = data['labels' ]
        #转换成 10000×3×32×32 维度的多维矩阵
        #3 代表 3 种颜色，32 代表图像的长和宽都有 32 个元素
        X = X.reshape( 10000, 3, 32, 32 )
        #transpose 将上述多维矩阵按照第 0、2、3、1 的顺序进行转置
        #从而变成 10000×32×32×3 的形式
        X = X.transpose( 0, 2, 3, 1 )
        #astype 将多维矩阵的每个元素从 uint8（默认）转变成 float，以方便进行数值计算
        X = X.astype( "float" )
        Y = np.array( Y )
    return X, Y
```

（2）读取多个数据文件的函数 load_cifar10_files()

该函数用于读取所有的 5 个训练数据文件和 1 个测试数据文件。传入一个参数，即这些文件所在的路径，调用 load_cifar10_file()函数逐个读取文件，保存在 NumPy 数组中并返回。

```
#代码 10.3 cifar10_reader.py 文件的 load_cifar10_files()函数
#传入 CIFAR10 根目录为参数
def load_cifar10_files ( cifar10_root_path ) :
    Xs = [ ]
    Ys = [ ]
        #对 5 个训练数据文件进行读取
    for i in [ 1, 2, 3, 4, 5 ] :
        #os.path.join()函数将根目录与文件名进行连接，得到完整文件路径
        filename = os.path.join( cifar10_root_path, "data_batch_%d" % I )
        #读取一个文件，返回 X 和 Y
        X, Y = load_cifar10_file( filename )
        Xs.append( X )
        Ys.append( Y )
        #将 5 个训练数据文件的内容连接在一起，总共得到 50000 个训练数据
    Xtrain = np.concatenate( Xs )
    Ytrain = np.concatenate( Ys )
        #读取测试数据
    Xtest, Ytest = load_cifar10_file( os.path.join( cifar10_root_path,
                                    'test_batch' ) )
    return Xtrain, Ytrain, Xtest, Ytest
```

（3）进行数据分割和预处理的函数 load_split_cifar10_files()

该函数用于读取所有的训练数据文件和测试数据文件，并将数据分为训练数据、验证数

据、测试数据。其中验证数据是从原训练数据中分割出来的一部分。该函数有 4 个参数，即文件所在的路径、训练数据数量（默认为 49000）、验证数据数量（默认为 1000）、测试数据数量（默认为 1000）。

```
#代码 10.4 cifar10_reader.py 文件的 load_split_cifar10_files()函数
#从磁盘文件中读取数据，并且划分成 Train、Val 和 Test 数据集
#cifar10_root_path 是文件所在目录，n_train 是训练数据数量，n_valid 是验证数据数量
#n_test 是测试数据数量
def load_split_cifar10_files( cifar10_root_path, n_train = 49000, n_valid =
                              1000, n_test = 1000 ) :
    Xtrain, Ytrain, Xtest, Ytest = load_cifar10_files( cifar10_root_path )
    #构造 Train、Val 和 Test 数据集
    #默认情况下，原训练集中末尾的 n_valid 个数据作为 Val 数据集
    Xval = Xtrain[ num_training: ]
    Yval = Ytrain[ num_training: ]
    #默认情况下，原训练集中前面的 n_train 个数据作为 Train 数据集
    Xtrain = Xtrain[ :num_training ]
    Ytrain = Ytrain[ :num_training ]
    #默认情况下，原训练集中前面的 n_test 个数据作为 Test 数据集
    Xtest = Xtest[ :n_test ]
    Ytest = Ytest[ :n_test ]
    #把以上数据保存在一个字典中，以便于返回
    results = {
      'Xtrain': Xtrain, 'Ytrain': Ytrain,
      'Xval': Xval, 'Yval': Yval,
      'Xtest': Xtest, 'Ytest': Ytest,
    }
    return results
```

（4）cifiar10_reader.py 文件的调用与测试

代码 10.5 演示了如何调用 cifar10_reader.py 文件进行读取测试，首先导入该文件并起别名 cr，然后调用了 load_split_cifar10_files()函数读取数据保存到 data 变量并进行输出测试。

```
#代码 10.5 调用 cifar10_reader.py 文件进行读取测试
import cifar10_reader as cr
import numpy as np
data = cr.load_split_cifar10_files( "cifar-10-python" )
print( data.keys() )
print( np.shape( data[ "Xtrain" ] ) )
print( np.shape( data[ "Ytrain" ] ) )
print( np.shape( data[ "Xval" ] ) )
print( np.shape( data[ "Yval" ] ) )
print( np.shape( data[ "Xtest" ] ) )
print( np.shape( data[ "Ytest" ] ) )
```

以上代码执行后，输出结果如下：

```
dict_keys(['Xtrain', 'Ytrain', 'Xval', 'Yval', 'Xtest', 'Ytest'])
(49000, 32, 32, 3)
(49000,)
(1000, 32, 32, 3)
(1000,)
(1000, 32, 32, 3)
(1000,)
```

10.3 基于 K-近邻分类的图像识别

10.3.1 问题分析

根据第 6 章对于 K-近邻分类的定义，基于 K-近邻分类进行图像识别可以定义为：给定训练数据及各个数据所属类别，对输入的测试数据预测其所属类别，具体方法是计算每个测试数据到所有训练数据的距离，取最近的 K 个训练数据中的多数类别为该测试数据的类别。

由于 CIFAR10 数据集的训练数据数量为 50000 个，每个数据有 3072 个特征值，如果距离度量采用欧氏距离，则对于每一个测试数据，需要进行为 50000×3072 次特征值相乘计算，以及对应数量的加法和开方计算，这是一个非常大的计算开销。因此，对于 K-近邻分类来说，**一个首要的问题是要减少计算量以提升分类速度**。其方法主要是**通过数据采样以减少需要计算的训练数据数量、通过 NumPy 矩阵运算以提升距离计算效率**。

基于 K-近邻分类的图像识别的主要步骤如下。

（1）数据采样。数据采样包括对训练数据、验证数据、测试数据的采样；我们可以通过取前 5000 个训练数据，前 500 个验证数据，前 500 个测试数据，即总数据的 1/10 来减少计算的数据数量，也可以通过在原有数据中进行随机采样的方法选取数据。

（2）选择合适的距离度量和计算方法。距离度量采用闵可夫斯基距离的 L2 型，即欧氏距离，计算两个数据特征矩阵之差的平方和；计算方法一般有以下两种选择。

- 选择 1：采用 for 循环方式，逐个数据、逐个特征计算，速度慢。
- 选择 2：采用 NumPy 矩阵运算方式，同时批量计算多个数据，速度快。

（3）测试并选择合适的 K 值。

- 常规的方法：设置不同的 K 值，始终用训练集进行训练，用验证集进行验证，选取在验证集中表现最好的 K 值。
- 交叉验证的方法：将训练集分为 5 等份，每次选取 4 份用作训练，1 份用作验证，共 5 种组合；将 K 设置成不同的值，在以上 5 种组合中进行训练和验证，得到 5 个验证评价；取 5 个验证评价的平均值，选取使得平均值最高的 K 值作为最终的 K 值。

（4）调用 K-近邻分类算法，在训练集和测试集中进行训练和测试，输出评价结果。

10.3.2 数据采样

代码 10.6 定义了数据采样代码文件 cifar10_sample.py，该文件包含两个采样函数，分别是取前面数据的 first_sample_data()函数和随机采样函数 random_sample_data()，这两个函数都有 3 个参数，即采样训练数据数量（n_sample_train，默认值为 5000）、采样验证数据数量（n_sample_val，默认值为 500）、采样测试数据数量（n_sample_test，默认值为 500）。使用该文件时，可以根据需要选择一个采样方法得到采样数据。

```
#代码10.6 采样代码cifar10_sample.py
import cifar10_reader as cr
import numpy as np
cifar10_root_path = "./cifar-10-python"
#取前面的数据
```

```
def first_sample_data( n_sample_train = 5000, n_sample_val = 500,
                                        n_sample_test = 500 ) :
    data = cr.load_split_cifar10_files( cifar10_root_path ) #加载原始数据
    Xtrain = data[ "Xtrain" ] [ :n_sample_train ]
    Ytrain = data[ "Ytrain" ] [ :n_sample_train ]
    Xval = data[ "Xval" ] [ :n_sample_val ]
    Yval = data[ "Yval" ] [ :n_sample_val ]
    Xtest = data[ "Xtest" ] [ :n_sample_test ]
    Ytest = data[ "Ytest" ] [ :n_sample_test ]
    return Xtrain, Ytrain, Xval, Yval, Xtest, Ytest
#采用随机方式采样
def random_sample_data( n_sample_train = 5000, n_sample_val = 500,
                                        n_sample_test = 500 ) :
    data = cr.load_split_cifar10_files( cifar10_root_path ) #加载原始数据
    #在最大长度范围内，采用不放回方式随机采样 n_sample_train 个训练数据的索引
    mask_train = np.random.choice( len( data[ "Xtrain" ] ),
                    n_sample_train, replace = False )
    Xtrain = data[ "Xtrain" ] [ mask_train ]
    #根据 n_sample_train 中的索引数值选取数据
    Ytrain = data[ "Ytrain" ] [ mask_train ]
    #在最大长度范围内，采用不放回方式随机采样 n_sample_val 个验证数据的索引
    mask_val = np.random.choice( len( data[ "Xval" ] ), n_sample_val,
                            replace = False )
    Xval = data[ "Xval" ] [ mask_val ] #根据 n_sample_val 中的索引数值选取数据
    Yval = data[ "Yval" ] [ mask_val ]
    #在最大长度范围内，采用不放回方式随机采样 n_sample_test 个测试数据的索引
    mask_test = np.random.choice( len( data[ "Xtest" ] ), n_sample_test,
                            replace = False )
    Xtest = data[ "Xtest" ] [ mask_test ] #根据 n_sample_test 中的索引数值选取数据
    Ytest = data[ "Ytest" ] [ mask_test ]
    return Xtrain, Ytrain, Xval, Yval, Xtest, Ytest
```

10.3.3 数据间距离计算

采用欧氏距离作为 K-近邻分类的距离度量，由于 CIFAR10 的每个数据具有 3072 个特征，是一个 3072 维向量，一个测试数据与一个训练数据之间的距离计算是向量运算，一个测试数据与多个训练数据之间的距离计算是向量与矩阵的运算，多个测试数据与多个训练数据之间的距离计算是矩阵与矩阵的运算。以下逐步分析距离计算方法。

（1）向量与向量间距离计算

设测试数据向量为 x，训练数据向量为 y，以下用两种方法计算两者的距离平方和：低效的基于循环的计算方法和高效的基于向量的计算方法。

方法一：基于循环的计算方法。如以下代码所示，对于两个维度相同的 NumPy 向量 x 和 y，采用 for 循环逐个元素进行计算，这种方法效率很低，不推荐使用。

```
x = np.array( [ 10, 20.5, 60, 50, 30 ] )
y = np.array( [ 5, 10, 15.5, 30, 20 ] )
s = 0
```

```
for i in range( len( x ) ) :
    s += ( x [ i ] - y [ i ] ) ** 2
```

方法二：基于向量的计算方法。如以下代码所示，将向量当作一个整体进行运算，其中 x - y 对 x 和 y 的对应元素进行相减得到新的向量 x_y，np.square (x_y)对向量 x_y 的每个元素求平方，np.sum()将所有元素相加，最终得到平方和。这种方法的计算效率比较高。

```
x = np.array( [ 10, 20.5, 60, 50, 30 ] )
y = np.array( [ 5, 10, 15.5, 30, 20 ] )
x_y = x - y
s = np.sum ( np.square( x_y ) )
```

（2）向量与矩阵间距离计算

对于一个测试数据向量 y、包含多个训练数据向量的训练数据矩阵 X（每行对应一个训练数据向量），需要计算 y 与 X 中每行的距离。幸运的是，NumPy 运算有广播功能，当其中一个运算对象只有一行（列）、另一个运算对象有多行（列）时，NumPy 会自动将只有一行（列）的运算对象与另一个有多行（列）的运算对象的每一行（列）进行对应运算。运算代码如下所示：

```
#X 是 3 行 5 列的矩阵
X = np.array( [ [ 10, 20.5, 60, 50, 30 ],
                [ 5, 7, 2, 9, 0 ],
                [ 90, 108, 40, 75, 2 ] ] )
#y 是具有 5 个元素的向量
y = np.array( [ 5, 10, 15.5, 30, 20 ] )
X_y = X - y
s = np.sum( np.square( X_y ), axis = 1 )
print( s )
```

以上代码中，np.sum()中的 axis = 1 表示对每一行的所有列元素相加。运行后，得到如下的输出结果：

```
[ 2615.5   1032.25 19778.25]
```

（3）矩阵与矩阵间距离计算

设矩阵 X 有 m 行，X_i 表示第 i 行向量；矩阵 Y 有 n 行，Y_j 表示第 j 行向量。以 X_i^2 表示 X_i 中所有元素的平方和，则向量 X_i 和向量 Y_j 的距离计算公式为：

$$
\begin{aligned}
(X_i - Y_j)^2 &= (x_{i,1} - y_{j,1})^2 + (x_{i,2} - y_{j,2})^2 + \cdots + (x_{i,d} - y_{j,d})^2 \\
&= (x_{i,1} + x_{i,2} + \cdots + x_{i,d}) + (y_{i,1} + y_{i,2} + \cdots + y_{i,d}) - 2(x_{i,1}y_{i,1} + x_{i,2}y_{i,2} + \cdots + x_{i,d}y_{i,d}) \\
&= X_i^2 + Y_j^2 - 2X_i Y_j
\end{aligned}
$$

上述是对 X 和 Y 的单个行进行运算，而实际上 X 有多行，Y 也有多行，使用一个二重循环对 X 和 Y 的每个行进行运算是一种低效的方法。根据上述公式，高效的批量运算方法如下。

* 对 X 中的每个行向量，分别计算元素平方和得到 X_row_square_sum，这是一个 m 维向量。

* 对 Y 中的每个行向量，分别计算元素平方和得到 Y_row_square_sum，这是一个 n 维向量。

* 将 X 中的每个行向量与 Y 中的每个行向量分别做内积，可通过将矩阵 X 与矩阵 Y 的转置进行矩阵乘法运算的方式求得，得到一个 $m \times n$ 的结果矩阵 XY_mat。

- 根据公式，将 X_row_square_sum 的元素加到 XY_mat 的对应行向量（通过将 X_row_square_sum 变为 $m×1$ 矩阵）、将 Y_row_square_sum 的元素加到 XY_mat 的对应列向量（通过将 Y_row_square_sum 变为 $1×n$ 矩阵），即可得到通过矩阵 **X** 和矩阵 **Y** 求距离的结果。

代码如下所示：

```
import numpy as np
#X 是 3 行 5 列的矩阵
X = np.array( [ [ 10, 20.5, 60, 50, 30 ],
                [ 5, 7, 2, 9, 0 ],
                [90, 108, 40, 75, 2 ] ] )
#Y 是 2 行 5 列的矩阵
Y = np.array( [ [ 5, 10, 15.5, 30, 20 ],
                [ 1, 8, 0, 24, 15 ] ] )
X_row_square_sum = np.sum( np.square( X ), axis = 1 )
Y_row_square_sum = np.sum( np.square( Y ), axis = 1 )
XY_mat = X.dot( Y.T ) #Y.T 是 Y 的转置
result = np.reshape( X_row_square_sum, ( 3, 1 ) ) - 2 * XY_mat +
                     np.reshape( Y_row_square_sum, ( 1,2 ) )
print( result )
```

运行后，输出结果如下：

```
[[ 2615.5    4738.25]
 [ 1032.25    471.  ]
 [19778.25  22291.   ]]
```

10.3.4 实现 K-近邻分类算法

代码 10.7 通过自定义程序实现了采用高效的矩阵间距离计算方法的 K-近邻分类算法，与第 6 章的自定义实现代码基本一致，所不同的是代码 10.7 采用了更高效的距离计算方法。

```
#代码 10.7 自定义程序实现采用欧氏距离的 K-近邻分类算法，文件名为 knn_classifer.py
import numpy as np
class KNearestNeighbor() :
  def train( self, X, y ) :
    self.X_train = X
    self.y_train = y
  def predict( self, X, k = 1 ) :
    dists = self.compute_distances( X )
    return self.predict_labels( dists, k = k )
  def compute_distances( self, X ) :
    #计算测试数据 X 与训练数据 self.X_train 之间的距离
    #返回(X.shape[0], self.X_train.shape[1])维度的距离矩阵
    num_test = X.shape[ 0 ]
    num_train = self.X_train.shape[ 0 ]
    #记录每条测试数据分别与每条训练数据的距离
    dists = np.zeros( ( num_test, num_train ) )
    X_row_square_sum = np.sum( np.square( X ), axis = 1 )
    Y_row_square_sum = np.sum( np.square( self.X_train ), axis = 1 )
    XY_mat = X.dot( self.X_train.T ) #Y.T 是 Y 的转置
    dists = np.sqrt( -2 * XY_mat + X_row_square_sum.reshape( -1, 1 ) +
                     Y_row_square_sum )
    return dists
```

```
def predict_labels( self, dists, k = 1 ) :
    num_test = dists.shape[ 0 ]
    y_pred = np.zeros( num_test )
    for i in range( num_test ) :
        #存放最近的 k 个点
        closest_y = [ ]
        y_indicies = np.argsort( dists[ i, : ] )
        #对该行中的数据分别排序，获取排序后的序号（升序）
        closest_y = self.y_train[ y_indicies[ :k ] ]      #取前 k 个最小的距离
        y_pred[ i ] = np.argmax( np.bincount( closest_y ) )
    return y_pred
```

10.3.5　用常规验证方法选取 *K* 值

由于不同 *K* 值的 K-近邻分类算法有不同的分类效果，本节采用常规验证方法选取合适的 *K* 值：设置一个 *K* 值列表，对其中的每个 *K* 值在验证集上进行 K-近邻分类，得到在验证集中的不同的分类正确率，选取使得验证集分类正确率最高的 *K* 值对测试集进行分类。

以上这样做的原因是：在通常情况下，测试集是不可见的，只有训练集和验证集是可见的，因此不能直接使用测试集选取 *K* 值。

```
# 代码 10.8 用常规验证方法选取 K 值并进行测试
import cifar10_sample as cs
import numpy as np
import collections
from knn_classifier import KNearestNeighbor
Xtrain, Ytrain, Xval, Yval, Xtest, Ytest = cs.first_sample_data()
Xtrain = np.reshape( Xtrain, ( np.shape( Xtrain ) [ 0 ], -1 ) )
Xval = np.reshape( Xval, ( np.shape( Xval ) [ 0 ], -1 ) )
Xtest = np.reshape( Xtest, ( np.shape( Xtest ) [ 0 ], -1 ) )
model = KNearestNeighbor()
model.train( Xtrain, Ytrain )
dists = model.compute_distances( Xval )
print( "进行验证选取 K 值: " )
K = [ 1, 3, 5, 7, 9, 11, 12, 15, 17, 20, 30 ,40, 50, 100 ]
k_for_test = max_correct = 0
for k in K :
    pred_val = model.predict_labels( dists, k = k )
    n_correct = np.sum( Yval == pred_val )
    if n_correct > max_correct :
        max_correct = n_correct
        k_for_test = k
    print( "K = {}时验证正确率是:
{}".format( k, n_correct / np.shape( Yval ) [ 0 ] ) )
print ( "选取 K 值进行测试: " )
dists = model.compute_distances( Xtest )
pred_test = model.predict_labels ( dists, k = k_for_test )
n_correct = np.sum( Ytest == pred_test )
print( "K = {}时测试正确率是:
{}".format( k_for_test, n_correct / np.shape( Ytest )[ 0 ] ) )
```

代码执行后的输出结果如下：

进行验证选取 K 值：
K = 1 时验证正确率是：0.286
K = 3 时验证正确率是：0.25
K = 5 时验证正确率是：0.268
K = 7 时验证正确率是：0.26
K = 9 时验证正确率是：0.256
K = 11 时验证正确率是：0.254
K = 12 时验证正确率是：0.27
K = 15 时验证正确率是：0.256
K = 17 时验证正确率是：0.264
K = 20 时验证正确率是：0.254
K = 30 时验证正确率是：0.26
K = 40 时验证正确率是：0.258
K = 50 时验证正确率是：0.25
K = 100 时验证正确率是：0.258
选取 K 值进行测试：
K = 1 时测试正确率是：0.274

10.3.6　用交叉验证法选取 K 值

用常规验证法所找出的 K 值，对于测试数据来说不一定是一个比较好的 K 值。交叉验证法是另一个更好的选取 K 值的方法。验证步骤如下。

- 将所有的训练数据平均分为 5 份，分别编号为 A、B、C、D、E。
- 对于一个特定的 K 值：
  - 首先以 A、B、C、D 作为训练数据，以 E 作为验证数据，进行 K-近邻分类计算，得到一个验证正确率；
  - 然后以 A、B、C、E 作为训练数据，以 D 作为验证数据，进行 K-近邻分类计算，得到一个验证正确率；
  - 依此类推，继续更换验证数据为 C、B、A，其他作为训练数据，每次都得到一个验证正确率；
  - 取以上获得的 5 个验证正确率的平均值。
- 对每个候选的 K 值：
  - 分别进行上述操作，每个 K 值都可得到一个"平均正确率"；
  - 选取使得平均正确率最大的 K 值作为最佳 K 值。
- 使用选取的最佳 K 值在测试数据中进行 K-近邻分类，得到测试正确率。

代码 10.9 实现了上述交叉验证法。

```
#代码 10.9 用交叉验证方法选取 K 值并进行测试
import cifar10_sample as cs
import numpy as np
import collections
from knn_classifier import KNearestNeighbor
Xtrain, Ytrain, Xval, Yval, Xtest, Ytest = cs.first_sample_data()
Xtrain = np.reshape( Xtrain, ( np.shape( Xtrain ) [ 0 ], -1 ) )
Xval = np.reshape( Xval, ( np.shape( Xval ) [ 0 ], -1 ) )
Xtest = np.reshape( Xtest, ( np.shape( Xtest ) [ 0 ], -1 ) )
n_splits = 5
```

```
Xtrain_splits = np.split( Xtrain, n_splits )
Ytrain_splits = np.split( Ytrain, n_splits )
k_choices = [ 1, 3, 5, 7, 9, 10, 12, 15, 17, 20, 30 ,40, 50, 100 ]
k_accuracies = { }
model = KNearestNeighbor()
for k in k_choices :
    k_accuracies[ k ] = [ ]
    for i in range( n_splits ) :
        Xtrain1 = [ ]
        Ytrain1 = [ ]
        Xval1 = [ ]
        Yval1 = [ ]
        for j in range( n_splits ) :
            if i == j :
                Xval1.extend( Xtrain_splits[ i ] )
                Yval1.extend( Ytrain_splits[ i ] )
            else:
                Xtrain1.extend( Xtrain_splits[ j ] )
                Ytrain1.extend( Ytrain_splits[ j ] )
        Xtrain1 = np.array( Xtrain1 )
        Ytrain1 = np.array( Ytrain1 )
        Xval1 = np.array( Xval1 )
        Yval1 = np.array( Yval1 )
        model.train( Xtrain1, Ytrain1 )
        dists = model.compute_distances( Xval1 )
        Yval_pred = model.predict_labels( dists, k = k )
        num_correct = np.sum( Yval_pred == Yval1 )
        accuracy = num_correct / len( Yval1 )
        k_accuracies[ k ].append( accuracy )
    print( "K={}, 交叉验证平均正确率:
{}".format( k, np.mean( k_accuracies[ k ] ) ) )
#选最大验证平均正确率的 K 值
accuracies_mean = np.array( [ np.mean ( v )for k, v in sorted
                            ( k_accuracies.items() ) ] )
best_k_index = np.argmax( accuracies_mean )
best_k = k_choices[ best_k_index ]
print( "选取的 K 值是: ", best_k )
model = KNearestNeighbor()
model.train( Xtrain, Ytrain )
dists = model.compute_distances( Xtest )
Ytest_pred = model.predict_labels( dists, k = best_k )
num_correct = np.sum( Ytest_pred == Ytest )
accuracy = num_correct / len( Ytest )
k_accuracies[ k ].append( accuracy )
print( "K={}, 测试正确率: {}".format( best_k, accuracy ) )
```

代码运行结果如下所示:

K=1, 交叉验证平均正确率: 0.2656
K=3, 交叉验证平均正确率: 0.2496
K=5, 交叉验证平均正确率: 0.2732
K=7, 交叉验证平均正确率: 0.27440000000000003
K=9, 交叉验证平均正确率: 0.2764

K＝10，交叉验证平均正确率：0.2802
K＝12，交叉验证平均正确率：0.2794
K＝15，交叉验证平均正确率：0.275
K＝17，交叉验证平均正确率：0.27520000000000006
K＝20，交叉验证平均正确率：0.279
K＝30，交叉验证平均正确率：0.273400000000000003
K＝40，交叉验证平均正确率：0.2738
K＝50，交叉验证平均正确率：0.2744
K＝100，交叉验证平均正确率：0.26159999999999994
选取的 K 值是：10
K＝10，测试正确率：0.282

10.4　基于逻辑斯蒂分类的图像识别

10.4.1　自定义程序实现图像识别

本小节采用第 4 章的逻辑斯蒂分类法对 CIFAR10 数据集进行分类。由于该数据集中共有
10 个类别，可以采用 1vs9 的策略将该问题改造为 10 个二分类逻辑斯蒂分类问题，采取的具
体策略如下：

- 为每个类别计算一个双类别逻辑斯蒂分类模型，其中该类别为正例，其他所有类别为
负例，得到 10 个具有不同参数的二分类逻辑斯蒂分类模型；
- 在预测时，使用这 10 个模型对每个类别计算不同的预测概率，取其中概率最大的类
别作为预测类别。

代码 10.10 基于梯度下降法自定义实现 CIFAR10 分类。为了提高计算速度，该代码也对
数据进行了采样，采样数量与上节的相同，即 5000 个训练数据、500 个验证数据、500 个测
试数据。梯度下降法代码采用第 3 章定义的 bgd_optimizer.py。代码 10.10 基本借鉴了第 4 章
的代码 4.11，应用于 CIFAR10 数据分类。

```
#代码 10.10 基于梯度下降法自定义实现 CIFAR10 分类
import numpy as np
from bgd_optimizer import bgd_optimizer      #使用第 3 章定义好的批量梯度下降函数
import cifar10_sample as cs
LAMBDA = 0.1                                  #设置惩罚权重系数为 0.1
def normalize( X, col_means ) :
    return( X - col_means ) / 255
def logistic_fun( z ) :
    return 1. / ( 1 + np.exp( -z ) )          #用 np.exp()函数，因为 z 可能是一个向量
def cost_fun( w, X, y ) :
    tmp = logistic_fun( X.dot( w ) )          #线性函数，点乘
    cost = -y.dot ( np.log( tmp )-(1-y).dot( np.log( 1 - tmp ) ) )  #计算损失
    return cost
def grad_fun( w, X, y ) :                      #套用式(4.12)计算 w 的梯度
    loss_origin = X.T.dot( logistic_fun( X.dot( w ) )-y ) / len( X )
    loss_penalty = np.zeros( len( w ) )
#loss_penalty 的维度跟 w 个数一致，初始值为 0
    loss_penalty[1:] = LAMBDA / len( X ) * w[ 1: ]
#更新除 w0 之外的其他 w 的惩罚项
```

```
            return loss_origin + loss_penalty
def make_ext( x ) :                               #对 x 进行扩展，加入一个全 1 的列
    ones = np.ones( 1 ) [ :, np.newaxis ]        #生成全 1 的向量
    new_x = np.insert( x, 0, ones, axis = 1 )    #第二个参数值 0 表示在第 0 个位置插入
    return new_x
Xtrain, Ytrain, Xval, Yval, Xtest, Ytest = cs.first_sample_data()
Xtrain = np.reshape( Xtrain, ( np.shape( Xtrain ) [ 0 ], -1 ) )
Xval = np.reshape( Xval, ( np.shape( Xval ) [ 0 ], -1 ) )
Xtest = np.reshape( Xtest, ( np.shape( Xtest ) [ 0 ], -1 ) )
col_means = np.mean( Xtrain, 0 )                  #每个特征的平均值
Xtrain = normalize( Xtrain, col_means )
Xtrain = make_ext( Xtrain )
np.random.seed( 0 )
ws = [ ]
for i in range( 10 ) :
    a_Ytrain = Ytrain == i          #数字 i 的标签为 True，其他的为 False
    init_W = np.random.random( np.shape( Xtrain ) [ 1 ] ) #随机初始化 w
    #调用第 3 章定义的批量梯度下降函数
    iter_count, w = bgd_optimizer( cost_fun, grad_fun, init_W, Xtrain, a_Ytrain,
                            lr = 0.001, tolerance = 1e-5, max_iter = 1000000 )
    ws.append( w )
    print( w )
Xtest = normalize(Xtest, col_means )
Xtest = make_ext( Xtest )
predicts = [ ]
for i in range( 10 ) :
    predicts.append( logistic_fun( Xtest.dot( ws[ i ] ) ) )
predicts = np.array( predicts )
Ypredict = predicts.argmax( axis = 0 )
errors = np.count_nonzero( Ytest - Ypredict )
print( "预测错误数是: {}/{}".format(errors, np.shape( tests ) [ 0 ] ) )
print( "预测正确率是: {}".format( ( np.shape( tests ) [ 0 ]
        -errors) / np.shape ( tests ) [ 0 ] ) )
```

代码 10.11 的运行结果如下：

预测错误数是：353/500
预测正确率是：0.294

可以看到，预测正确率是 0.294，高于上一节采用 K-近邻分类算法所得到的 0.282，两者采用的数据是相同的。

10.4.2　基于 LogisticRegression 类实现图像识别

scikit-learn 库的 LogisticRegression 类提供了逻辑斯蒂分类的实现，第 3 章也介绍了相应的使用方法。本小节介绍使用 LogisticRegression 类实现基于 CIFAR10 数据集的图像识别。代码 10.11 演示了使用 LogisticRegression 类对 CIFAR10 数据进行分类的过程，该代码使用了完整的 CIFAR10 数据集，而不是仅使用采样数据。

```
#代码 10.11 基于 LogisticRegression 类对 CIFAR10 数据集进行分类
import numpy as np
import matplotlib.pyplot as plt
from sklearn.linear_model import LogisticRegression
```

```
import cifar10_sample as cs
import cifar10_reader as cr
def normalize( X, col_means ) :
    return( X - col_means ) / 255
cifar10_root_path = "./cifar-10-python"
Xtrain, Ytrain, Xval, Yval, Xtest, Ytest = cs.first_sample_data()
data = cr.load_split_cifar10_files( cifar10_root_path )  #加载原始数据
Xtrain = data[ "Xtrain" ] [ : ]
Ytrain = data[ "Ytrain" ] [ : ]
Xval = data[ "Xval" ] [ : ]
Yval = data[ "Yval" ] [ : ]
Xtest = data[ "Xtest" ] [ : ]
Ytest = data[ "Ytest" ] [ : ]
Xtrain = np.reshape( Xtrain, ( np.shape( Xtrain )[ 0 ], -1 ) )
Xval = np.reshape( Xval, ( np.shape( Xval )[ 0 ], -1 ) )
Xtest = np.reshape( Xtest, ( np.shape( Xtest )[ 0 ], -1 ) )
print( "数据加载完毕" )
col_means = np.mean( Xtrain, 0 )                      #每个特征的平均值
Xtrain = normalize( Xtrain, col_means )
print("开始训练")
model = LogisticRegression( solver = "lbfgs", multi_class = "multinomial",
                            max_iter = 500 )
model.fit( Xtrain, Ytrain )
print( "训练完毕" )
Xtest = normalize( Xtest, col_means )
print( "开始预测" )
Ypredict = model.predict( Xtest )
errors = np.count_nonzero( Ytest - Ypredict )
print("预测错误数是: {}/{}".format( errors, np.shape( Xtest ) [ 0 ] ) )
print("预测正确率是: {}".format( (np.shape( Xtest ) [ 0 ] -
                                 errors) / np.shape( Xtest ) [ 0 ] ))
```

以上代码的运行结果如下，可以看出随着训练数据的增加（使用了全部的 50000 个训练数据），预测正确率大幅提升。

```
数据加载完毕
开始训练
训练完毕
开始预测
预测错误数是: 619/1000
预测正确率是: 0.389
```

10.5　基于最大熵模型的图像识别

10.5.1　Softmax 分类器

Softmax 分类器是最大熵模型的简化版，代码 10.12 给出了 Softmax 分类器的实现。关于该分类器的定义与推导，请参考第 5 章。

```
#代码 10.12 Softmax 分类器 softmax_classifier.py
import numpy as np
def cal_softmax_loss( W, X, y, reg ) :
```

```
#使用循环的方式来计算 Softmax 的成本及梯度，速度较慢
#X: (N, D), W: (D, C)
#y: (N,), 每个元素的取值为 0~[C-1]中的某个整数（分类结果）
#reg: Regularization 项的权重系数
#返回值：成本函数计算结果，W 的梯度矩阵
loss = 0.0
dW = np.zeros_like( W )
num_classes = W.shape[ 1 ]
num_train = X.shape[ 0 ]
for i in range( num_train ) :
    plain_score_i = X [ i ].dot( W )                 #计算该行的直接得分
    log_C_i = -np.max( plain_score_i )               #找到得分最大值
    #引入最大分值，以改善 exp()的数值计算效率
    loss_exp_i = np.exp( plain_score_i[ y[ i ] ] + log_C_i) /
                        np.sum(np.exp(plain_score_i + log_C_i))
    loss_i = -np.log( loss_exp_i )
    loss += loss_i
    for j in range( num_classes ) :
        temp = np.exp(plain_score_i[ j ] + log_C_i) /
                np.sum(np.exp(plain_score_i + log_C_i))
        if j == y[i]: dW[ :, j ] += temp*X[ i ] - X[ i ]
        else: dW[ :, j ] += temp*X[ i ]
loss /= num_train
loss += 0.5 * reg * np.sum( W * W )
dW /= num_train
dW += reg * W
return loss, dW

def cal_softmax_loss_vectorized(W, X, y, reg):
    #成本函数和梯度的矩阵运算方法
    #X: (N, D), W: (D, C), y: (N, )
    loss = 0.0
    dW = np.zeros_like( W )
    num_train = X.shape[ 0 ]
    plain_score = X.dot( W )                          #N × C
    log_C = -np.max( plain_score, axis = 1 )
    #N, 获得每一行的最大值作为 log_C 的取值
    dem = np.sum( np.exp( plain_score + log_C.reshape( -1, 1 ) ), axis = 1 )
    #计算 5.2.4 小节中最大熵模型公式的分母部分
    loss_for_rows = np.exp(plain_score[range(num_train), y] + log_C ) / dem
    #计算 5.2.4 小节中最大熵模型公式的分子部分
    loss = np.sum(-np.log(loss_for_rows))
    temp = np.exp(plain_score + log_C.reshape(-1, 1)) / (dem.reshape(-1, 1))
    #计算梯度系数矩阵（N×C）
    temp[ range( num_train ), y ] -= 1
    # “实际分类”项的梯度系数，需要在原有基础上减去 1
    dW = X.T.dot( temp )  # ( D×C )
    loss /= num_train
    loss += 0.5 * reg * np.sum( W * W )
    dW /= num_train
    dW += reg * W
    return loss, dW
```

```
class Softmax:
    #Softmax 线性分类器子类
    def __init__( self ) :
        self.W = None
    def train(self, X, y, learning_rate=1e-3, reg=1e-5, num_iters = 100,
              batch_size = 200, verbose = False):
        #使用小批量随机梯度下降法进行训练
        #X: (N, D), y: (N, )
        #num_iters: 执行的循环次数
        #batch_size: 每次随机选取的训练数据数量
        #verbose: 指示是否打印训练过程中的信息
        #输出: 各次迭代的成本函数值
        num_train, dim = X.shape
        num_classes = np.max( y ) + 1
        if self.W is None:
            self.W = 0.001 * np.random.randn( dim, num_classes )#初始化权重矩阵
        #小批量随机梯度下降法
        loss_history = []
        for it in range( num_iters ):
            X_batch = None
            y_batch = None
            #随机选取出 batch_size 个索引值
            indices = np.random.choice( num_train, batch_size, replace = True )
            X_batch = X[ indices ]
            y_batch = y[ indices ]
            #计算成本及梯度
            loss, grad = self.loss( X_batch, y_batch, reg )
            #将本次迭代结果保存到 loss_history 中
            loss_history.append( loss )
            #执行梯度下降
            self.W += -learning_rate * grad
            if verbose and it % 100 == 0:
                print('%d/%d 次迭代完成，成本函数值: %f' % (it, num_iters, loss))
        return loss_history
    def predict( self, X ) :
        #判别函数，对新的数据 X 进行分类预测
        #X: (N, D)
        #返回值: (N, )
        y_pred = np.zeros( X.shape[ 0 ] )
        y_pred = np.argmax( X.dot( self.W ), axis = 1 )
        return y_pred
    def loss( self, X_batch, y_batch, reg ) :
        return cal_softmax_loss_vectorized( self.W, X_batch, y_batch, reg )
```

10.5.2　加载和预处理数据

代码 10.13 是 Python 文件 softmax_cifar10.py 的第一部分，用于装载数据和预处理数据。首先，使用前面定义的 cifar10_reader.py 文件中的 load_split_cifar10_files()函数；然后，将每个像素的每个颜色通道当作一个特征，因此每个像素对应 3 个特征；最后，对特征值进行归一化操作，采用的方法是减去列的平均值并除以 255，将特征值归一化到 0~1，在末尾加上

一个值为 1 的偏置项（该项也可以没有）。NumPy 的 hstack() 函数的作用是对列进行拼接。

```
#代码 10.13 softmax_cifar10.py 第一部分：导入和预处理 CIFAR10 数据集
import numpy as np
import cifar10_reader as cr
import softmax_classifier
def normalize( X, col_means ) :
    return( X - col_means ) / 255
cifar10_root_path = "./cifar-10-python"
data = cr.load_split_cifar10_files( cifar10_root_path )  #加载原始数据
Xtrain = data[ "Xtrain" ]
Ytrain = data[ "Ytrain" ]
Xval = data[ "Xval" ]
Yval = data[ "Yval" ]
Xtest = data[ "Xtest" ]
Ytest = data[ "Ytest" ]
Xtrain = np.reshape( Xtrain, ( np.shape( Xtrain )[ 0 ], -1 ) )
Xval = np.reshape( Xval, ( np.shape( Xval )[ 0 ], -1 ) )
Xtest = np.reshape( Xtest, ( np.shape( Xtest )[ 0 ], -1 ) )
print( "数据加载完毕" )
col_means = np.mean( Xtrain, 0 )  #每个特征的平均值
Xtrain = normalize( Xtrain, col_means )
Xval = normalize( Xval, col_means )
Xtest = normalize( Xtest, col_means )
Xtrain = np.hstack( [ Xtrain, np.ones( [ np.shape( Xtrain )[ 0 ], 1 ] ) ] )
Xval = np.hstack( [ Xval, np.ones( [ np.shape( Xval ) [ 0 ], 1 ] ) ] )
Xtest = np.hstack( [ Xtest, np.ones( [ np.shape( Xtest ) [ 0 ], 1 ] ) ] )
```

10.5.3 实现图像识别

代码 10.14 是 softmax_cifar10.py 的第二部分，调用所定义的 Softmax 分类器对 CIFAR10 数据集进行分类。由于 Softmax 分类器需要确定两个超参数，即学习速率和正则化惩罚权重系数，各选取两个值，得到 4 种组合，分别进行训练，并在验证数据集上进行验证，选取使得验证数据集分类正确率最高的学习速率和正则化惩罚权重系数，在测试数据上得到最终的正确率。

```
#代码 10.14 softmax_cifar10.py 第二部分：使用 Softmax 分类器对 CIFAR10 数据集进行分类
print("开始训练")
#选取超参数
results = { }
best_val = -1
best_softmax = None
learning_rates = [ 1e-7, 5e-7 ]
regularization_strengths = [ 2.5e4, 5e4 ]
num_iters = 3000
for learning_rate in learning_rates :
    for regularization_strength in regularization_strengths :
        print( "计算：学习速率 = ", learning_rate, ", 惩罚权重系数 = ",
        regularization_strength, "..." )
        model = softmax_classifier.Softmax()
        model.train(Xtrain, Ytrain, learning_rate = learning_rate,
```

```
                        reg = regularization_strength,
                        num_iters = num_iters, verbose = True )
            pred_train = model.predict( Xtrain )
            pred_val = model.predict( Xval )
            train_accuracy = np.mean( Ytrain == pred_train )
            val_accuracy = np.mean( Yval == pred_val )
            results[ ( learning_rate, regularization_strength ) ] =
                    ( train_accuracy, val_accuracy )
            if val_accuracy > best_val :
                best_val = val_accuracy
                best_softmax = model
    for lr, reg in sorted( results ) :
        train_accuracy, val_accuracy = results[ ( lr, reg ) ]
        print( '学习速率: %e, 惩罚权重系数: %e, 训练正确率: %f, 验证正确率: %f' %
                ( lr, reg, train_accuracy, val_accuracy ) )
    #验证数据的最佳正确率约 0.27
    print( '验证数据最佳正确率: %f' % best_val )
    #选用最佳参数模型对测试集进行计算（测试数据的正确率约为 0.26）
    y_test_pred = best_softmax.predict( Xtest )
    test_accuracy = np.mean( Ytest == y_test_pred )
    print( '测试数据正确率: %f' % ( test_accuracy, ) )
```

以上代码运行后会输出每组超参数的迭代学习过程，由于输出内容较多，中间一些部分用省略号代替。

```
数据加载完毕
开始训练
计算: 学习速率= 1e-07, 惩罚权重系数= 25000.0 ...
0/3000 次迭代完成，成本函数值: 382.474047
100/3000 次迭代完成，成本函数值: 232.743245
200/3000 次迭代完成，成本函数值: 141.984543
......
2800/3000 次迭代完成，成本函数值: 2.302869
2900/3000 次迭代完成，成本函数值: 2.302748
计算: 学习速率= 1e-07, 惩罚权重系数= 50000.0 ...
0/3000 次迭代完成，成本函数值: 766.674392
100/3000 次迭代完成，成本函数值: 282.794692
200/3000 次迭代完成，成本函数值: 105.231396
......
2800/3000 次迭代完成，成本函数值: 2.302576
2900/3000 次迭代完成，成本函数值: 2.302575
计算: 学习速率= 5e-07, 惩罚权重系数= 25000.0 ...
0/3000 次迭代完成，成本函数值: 388.820098
100/3000 次迭代完成，成本函数值: 33.534335
200/3000 次迭代完成，成本函数值: 4.826133
......
2800/3000 次迭代完成，成本函数值: 2.302569
2900/3000 次迭代完成，成本函数值: 2.302556
计算: 学习速率= 5e-07, 惩罚权重系数= 50000.0 ...
0/3000 次迭代完成，成本函数值: 771.310855
100/3000 次迭代完成，成本函数值: 7.165025
200/3000 次迭代完成，成本函数值: 2.333311
```

......

2800/3000 次迭代完成，成本函数值：2.302574
2900/3000 次迭代完成，成本函数值：2.302572
学习速率：1.000000e-07，惩罚权重系数：2.500000e+04，训练正确率：0.241347，
验证正确率：0.265000
学习速率：1.000000e-07，惩罚权重系数：5.000000e+04，训练正确率：0.242857，
验证正确率：0.254000
学习速率：5.000000e-07，惩罚权重系数：2.500000e+04，训练正确率：0.240245，
验证正确率：0.253000
学习速率：5.000000e-07，惩罚权重系数：5.000000e+04，训练正确率：0.250490，
验证正确率：0.265000
验证数据最佳正确率：0.265000
测试数据正确率：0.255000

从输出结果可以看出，Softmax 模型在测试集上的正确率只有 0.255，低于上一节逻辑斯蒂分类的正确率，还有可以提升的空间。

10.5.4　归一化方法的影响

不同的归一化方法对分类结果有较大的影响。代码 10.11 的逻辑斯蒂分类和代码 10.13 的 Softmax 分类在预处理数据时，采用的归一化方法是(X - col_means) / 255，该方法对逻辑斯蒂分类的效果要优于对 Softmax 分类的效果。本小节采用如下形式的归一化函数。

```
def normalize2( X, col_means ) :
    return X - col_means
```

换成以上形式的归一化函数，再运行 Softmax 分类，得到如下的分类正确率：

验证数据最佳正确率：0.370000
测试数据正确率：0.355000

运行逻辑斯蒂分类，得到如下的分类正确率：

预测错误数是：634/1000
预测正确率是：0.366000

可以看出，该归一化函数对 Softmax 函数的分类效果有较大的提升。

10.6　基于朴素贝叶斯分类的图像识别

10.6.1　连续型特征值的朴素贝叶斯图像识别

第 7 章所介绍的朴素贝叶斯分类方法也可适用于 CIFAR10 数据集中的图像。由于图像被当成像素的集合，每个像素有 3 个颜色通道，每个颜色对应一个 0～255 的连续型特征值，即图像分类问题可视为连续型特征值的朴素贝叶斯分类问题。因此，可用 sklearn.naive_bayes. GaussianNB 类进行编码分类，具体见代码 10.15。在该代码中，先装载全部的训练数据和测试数据，再创建 GaussianNB 对象并使用训练数据进行训练得到模型，最后对测试数据预测类别。

```
#代码 10.15 使用连续型特征值朴素贝叶斯分类器对 CIFAR10 数据集进行分类
import numpy as np
import cifar10_reader as cr
from sklearn.naive_bayes import GaussianNB #导入 GaussianNB 类
```

```
cifar10_root_path = "./cifar-10-python"
data = cr.load_split_cifar10_files( cifar10_root_path ) #加载原始数据
Xtrain = data[ "Xtrain" ] [ : ]
Ytrain = data[ "Ytrain" ] [ : ]
Xval = data[ "Xval" ] [ : ]
Yval = data[ "Yval" ] [ : ]
Xtest = data[ "Xtest" ] [ : ]
Ytest = data[ "Ytest" ] [ : ]
Xtrain = np.reshape( Xtrain, ( np.shape( Xtrain ) [ 0 ], -1 ) )
Xval = np.reshape( Xval, ( np.shape( Xval ) [ 0 ], -1 ) )
Xtest = np.reshape( Xtest, ( np.shape(Xtest) [ 0 ], -1 ) )
print( "数据加载完毕" )
print( "开始训练" )
model = GaussianNB()                        #创建 GaussianNB 类对象
model.fit( Xtrain, Ytrain )                 #训练模型
y_test_pred = model.predict( Xtest )        #预测
corrects = Ytest == y_test_pred
print('测试数据正确率: %f' % ( np.sum( corrects ) / np.shape( Xtest )[0], ))
```

以上代码运行后，可得到如下的输出结果。可以看到预测正确率为 0.291，低于逻辑斯蒂分类和 Softmax 分类的正确率，但要高于 K-近邻分类的正确率。

```
数据加载完毕
开始训练
测试数据正确率: 0.291000
```

10.6.2　离散型特征值的朴素贝叶斯图像识别

代码 10.16 是使用离散型特征值的朴素贝叶斯分类对 CIFAR10 数据集进行分类的代码。该代码是对第 7 章的代码 7.1 的朴素贝叶斯分类的扩展，主要体现在特征数量的增加和类别数量的增加。

在特征数量方面，原有 1024×3 个特征，每个特征值的取值范围为 0～255，而离散型朴素贝叶斯法需要用到 0/1 取值的特征。因此，根据第 7 章的方法，将每个特征转换为 256 个 0/1 取值的特征。对于每个图像，可以得到 1024×3×256 个特征；对于 50000 个训练图像，特征数量增加了 256 倍。由于特征数量大大增多，因此我们要将数据全部装载入内存进行训练，需要的内存容量会非常大。为了演示方便，代码 10.16 中仅选取 1000 个训练图像、100 个验证图像、100 个测试图像。

在类别数量方面，共有 10 个类别，多于第 7 章的 2 个类别，因此在代码上也要有相应改变。

```
#代码 10.16 使用离散型特征值的朴素贝叶斯分类器对 CIFAR10 数据集进行分类
import numpy as np
import cifar10_reader as cr
cifar10_root_path = "./cifar-10-python"
data = cr.load_split_cifar10_files( cifar10_root_path ) #加载原始数据
Xtrain = data[ "Xtrain" ] [ : 1000] #由于数据特征需要扩展，数量太多会导致内存溢出
Ytrain = data[ "Ytrain" ] [ : 1000]
Xval = data[ "Xval" ] [ : 100]
Yval = data[ "Yval" ] [ : 100]
Xtest = data[ "Xtest" ] [ : 100]
Ytest = data[ "Ytest" ] [ : 100]
Xtrain = np.reshape( Xtrain, ( np.shape( Xtrain ) [ 0 ], -1 ) )
```

```
Xval = np.reshape( Xval, ( np.shape( Xval ) [ 0 ], -1 ) )
Xtest = np.reshape( Xtest, ( np.shape(Xtest) [ 0 ], -1 ) )
print( "数据加载完毕" )
print( "转换特征" )
Xtrain2 = np.eye( 256 ) [ Xtrain.astype( np.int32 ) ]
Xtrain2 = np.reshape( Xtrain2, ( np.shape( Xtrain2 ) [ 0 ], -1 ) )
Xval2 = np.eye( 256 ) [ Xval.astype( np.int32 ) ]
Xval2 = np.reshape( Xval2, ( np.shape( Xval2 ) [ 0 ], -1 ) )
Xtest2 = np.eye( 256 ) [ Xtest.astype( np.int32 ) ]
Xtest2 = np.reshape( Xtest2, ( np.shape( Xtest2 ) [ 0 ], -1 ) )
n_samples, n_features = np.shape( Xtrain2 )#训练数据数和特征数
def train( X, Y ) :
    #属于各个类别的数据计数
    c_samples = np.zeros( [ 10 ] )
    c_samples[ : ] = n_features
    #各个特征出现在各个类别为 1 的数据计数
    fea_samples = np.ones( [ 10, n_features ] )
    for i in range( len( Ytrain ) ) :
        fea_samples[ Ytrain[ i ] ] += Xtrain2[ i ]
        c_samples[ Ytrain[ i ] ] += 1
    #计算各个特征对每个类别的条件概率，并取对数
    prob_feas = np.zeros( [ 10, n_features ] )
    for cls in range( 10 ) :
        prob_feas[ cls ] = np.log( fea_samples[ cls ] / (c_samples[cls] + 1) )
    prob_cs = np.zeros( [ 10 ] ) #计算每个类别出现的概率，并取对数
    for cls in range( 10 ) :
        prob_cs[ cls ] = np.log( c_samples[ cls ] / n_samples )
    return prob_feas, prob_cs
print( "开始训练" )
prob_feas, prob_cs = train( Xtrain2, Ytrain )
def classify( X, prob_feas, prob_cs ) :
    #p0 = X.dot(prob_fea0) + prob_c0 #由于概率已转为对数形式，因此采用加法
    #p1 = X.dot(prob_fea1) + prob_c1
    ps = np.zeros([10, np.shape(X)[0]])
    for cls in range( 10 ) :
        ps[cls] = X.dot( prob_feas[ cls ] ) + prob_cs[ cls ]
    #根据朴素贝叶斯公式计算
    result = np.argmax( ps, 0 ) #取各个数据属于各个类别的概率最大值的类别
    return result
print( "开始测试" )
pred_test = classify( Xtest2, prob_feas, prob_cs )
corrects = pred_test == Ytest
print( "预测正确率是: {}".format( corrects.sum() / np.shape ( Xtest ) [ 0 ] ) )
```

以上代码运行后，输出如下结果。这是采用 1000 个训练数据进行训练后，对 100 个测试
数据进行测试的结果。

```
数据加载完毕
转换特征
开始训练
开始测试
预测正确率是: 0.26
```

219

如果采用 scikit-learn 库提供的 sklearn.naive_bayes.MultinomialNB 类，可以对全部数据进行训练和分类，见代码 10.17。

```
#代码 10.17 使用 scikit-learn 的 MultinomialNB 类对 CIFAR10 数据集进行分类
import numpy as np
import cifar10_reader as cr
from sklearn.naive_bayes import MultinomialNB          #导入 MultinomialNB 类
cifar10_root_path = "./cifar-10-python"
data = cr.load_split_cifar10_files( cifar10_root_path )    #加载原始数据
Xtrain = data[ "Xtrain" ] [ : ]
Ytrain = data[ "Ytrain" ] [ : ]
Xval = data[ "Xval" ] [ : ]
Yval = data[ "Yval" ] [ : ]
Xtest = data[ "Xtest" ] [ : ]
Ytest = data[ "Ytest" ] [ : ]
Xtrain = np.reshape( Xtrain, ( np.shape( Xtrain ) [ 0 ], -1 ) )
Xval = np.reshape( Xval, ( np.shape( Xval ) [ 0 ], -1 ) )
Xtest = np.reshape( Xtest, ( np.shape(Xtest) [ 0 ], -1 ) )
print( "数据加载完毕" )
print( "开始训练" )
model = MultinomialNB ()                         #创建 MultinomialNB 类对象
model.fit( Xtrain, Ytrain )                      #训练模型
y_test_pred = model.predict( Xtest )     #预测
corrects = Ytest == y_test_pred
print('测试数据正确率: %f' % ( np.sum ( corrects ) / np.shape ( Xtest ) [ 0 ], ) )
```

以上代码运行后的输出结果如下，正确率是 0.289，低于连续型特征值朴素贝叶斯分类的 0.291，更低于逻辑斯蒂分类和 Softmax 分类的正确率，说明朴素贝叶斯分类不是特别适用于 CIFAR10 数据集的图像识别。

```
数据加载完毕
开始训练
测试数据正确率: 0.289000
```

10.7　基于全连接神经网络的图像识别

10.7.1　基于 Keras 实现全连接神经网络图像识别

第 9 章介绍了使用 Keras 实现全连接神经网络的方法，代码 10.18 基于 Keras 对 CIFAR10 数据集进行全连接神经网络图像识别，该代码与第 9 章的代码类似。首先，调用前面定义的 cifar10_reader.py 加载数据，并对数据进行归一化，采用的方法是除以 255。归一化必须要做，否则会大大降低训练效果。然后，创建 Sequential 模型，共有两个全连接层，一层是 512 维的，采用 ReLU 激活函数，一层采用 Softmax 激活函数，采用随机梯度下降法进行优化，损失函数采用均方误差（MSE），采用正确率作为评价指标。最后，进行训练和测试。

```
#代码 10.18 使用 Keras 对 CIFAR10 数据集进行图像识别
import keras
from keras import models  #导入 models 模块用于组装各个组件
from keras import layers  #导入 layers 模块用于生成神经网络层
```

```
import tensorflow as tf    #导入 TensorFlow 框架并命名为 tf
import numpy as np    #导入 NumPy 库并命名为 np
#从 sklearn.preprocessing 导入 OneHotEncoder，用于对标签进行独热编码
from sklearn.preprocessing import OneHotEncoder
import cifar10_reader as cr
cifar10_root_path = "./cifar-10-python"
data = cr.load_split_cifar10_files( cifar10_root_path )  #加载原始数据
Xtrain = data[ "Xtrain" ] [ : ]
Ytrain = data[ "Ytrain" ] [ : ]
Xval = data[ "Xval" ] [ : ]
Yval = data[ "Yval" ] [ : ]
Xtest = data[ "Xtest" ] [ : ]
Ytest = data[ "Ytest" ] [ : ]
Xtrain = Xtrain.reshape( ( 49000, 32*32*3 ) )        #将训练特征转换为一维向量
#对训练特征进行归一化，以防止数值之间差值太大，影响训练结果
Xtrain = Xtrain.astype( 'float32' ) / 255
Xtest = Xtest.reshape( ( 1000, 32*32*3 ) )        #将训练特征转换为一维向量
#对训练特征进行归一化，以防止数值之间差值太大，影响训练结果
Xtest = Xtest.astype( 'float32' ) / 255
Ytrain = Ytrain.reshape( 49000, 1 )            #将训练数据标签转换为一维向量
Ytest = Ytest.reshape( 1000, 1 )            #将测试数据标签转换为一维向量
onehot_encoder = OneHotEncoder( sparse = False )      #设置独热编码格式
Ytrain = onehot_encoder.fit_transform( Ytrain )      #得到训练数据的标签编码结果
Ytrain = tf.squeeze(Ytrain )              #删除编码后维度为 1 的训练数据标签
#得到测试数据的标签编码结果
Ytest = onehot_encoder.fit_transform( Ytest )
#删除编码后维度为 1 的测试数据标签
Ytest = tf.squeeze( Ytest )
neural_net = models.Sequential()    #组合层级叠加的网络架构
#设置隐含层的神经元数量和激活函数
neural_net.add( layers.Dense( units = 512, activation = 'relu', input_shape =
                              ( 32*32*3, ) ) )
#设置输出层的神经元数量和激活函数
neural_net.add(layers.Dense( units = 10, activation ='softmax' ) )
neural_net.summary()    #输出网络初始化的各层的参数状况
neural_net.compile(      #配置网络的训练方法
    optimizer= tf.keras.optimizers.SGD( lr = 0.1 ),
    #设置优化算法为随机梯度下降算法，学习速率为 0.1
    loss = 'mse',   # 设置损失函数为均方误差
    metrics = [ 'accuracy' ] )   # 设置变量 accuracy 用于存储分类正确率
history = neural_net.fit( Xtrain, Ytrain, epochs = 50, batch_size = 512 )
#执行模型的训练
test_loss, test_acc = neural_net.evaluate( Xtest, Ytest )   #测试训练后的模型
print("测试结果:", "Loss =", "{:.9f}".format(test_loss), " Accuracy =", test_acc)
```

注意，以上代码必须在命令行模式下进行运行，不能在 IDLE 中运行。训练 50 个 Epoch 共需要将近 5 分钟，输出结果如下所示。为了节省篇幅，中间的训练输出被省略。最后得到的测试正确率是 0.40，该指标高于前述的所有分类方法。

```
Epoch 1/50  loss: 0.0886  accuracy: 0.1845
Epoch 2/50  loss: 0.0856  accuracy: 0.2479
Epoch 3/50  loss: 0.0838  accuracy: 0.2752
```

```
Epoch 4/50  loss: 0.0826  accuracy: 0.2991
Epoch 5/50  loss: 0.0816  accuracy: 0.3160
Epoch 6/50  loss: 0.0808  accuracy: 0.3284
Epoch 7/50  loss: 0.0801  accuracy: 0.3402
Epoch 8/50  loss: 0.0795  accuracy: 0.3481
Epoch 9/50  loss: 0.0790  accuracy: 0.3528
Epoch 10/50 loss: 0.0786  accuracy: 0.3587
......
Epoch 46/50 loss: 0.0723  accuracy: 0.4284
Epoch 47/50 loss: 0.0722  accuracy: 0.4294
Epoch 48/50 loss: 0.0721  accuracy: 0.4311
Epoch 49/50 loss: 0.0720  accuracy: 0.4307
Epoch 50/50 loss: 0.0719  accuracy: 0.4327
```
测试结果: Loss= 0.073568553 Accuracy= 0.4000000059604645

也可以把代码 10.18 中的 Sequential 模型换一种写法，直接把各层的定义写在构造函数中，代码如 10.19 所示。该 Sequential 模型比代码 10.18 的模型多了一层 Dropout。

```python
#代码 10.19 使用 Sequenial 模型的第二种构造方式对 CIFAR10 数据集进行图像识别
import keras
from keras import models          #导入 models 模块用于组装各个组件
from keras import layers          #导入 layers 模块用于生成神经网络层
import tensorflow as tf           #导入 TensorFlow 框架并命名为 tf
import numpy as np                #导入 NumPy 库并命名为 np
#从 sklearn.preprocessing 导入 OneHotEncoder，用于对标签进行独热编码
from sklearn.preprocessing import OneHotEncoder
import cifar10_reader as cr
cifar10_root_path = "./cifar-10-python"
data = cr.load_split_cifar10_files( cifar10_root_path )  #加载原始数据
Xtrain = data[ "Xtrain" ] [ : ]
Ytrain = data[ "Ytrain" ] [ : ]
Xval = data[ "Xval" ] [ : ]
Yval = data[ "Yval" ] [ : ]
Xtest = data[ "Xtest" ] [ : ]
Ytest = data[ "Ytest" ] [ : ]
Xtrain = Xtrain.astype( 'float32' ) / 255
Xtest = Xtest.astype( 'float32' ) / 255
Ytrain = Ytrain.reshape( 49000, 1 )
Ytest = Ytest.reshape( 1000, 1 )
model = tf.keras.models.Sequential( [
        tf.keras.layers.Flatten( input_shape = ( 32, 32, 3 ) ),
        tf.keras.layers.Dense( 512, activation = 'relu' ),
        tf.keras.layers.Dropout( 0.2 ),
        tf.keras.layers.Dense( 512, activation = 'softmax' ),
    ])
model.summary()
model.compile(optimizer = 'adam',loss= 'sparse_categorical_crossentropy',
                                    metrics = [ 'accuracy' ])
model.fit( Xtrain, Ytrain, epochs = 50, batch_size = 512 )
result = model.evaluate( Xtest, Ytest )
print( "loss: {}, accuracy: {}".format( result[0], result[1] ) )
```

以上代码运行之后，测试正确率是 0.527，高于代码 10.18 的 0.40，原因是多了一个 Dropout

层，并且用了更优的 Adam 优化算法。可以看出，对于模型添加合适的层数后，可以大大提升分类效果。在深度学习中，许多情况下是层数越深效果越佳。

10.7.2　自定义程序实现双层全连接神经网络

本小节通过自定义程序实现双层全连接神经网络，其中包括一个全连接层用于特征变换，经过 ReLU 函数激活后，通过一个 Softmax 层进行分类。具体的层设置是：输入→全连接层→ReLU 函数激活→Softmax 层→输出。代码 10.20 实现了双层全连接神经网络类 TwoLayerNet，该类包括 4 个成员函数，分别是构造函数 __init()__ 、损失计算函数 loss()、训练函数 train()、预测函数 predict()。

（1）构造函数 __init__()

构造函数有 3 个重要参数，分别是 input_size、hidden_size、output_size，其中 input_size 是第一层全连接层的输入大小，hidden_size 是其输出大小，同时也是下一层 Softmax 层的输入大小，output_size 是 Softmax 层的输出大小。式(10.1)是第一层的计算公式，其中 x 是输入，W_1 和 b_1 是需要被训练的参数，其中 W_1 是大小为[input_size, hidden_size]的矩阵，b_1 是大小为 [hidden_size]的向量；式(10.2)是 Softmax 层的计算公式，其中 W_2 是大小为[hidden_size, output_size]的矩阵，b_2 是大小为[output_size]的向量；•是矩阵乘法运算。ReLU 和 Softmax 是激活函数，见第 9 章的定义和说明。

$$h = \mathrm{ReLU}(W_1 \cdot x + b_1) \tag{10.1}$$

$$\mathbf{output} = \mathrm{Softmax}(W_2 \cdot h + b_2) \tag{10.2}$$

构造函数创建和初始化了 W_1、b_1、W_2、b_2 等参数。

```
#代码 10.20 自定义编程实现双层全连接神经网络
import numpy as np
class TwoLayerNet:
    #双层全连接神经网络：输入→全连接层→ReLU 激活→Softmax→输出
  def __init__( self, input_size, hidden_size, output_size, std=1e-4 ):
    #input_size: 特征数量 D, 不包括偏置项
    #hidden_size: 隐藏层节点数量 H, 不包括偏置项
    #output_size: 分类数量 C
    #定义输入层与隐藏层之间的权重矩阵及偏置项系数，以及隐藏层与 Softmax 层之间的权重矩阵及偏
置项系数
    #W1: (D, H), b1: (H,), W2: (H, C), b2: (C,)
    #系数分别保存在本对象的 params 集合中
    self.params = { }
    self.params[ 'W1' ] = std * np.random.randn( input_size, hidden_size )
    self.params[ 'b1' ] = np.zeros( hidden_size )
    self.params[ 'W2' ] = std * np.random.randn( hidden_size, output_size )
self.params[ 'b2' ] = np.zeros( output_size )
```

（2）损失计算函数 loss()

先调用式(10.1)和式(10.2)对输入进行变换，注意代码中 ReLU 激活函数的实现，用的是 np.maximum (0, np.dot(X, W1) + b1)，这符合 ReLU 激活函数的定义。

```
def loss( self, X, y=None, reg=0.0 ) :
    #X: (N, D)
    #y: (N,), 每个取值为 0~C-1 中的一个整数
    #如果 y 是 None, 则仅计算 X 中每一个数据的 score, 否则将计算成本值及梯度
    #将分别计算并返回 W1、b1、W2 及 b2 的梯度
    # 从对象的集合中还原 W1、b2、W2、b2
    W1, b1 = self.params[ 'W1' ], self.params[ 'b1' ]
    W2, b2 = self.params[ 'W2' ], self.params[ 'b2' ]
    N, D = X.shape
    scores = None
    #对应式(10.1): input-hidden 的线性变换, 并对结果应用 ReLU 激活
    hidden_layer = np.maximum( 0, np.dot( X, W1 ) + b1 )
    #对应式(10.2): hidden 再做一次线性变换, 得到每个数据分别针对每个分类的 score
    scores = np.dot( hidden_layer, W2 ) + b2
    #如果 y 为 None, 则直接返回 scores 即可, 否则还需继续计算成本值和梯度
    if y is None: return scores
    #计算成本值
    loss = None
```

以下代码实现 Softmax 激活函数，注意由于该函数需要先计算 e^x，这一步非常容易超出 Python 浮点数的表示范围，因此要先做一个变换，即对输入的每一行先减去其中最大元素，再进行 Softmax 计算。计算结果是一个 $N \times C$ 的矩阵，其中 N 是数据数，C 是类别数，即对于每个数据，计算其属于每个类别的概率值。

```
#使用 Softmax 激活函数对之前求出的 scores 进行处理
#设置 keepdims=True, 将使得按行求出的各个最大值仍按行存放, 省去了 reshape(-1,1) 的操作
#应用了 logC 方法来改善数值计算稳定性, 采用的方法是减去 scores 中的最大值
exp_scores = np.exp( scores - np.max( scores, axis = 1, keepdims = True ) )
probs = exp_scores / np.sum( exp_scores, axis=1, keepdims=True )    #(N×C)
```

在计算损失时，由于每个数据只属于一个类，只需要使得该类所对应的概率值最大化，这是**极大似然估计**的一种应用，也可以用**交叉熵**来解释，交叉熵公式如下：

$$\mathrm{CrossEntropy}(\boldsymbol{y}, \hat{\boldsymbol{y}}) = -\sum\nolimits_{i=1}^{C} \boldsymbol{y}_i \log \hat{\boldsymbol{y}}_i \tag{10.3}$$

式(10.3)中，$\boldsymbol{y}$ 和 $\hat{\boldsymbol{y}}$ 都是 C 维向量（C 是类别个数），$\boldsymbol{y}$ 的每个元素是对应的实际类别的实际概率，也称为标签；$\hat{\boldsymbol{y}}$ 的每个元素是通过模型计算出来的对应类别的概率，即下面代码中的 probs。每个数据只属于一个类，所以 $\boldsymbol{y}$ 中只有一个元素为 1，其他元素都是 0。

在计算损失时，先对预测概率 probs 取对数，其目的是将后面的乘法运算转换为加法运算，取出 probs 中实际类别所对应的项，并把这些项相加，得到损失 loss。

```
#取出 probs 中包含 "实际类别" 项的元素值。loss 仅由这些元素值构成
correct_logprobs = -np.log( probs[ range(N), y ] )
loss_data = np.sum( correct_logprobs )
loss_reg = 0.5 * ( reg * np.sum( W1 * W1 ) + reg * np.sum( W2 * W2 ))
loss = loss_data / N + loss_reg
```

以下代码计算每个参数的梯度并保存，以便后面的参数优化使用。具体计算说明见注释，需要用到导数求解知识。

```
#计算反向传播的梯度值
grads = { }
#计算 Softmax 的梯度矩阵 dscores
```

```
dscores = probs                                              # （N × C）
dscores[ range(N), y ] -= 1
dscores /= N
#考虑到 hidden_layer × W2 + b2 = scores，根据链式法则，scores 的梯度（dscores）
#将会被等量传递给 "+" 的两个操作数：hidden_layer × W2 和 b2
#dW2 的梯度矩阵相当于 dscores 对 hidden_layer 求导
dW2 = np.dot( dscores , hidden_layer.T )                     #(H, C)
db2 = np.sum( dscores, axis = 0, keepdims = False )          #(C, )
#计算 hidden_layer 的梯度矩阵 dhidden，它相当于 dscores 对 W2 求导
dhidden = np.dot( dscores, W2.T )
dhidden[ hidden_layer <= 0 ] = 0                    #ReLU 中只计算大于 0 的元素
dW1 = np.dot( X.T, dhidden )
db1 = np.sum( dhidden, axis = 0, keepdims = False )
dW2 += reg * W2
dW1 += reg * W1
grads[ 'W1' ] = dW1
grads[ 'W2' ] = dW2
grads[ 'b1' ] = db1
grads[ 'b2' ] = db2
return loss, grads
```

（3）训练函数 train ()

训练函数使用所得到的损失 loss 和各个参数的梯度 grads 优化各个参数，所采用的优化算法是小批量（mini-batch）随机梯度下降法，该算法是随机梯度下降法的一种，即在一个小批量的数据集中计算梯度和优化。读者可参考第 3 章对梯度下降法的说明。

```
def train( self, X, y, X_val, y_val,
          learning_rate = 1e-3, learning_rate_decay = 0.95,
          reg = 5e-6, num_iters = 100,
          batch_size = 200, verbose = False ):
  #使用小批量随机梯度下降法进行训练
  #Inputs:
  #- X: (N, D)
  #- y: (N,)
  #- X_val: (N_val, D) 验证数据
  #- y_val: (N_val,) 验证数据标签
  #- learning_rate_decay: 学习速率递减率。每完成一次所有数据训练计算后
                          # （1 个 epoch），自动下调学习速率
  #- num_iters: 计划运行的迭代次数。每个小批量计算记为 1 次迭代（iter）
  num_train = X.shape[ 0 ]
  #每个 epoch 内所需的迭代次数
  iterations_per_epoch = max( num_train / batch_size, 1 )
  #记录每个 epoch 的成本值、训练正确率和验证正确率
  loss_history = [ ]
  train_acc_history = [ ]
  val_acc_history = [ ]
  for it in range( num_iters ):
    X_batch = None
    y_batch = None
    #随机抽取 batch_size 个数据
    sample_index = np.random.choice( num_train, batch_size, replace = True )
```

```
            X_batch = X[ sample_index, :]
            y_batch = y[ sample_index ]
            #针对小批量数据计算成本值及梯度
            loss, grads = self.loss( X_batch, y=y_batch, reg=reg )
            loss_history.appcnd( loss )
            #执行梯度下降操作
            dW1 = grads[ 'W1' ]
            dW2 = grads[ 'W2' ]
            db1 = grads[ 'b1' ]
            db2 = grads[ 'b2' ]
            self.params[ 'W1' ] -= learning_rate * dW1
            self.params[ 'W2' ] -= learning_rate * dW2
            self.params[ 'b1' ] -= learning_rate * db1
            self.params[ 'b2' ] -= learning_rate * db2
            if verbose and it % 100 == 0:
              print('iteration %d / %d: loss %f' % (it, num_iters, loss))
            #对于每次 epoch, 计算正确率, 并下调学习速率
            if it % iterations_per_epoch == 0:
              train_acc = ( self.predict( X_batch ) == y_batch ).mean()
              val_acc = ( self.predict( X_val ) == y_val ).mean()
              train_acc_history.append( train_acc )
              val_acc_history.append( val_acc )
              learning_rate *= learning_rate_decay
        return {
          'loss_history': loss_history,
          'train_acc_history': train_acc_history,
          'val_acc_history': val_acc_history,
        }
```

（4）预测函数 predict()

根据训练好的参数、式(10.1)、式(10.2)计算输入数据的所属类别概率，返回概率最大的那个类别作为预测类别。

```
def predict( self, X ) :
    #X: (N, D), 待预测的数据
    #返回值: (N,), 对应 X 中的每一行, 返回一个预测分类结果（0~C-1 中的一个整数）
    y_pred = None
    #只需要计算出 score, 就能判断哪个分类最合适
    hidden_lay = np.maximum( 0, np.dot( X,self.params[ 'W1' ] ) +
                                        self.params[ 'b1' ] )
    y_pred = np.argmax( np.dot( hidden_lay, self.params[ 'W2' ] ), axis = 1 )
    return y_pred
```

10.7.3　使用自定义 TwoLayerNet 类进行图像分类

代码 10.21 通过调用 TwoLayerNet 类，实现对 CIFAR10 数据集中图像的分类。首先是读取数据和预处理数据，然后进行训练，在验证数据集中选取最佳学习速率，最后进行评价。

```
#代码 10.21 使用 TwoLayerNet 实现对 CIFAR10 数据集中图像的分类
import numpy as np
import matplotlib.pyplot as plt
import cifar10_reader as cr
from two_layer_net import TwoLayerNet
```

```
#数据加载和预处理
cifar10_root_path = "./cifar-10-python"
data = cr.load_split_cifar10_files( cifar10_root_path )  #加载原始数据
Xtrain = data[ "Xtrain" ] [ : ]
Ytrain = data[ "Ytrain" ] [ : ]
Xval = data[ "Xval" ] [ : ]
Yval = data[ "Yval" ] [ : ]
Xtest = data[ "Xtest" ] [ : ]
Ytest = data[ "Ytest" ] [ : ]
Xtrain = np.reshape( Xtrain, ( Xtrain.shape[0], -1 ) )
Xval = np.reshape( Xval, ( Xval.shape[0], -1 ) )
Xtest = np.reshape( Xtest, ( Xtest.shape[0], -1 ) )
#均值化 Normalize，所有数据减去每列的平均值 (训练集、验证集和测试集
#虽然行数不同，但是列数都相同)
#注意，验证集和测试集都应减去训练集中的平均值
mean_image = np.mean( Xtrain, axis = 0 )
Xtrain -= mean_image
Xval -= mean_image
Xtest -= mean_image
#确认最优的超参数
best_net = None
input_size = 32 * 32 * 3
hidden_size = 300
num_classes = 10
results = { }
best_val = -1
learning_rates = [ 1e-3, 1.2e-3, 1.4e-3, 1.6e-3, 1.8e-3 ]
regularization_strengths = [ 1e-4, 1e-3, 1e-2 ]
params = [ ( x, y ) for x in learning_rates for y in regularization_strengths ]
for lrate, regular in params:
    net = TwoLayerNet( input_size, hidden_size, num_classes )
    stats = net.train( Xtrain, Ytrain, Xval, Yval,
                       num_iters = 1600, batch_size = 400,
                       learning_rate = lrate, learning_rate_decay = 0.90,
                       reg = regular, verbose = False )

    #计算正确率
    accuracy_train = ( net.predict( Xtrain ) == Ytrain ).mean()
    accuracy_val = ( net.predict( Xval ) == Yval ).mean()
    results[ ( lrate, regular ) ] = ( accuracy_train, accuracy_val )
    if ( best_val < accuracy_val ) :
        best_val = accuracy_val
        best_net = net
        best_stats = stats
    print( '学习速率: %e, 惩罚权重系数: %e, 训练正确率: %f, 验证正确率: %f' %
            (lrate, regular, accuracy_train, accuracy_val ) )
#约 0.538，此时 lr = 1.6e-03、reg = 1.0e-04
print( '最佳验证正确率: %f' % best_val )
#选取最优模型在测试集上检验，得到测试正确率约 0.542
test_acc = ( best_net.predict( Xtest ) == Ytest ).mean()
print( 'Test accuracy: ', test_acc )
```

以上代码运行后，得到如下输出结果。最后的测试正确率是 0.542，高于前述的其他分类法。

学习速率: 1.000000e-03, 惩罚权重系数: 1.000000e-04, 训练正确率: 0.570408,
验证正确率: 0.533000
学习速率: 1.000000e-03, 惩罚权重系数: 1.000000e-03, 训练正确率: 0.572776,
验证正确率: 0.533000
学习速率: 1.000000e-03, 惩罚权重系数: 1.000000e-02, 训练正确率: 0.568041,
验证正确率: 0.515000
学习速率: 1.200000e-03, 惩罚权重系数: 1.000000e-04, 训练正确率: 0.591122,
验证正确率: 0.524000
学习速率: 1.200000e-03, 惩罚权重系数: 1.000000e-03, 训练正确率: 0.589184,
验证正确率: 0.525000
学习速率: 1.200000e-03, 惩罚权重系数: 1.000000e-02, 训练正确率: 0.584653,
验证正确率: 0.533000
学习速率: 1.400000e-03, 惩罚权重系数: 1.000000e-04, 训练正确率: 0.609020,
验证正确率: 0.521000
学习速率: 1.400000e-03, 惩罚权重系数: 1.000000e-03, 训练正确率: 0.607837,
验证正确率: 0.529000
学习速率: 1.400000e-03, 惩罚权重系数: 1.000000e-02, 训练正确率: 0.604857,
验证正确率: 0.516000
学习速率: 1.600000e-03, 惩罚权重系数: 1.000000e-04, 训练正确率: 0.606878,
验证正确率: 0.538000
学习速率: 1.600000e-03, 惩罚权重系数: 1.000000e-03, 训练正确率: 0.605388,
验证正确率: 0.529000
学习速率: 1.600000e-03, 惩罚权重系数: 1.000000e-02, 训练正确率: 0.610776,
验证正确率: 0.518000
学习速率: 1.800000e-03, 惩罚权重系数: 1.000000e-04, 训练正确率: 0.619510,
验证正确率: 0.526000
学习速率: 1.800000e-03, 惩罚权重系数: 1.000000e-03, 训练正确率: 0.595224,
验证正确率: 0.503000
学习速率: 1.800000e-03, 惩罚权重系数: 1.000000e-02, 训练正确率: 0.608673,
验证正确率: 0.517000
最佳验证正确率: 0.538000
Test accuracy: 0.542

10.8　基于卷积神经网络的图像识别

第 9 章介绍了卷积神经网络的原理和两种实现方法，即基于 TensorFlow 的实现和自定义程序实现，本节介绍使用这两种方法实现对 CIFAR10 数据集的卷积神经网络图像分类。

10.8.1　基于基础卷积神经网络实现图像识别

代码 10.22 参考了第 9 章的基于 TensorFlow 实现卷积神经网络的代码，用于实现对 CIFAR10 数据集的图像进行分类，与第 9 章的对应代码基本相同，区别在于将数据集从 MNIST 更换成了 CIFAR10。CIFAR10 数据集中的图像是 32px×32px 且有 3 个颜色通道的图像，而 MNIST 数据集中的图像是 28px×28px 且只有 1 个颜色通道的图像（灰度图像）。

```
#代码 10.22 基于 TensorFlow 实现对 CIFAR10 数据集的卷积神经网络图像分类
import numpy as np
from tensorflow import keras
from tensorflow.keras.models import Sequential
from tensorflow.keras.layers import Conv2D, MaxPooling2D, Dense, Dropout,
Flatten                                                    #为搭建网络做准备
import cifar10_reader as cr
cifar10_root_path = "./cifar-10-python"
```

```
data = cr.load_split_cifar10_files( cifar10_root_path )  #加载原始数据
Xtrain = data[ "Xtrain" ] [ : ]
Ytrain = data[ "Ytrain" ] [ : ]
Xval = data[ "Xval" ] [ : ]
Yval = data[ "Yval" ] [ : ]
Xtest = data[ "Xtest" ] [ : ]
Ytest = data[ "Ytest" ] [ : ]
def normalize( x ) :
    x = x.astype( np.float32 ) / 255.0  #归一化
    return x
Xtrain = Xtrain.reshape( Xtrain.shape[ 0 ], 32, 32, 3 ).astype( 'float32' )
Xtest = Xtest.reshape( Xtest.shape[ 0 ], 32, 32, 3 ).astype( 'float32' )
Xtrain = normalize( Xtrain )
Xtest = normalize( Xtest )                    #对训练集和测试集进行归一化
model = Sequential()                          #Sequential 模型
model.add( Conv2D( filters = 8, kernel_size = ( 5, 5 ), padding = 'same',
input_shape =( 32, 32, 3 ), activation = 'relu' ) ) #第一个卷积层
model.add( MaxPooling2D ( pool_size = ( 2, 2 ) ) )  #第一个池化层
model.add( Conv2D(filters = 16, kernel_size = (5, 5), padding = 'same',
            activation ='relu'))              #第二个卷积层
model.add(MaxPooling2D(pool_size = ( 2, 2 ) ) )     #第二个池化层
model.add( Flatten () )              #将第二个池化层的输出扁平化为一维数据
model.add( Dense( 100, activation = 'relu') )       #全连接层的隐含层
model.add( Dropout( 0.25 ) )            #用来放弃一些权值，防止过拟合
model.add( Dense(10, activation = 'softmax' ) )     #全连接层的输出层
print( model.summary () )
model.compile ( loss = 'sparse_categorical_crossentropy', optimizer =
                    'adam', metrics = [ 'accuracy' ] )
history = model.fit( x = Xtrain, y = Ytrain, validation_split = 0.2,
                epochs = 10, batch_size = 200, verbose = 2)
test_loss, test_acc = model.evaluate( Xtest, Ytest, verbose = 2 )
print( "test loss - ", round( test_loss, 3 ), " - test accuracy - ",
        round( test_acc, 3 ) )
```

以上代码运行后，得到的输出结果如下所示。可以看到，最终的测试正确率是 0.615，要高于上一节全连接神经网络的正确率 0.527，远高于其他的非神经网络的分类模型。

```
Total params: 107,334
Trainable params: 107,334
Non-trainable params: 0
Epoch 1/10
196/196 - 23s - loss: 1.7748 - accuracy: 0.3571 - val_loss: 1.4951 -
val_accuracy: 0.4654 - 23s/epoch - 115ms/step
Epoch 2/10
196/196 - 22s - loss: 1.4757 - accuracy: 0.4720 - val_loss: 1.3777 -
val_accuracy: 0.5131 - 22s/epoch - 113ms/step
......
Epoch 9/10
196/196 - 21s - loss: 1.0978 - accuracy: 0.6099 - val_loss: 1.1095 -
val_accuracy: 0.6126 - 21s/epoch - 106ms/step
Epoch 10/10
196/196 - 23s - loss: 1.0739 - accuracy: 0.6186 - val_loss: 1.1086 -
val_accuracy: 0.6127 - 23s/epoch - 115ms/step
32/32 - 1s - loss: 1.1032 - accuracy: 0.6150 - 916ms/epoch - 29ms/step
test loss -  1.103  - test accuracy -  0.615
```

10.8.2 基于 VGGNet 实现图像识别

VGGNet 是由牛津大学的视觉几何组和谷歌 DeepMind 公司的研究员一起研发的深度卷积神经网络，将 Top-5 错误率降到 7.3%。它主要的贡献是展示出网络的深度是算法优良性能的关键部分。到目前为止，VGGNet 依然经常被用来提取图像特征。

图 10.2 所示是 VGGNet 16 的网络结构，其中 16 是层数。输入是大小为 224px × 224px 的 RGB 图像，预处理时计算出 3 个颜色通道的平均值，在每个像素上减去平均值（处理后迭代更少，更快收敛）。图像经过一系列卷积层处理，在卷积层中使用了非常小的 3 × 3 卷积核，在有些卷积层里则使用了 1 × 1 的卷积核。卷积层步长设置为 1px，3 × 3 卷积核的填充设置为 1px。池化层采用最大池化（max pooling），共有 5 层，在一部分卷积层后，max pooling 的窗口大小是 2 × 2，步长设置为 2。卷积层之后是 3 个全连接层。前两个全连接层均有 4096 个通道，第三个全连接层有 1000 个通道，用来分类。所有网络的全连接层配置相同。全连接层后是 Softmax，用来分类。所有隐藏层（每个 convolution 层中间）都使用 ReLU 作为激活函数。

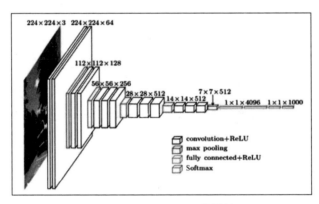

图 10.2　VGGNet 16 网络结构

```python
#代码 10.23 基于 VGGNet16 实现 CIFAR10 图像分类
import tensorflow as tf
from tensorflow.keras import models, optimizers, regularizers
from tensorflow.keras.callbacks import LearningRateScheduler
from tensorflow.keras.layers import Conv2D, MaxPool2D, Dropout, Flatten, Dense
from tensorflow.keras import datasets
import tqdm   #通过 pip install tqdm 进行安装
weight_decay = 5e-4
batch_size = 128
learning_rate = 1e-2
dropout_rate = 0.5
epoch_num = 50
#定义 VGGNet 16 模型
def VGG16():
    model = models.Sequential()
    model.add(Conv2D(64, (3, 3), activation = 'relu', padding = 'same',
            input_shape = (32, 32, 3),
        kernel_regularizer = regularizers.l2(weight_decay)))
    model.add(Conv2D(64, (3, 3), activation = 'relu', padding = 'same',
        kernel_regularizer = regularizers.l2(weight_decay)))
```

```python
model.add(MaxPool2D((2, 2)))
model.add(Conv2D(128, (3, 3), activation = 'relu', padding = 'same',
    kernel_regularizer = regularizers.l2(weight_decay)))
model.add(Conv2D(128, (3, 3), activation = 'relu', padding = 'same',
    kernel_regularizer = regularizers.l2(weight_decay)))
model.add(MaxPool2D((2, 2)))
model.add(Conv2D(256, (3, 3), activation = 'relu', padding = 'same',
    kernel_regularizer = regularizers.l2(weight_decay)))
model.add(Conv2D(256, (3, 3), activation = 'relu', padding = 'same',
    kernel_regularizer = regularizers.l2(weight_decay)))
model.add(Conv2D(256, (3, 3), activation = 'relu', padding = 'same',
    kernel_regularizer = regularizers.l2(weight_decay)))
model.add(MaxPool2D((2, 2)))
model.add(Conv2D(512, (3, 3), activation = 'relu', padding = 'same',
    kernel_regularizer = regularizers.l2(weight_decay)))
model.add(Conv2D(512, (3, 3), activation = 'relu', padding = 'same',
    kernel_regularizer = regularizers.l2(weight_decay)))
model.add(Conv2D(512, (3, 3), activation = 'relu', padding = 'same',
    kernel_regularizer = regularizers.l2(weight_decay)))
model.add(MaxPool2D((2, 2)))
model.add(Conv2D(512, (3, 3), activation = 'relu', padding = 'same',
    kernel_regularizer = regularizers.l2(weight_decay)))
model.add(Conv2D(512, (3, 3), activation = 'relu', padding = 'same',
    kernel_regularizer = regularizers.l2(weight_decay)))
model.add(Conv2D(512, (3, 3), activation = 'relu', padding = 'same',
    kernel_regularizer = regularizers.l2(weight_decay)))
model.add(Flatten())  #2 × 2×512
model.add(Dense(4096, activation = 'relu'))
model.add(Dropout(rate = dropout_rate))
model.add(Dense(4096, activation = 'relu'))
model.add(Dropout(rate = dropout_rate))
model.add(Dense(10, activation = 'softmax'))
return model
#定义学习速率随着训练过程递减的规则
def scheduler(epoch):
    if epoch < epoch_num * 0.4:
        return learning_rate
    if epoch < epoch_num * 0.8:
        return learning_rate * 0.1
    return learning_rate * 0.01
(train_images, train_labels), (test_images, test_labels) = 
                    datasets.cifar10.load_data()
train_labels = tf.keras.utils.to_categorical(train_labels, 10)
test_labels = tf.keras.utils.to_categorical(test_labels, 10)
model = VGG16()
model.summary()
sgd = optimizers.SGD(lr = learning_rate, momentum = 0.9, nesterov = True)
change_lr = LearningRateScheduler(scheduler)
#categorical_crossentropy 要求独热编码形式的 label
#而 sparse_categorical_crossentropy 要求整数形式的 label
model.compile(loss = 'categorical_crossentropy', optimizer = sgd,
```

```
                    metrics = ['accuracy'])
    model.fit(train_images, train_labels,
                batch_size = batch_size,
                epochs = epoch_num,
                callbacks = [change_lr],
                validation_data = (test_images, test_labels))
    def test(model, images, labels):
        sum_loss = 0
        sum_accuracy = 0
        for i in tqdm(range(test_iterations)):
            x = images[i * test_batch_size: (i + 1) * test_batch_size, :, :, :]
            y = labels[i * test_batch_size: (i + 1) * test_batch_size, :]
            loss, prediction = test_step(model, x, y)
            sum_loss += loss
            sum_accuracy += accuracy(y, prediction)
        print('test, loss:%f, accuracy:%f' %
                (sum_loss / test_iterations, sum_accuracy / test_iterations))
    test(model, test_images, test_labels)
```

以上代码运行后，可以得到如下输出结果。测试正确率是 0.8577。

```
test, loss: 1.7074, accuracy: 0.8577
```

10.8.3 基于 ResNet 实现图像识别

深度残差网络（Deep Residual Network，ResNet）的提出是卷积神经网络图像史上的一件里程碑事件，并刷新了卷积神经网络模型在 ImageNet 上的历史。ResNet 的作者何凯明也因此摘得 CVPR 2016 最佳论文奖。

其实 ResNet 解决了深度卷积神经网络模型难训练的问题，2014 年的 VGG 才 19 层，而 2015 年的 ResNet 多达 152 层，这在网络深度上完全不是一个量级。ResNet 的重要贡献是残差学习的提出，残差学习不仅解决了深度网络难训练的问题，而且被许多其他深度学习模型借鉴使用。

实验发现深度网络出现了退化问题：网络深度增加时，网络正确率出现饱和，甚至出现下降。深层网络存在着梯度消失或者"爆炸"的问题，这使得深度学习模型很难训练。深度网络的退化问题至少说明深度网络不容易训练。对一个浅层网络，若想通过向上堆积新层来建立深层网络，一个极端情况是这些增加的层什么也不学习，仅复制浅层网络的特征，即新层是恒等映射的。在这种情况下，深层网络的性能应该至少和浅层网络的一样，也不应该出现退化现象，但事实上就是出现了深层网络的性能不如浅层网络的退化问题。因此残差学习被提出来解决退化问题。

图 10.3 所示是 ResNet 的结构。ResNet 是参考了 VGG 19，并在其基础上进行了修改，通过短路机制加入了残差单元。具体变化主要体现在 ResNet 直接使用步长为 2 的卷积做下采样，并且用全局平均池化层替换了全连接层。ResNet 的一个重要设计原则是：当特征映射的大小缩小一半时，其数量增加一倍，这保持了网络层的复杂度。ResNet 相比普通网络每两层间增加了短路机制，这就形成了残差学习。代码 10.24 基于 TensorFlow 用 ResNet 实现对 CIFAR10 数据集的图像识别。

layer namc	output size	18-layer	34-layer	50-layer	101-layer	152-layer
conv1	112×112	7×7.64.stride 2				
conv2_x	56×56	$\begin{bmatrix} 3×3.64 \\ 3×3.64 \end{bmatrix}×2$	$\begin{bmatrix} 3×3.64 \\ 3×3.64 \end{bmatrix}×3$	$\begin{bmatrix} 1×1.64 \\ 3×3.64 \\ 1×1.256 \end{bmatrix}×3$	$\begin{bmatrix} 1×1.64 \\ 3×3.64 \\ 1×1.256 \end{bmatrix}×3$	$\begin{bmatrix} 1×1.64 \\ 3×3.64 \\ 1×1.256 \end{bmatrix}×3$
conv3_x	28×28	$\begin{bmatrix} 3×3.128 \\ 3×3.128 \end{bmatrix}×2$	$\begin{bmatrix} 3×3.128 \\ 3×3.128 \end{bmatrix}×4$	$\begin{bmatrix} 1×1.128 \\ 3×3.128 \\ 1×1.512 \end{bmatrix}×4$	$\begin{bmatrix} 1×1.128 \\ 3×3.128 \\ 1×1.512 \end{bmatrix}×4$	$\begin{bmatrix} 1×1.128 \\ 3×3.128 \\ 1×1.512 \end{bmatrix}×8$
conv4_x	14×14	$\begin{bmatrix} 3×3.256 \\ 3×3.256 \end{bmatrix}×2$	$\begin{bmatrix} 3×3.256 \\ 3×3.256 \end{bmatrix}×6$	$\begin{bmatrix} 1×1.256 \\ 3×3.256 \\ 1×1.1024 \end{bmatrix}×6$	$\begin{bmatrix} 1×1.256 \\ 3×3.256 \\ 1×1.1024 \end{bmatrix}×23$	$\begin{bmatrix} 1×1.256 \\ 3×3.256 \\ 1×1.1024 \end{bmatrix}×36$
conv5_x	7×7	$\begin{bmatrix} 3×3.512 \\ 3×3.512 \end{bmatrix}×2$	$\begin{bmatrix} 3×3.512 \\ 3×3.512 \end{bmatrix}×3$	$\begin{bmatrix} 1×1.512 \\ 3×3.512 \\ 1×1.2048 \end{bmatrix}×3$	$\begin{bmatrix} 1×1.512 \\ 3×3.512 \\ 1×1.2048 \end{bmatrix}×3$	$\begin{bmatrix} 1×1.512 \\ 3×3.512 \\ 1×1.2048 \end{bmatrix}×3$
	1×1	average pool,1000-d fc,Softmax				
FLOPs		$1.8×10^9$	$3.6×10^9$	$3.8×10^9$	$7.6×10^9$	$11.3×10^9$

图 10.3　ResNet 结构

#代码 10.24 基于 TensorFlow 用 ResNet 实现对 CIFAR10 数据集的图像识别

```python
import numpy as np
from tqdm import tqdm
import cv2
import tensorflow as tf
from tensorflow.keras import models, optimizers, regularizers
from tensorflow.keras.layers import Conv2D, AveragePooling2D,
BatchNormalization, Flatten, Dense, Input, add, Activation
from tensorflow.keras import datasets
#网络设置
stack_n = 18   #layers = stack_n * 6 + 2
weight_decay = 1e-4
#训练设置
batch_size = 128
train_num = 50000
iterations_per_epoch = int( train_num / batch_size )
learning_rate = [ 0.1, 0.01, 0.001 ]
boundaries = [ 80 * iterations_per_epoch, 120 * iterations_per_epoch ]
epoch_num = 200
#测试设置
test_batch_size = 200
test_num = 10000
test_iterations = int( test_num / test_batch_size )
def color_normalize( train_images, test_images ) :
    mean = [ np.mean( train_images[ :, :, :, I ] ) for i in range( 3 ) ]
    #[125.307, 122.95, 113.865]
    std = [ np.std( train_images[ :, :, :, I ] ) for i in range( 3 ) ]
    #[62.9932, 62.0887, 66.7048]
    for i in range( 3 ) :
        train_images[ :, :, :, i ] = ( train_images[ :, :, :, i ] -
                                      mean[ i ] ) / std[ i ]
        test_images[:, :, :, i] = (test_images[:, :, :, i] - mean[i]) / std[i]
    return train_images, test_images
def images_augment( images ) :
    output = [ ]
    for img in images:
        img = cv2.copyMakeBorder(img, 4, 4, 4, 4, cv2.BORDER_CONSTANT,
                                value = [0, 0, 0])
        x = np.random.randint( 0, 8 )
```

233

```
            y = np.random.randint( 0, 8 )
            if np.random.randint( 0, 2 ) :
                img = cv2.flip( img, 1 )
            output.append( img [ x: x+32, y:y+32, : ] )
        return np.ascontiguousarray( output, dtype = np.float32 )
    def residual_block( inputs, channels, strides = ( 1, 1 ) ):
        net = BatchNormalization( momentum = 0.9, epsilon = 1e-5 ) ( inputs )
        net = Activation( 'relu' ) ( net )
        if strides == ( 1, 1 ) :
            shortcut = inputs
        else:
            shortcut = Conv2D( channels, ( 1, 1 ), strides = strides ) ( net )
        net = Conv2D( channels, (3 , 3 ), padding = 'same', strides
            = strides ) ( net )
        net = BatchNormalization( momentum = 0.9, epsilon = 1e-5 ) ( net )
        net = Activation( 'relu' ) ( net )
        net = Conv2D( channels, ( 3, 3 ), padding = 'same' ) ( net )
        net = add( [ net, shortcut ] )
        return net
    def ResNet( inputs ) :
        net = Conv2D( 16, ( 3, 3 ), padding = 'same' ) ( inputs )
        for i in range( stack_n ) :
            net = residual_block( net, 16 )
        net = residual_block ( net, 32, strides = ( 2, 2 ) )
        for i in range ( stack_n − 1 ) :
            net = residual_block( net, 32 )
        net = residual_block( net, 64, strides = ( 2, 2 ) )
        for i in range( stack_n - 1 ) :
            net = residual_block( net, 64 )
        net = BatchNormalization( momentum = 0.9, epsilon = 1e-5 ) ( net )
        net = Activation( 'relu' ) ( net )
        net = AveragePooling2D( 8, 8 ) ( net )
        net = Flatten() ( net )
        net = Dense( 10, activation = 'softmax' ) ( net )
        return net
    def cross_entropy( y_true, y_pred ) :
        cross_entropy = tf.keras.losses.categorical_crossentropy( y_true, y_pred )
        return tf.reduce_mean( cross_entropy )
    def l2_loss( model, weights = weight_decay ) :
        variable_list = [ ]
        for v in model.trainable_variables :
            if 'kernel' in v.name:
                variable_list.append( tf.nn.l2_loss( v ) )
        return tf.add_n( variable_list ) * weights
    def accuracy( y_true, y_pred ) :
        correct_num = tf.equal( tf.argmax( y_true, -1 ), tf.argmax( y_pred, -1 ) )
        accuracy = tf.reduce_mean( tf.cast( correct_num, dtype = tf.float32 ) )
        return accuracy
    @tf.function
    def train_step( model, optimizer, x, y ) :
        with tf.GradientTape() as tape :
            prediction = model( x, training = True )
            ce = cross_entropy( y, prediction )
            l2 = l2_loss( model )
            loss = ce + l2
            gradients = tape.gradient( loss, model.trainable_variables )
```

```
        optimizer.apply_gradients( zip( gradients, model.trainable_variables ) )
        return ce, prediction
@tf.function
def test_step( model, x, y ) :
        prediction = model( x, training = False )
        ce = cross_entropy( y, prediction )
        return ce, prediction
def train( model, optimizer, images, labels ) :
        sum_loss = 0
        sum_accuracy = 0
        #随机打乱列表 images 的顺序
        seed = np.random.randint( 0, 65536 )
        np.random.seed( seed )
        np.random.shuffle( images )
        np.random.seed( seed )
        np.random.shuffle( labels )
        for i in tqdm(range(iterations_per_epoch)):
                x = images[ i * batch_size: ( i + 1 ) * batch_size, :, :, : ]
                y = labels[ i * batch_size: ( i + 1 ) * batch_size, : ]
                x = images_augment( x )
                loss, prediction = train_step( model, optimizer, x, y )
                sum_loss += loss
                sum_accuracy += accuracy( y, prediction )
        print('ce_loss:%f, l2_loss:%f, accuracy:%f' %
                (sum_loss / iterations_per_epoch, l2_loss(model), sum_accuracy /
                iterations_per_epoch))
def test( model, images, labels ) :
        sum_loss = 0
        sum_accuracy = 0
        for i in tqdm(range(test_iterations)):
                x = images[i * test_batch_size: (i + 1) * test_batch_size, :, :, :]
                y = labels[i * test_batch_size: (i + 1) * test_batch_size, :]
                loss, prediction = test_step(model, x, y)
                sum_loss += loss
                sum_accuracy += accuracy(y, prediction)
        print('test, loss:%f, accuracy:%f' %
                (sum_loss / test_iterations, sum_accuracy / test_iterations))
(train_images, train_labels), (test_images, test_labels) = datasets.
                                cifar10.load_data()
train_labels = tf.keras.utils.to_categorical(train_labels, 10)
test_labels = tf.keras.utils.to_categorical(test_labels, 10)
train_images, test_images = color_normalize(train_images.astype(np.float32),
                                test_images.astype(np.float32))

#创建 ResNet 模型
img_input = Input(shape = (32, 32, 3))
output = ResNet(img_input)
model = models.Model(img_input, output)
#model.summary()
#训练模型
learning_rate_schedules = optimizers.schedules.PiecewiseConstantDecay
                        (boundaries, learning_rate)
optimizer = optimizers.SGD(learning_rate = learning_rate_schedules, momentum =
        0.9, nesterov = True)
for epoch in range(epoch_num):
        print( 'epoch %d' % epoch )
        train( model, optimizer, train_images, train_labels )
        test( model, test_images, test_labels )
```

以上代码运行后，得到如下的测试输出结果。测试正确率约为 0.93。

```
test, loss:0.389162, accuracy:0.930300
```

本章小结

本章以 CIFAR10 数据集为例，使用前面介绍的大部分分类方法进行图像识别，各个方法对应的正确率汇总表 10.2 所示。可以看出，神经网络和深度学习分类方法普遍要优于传统的非神经网络分类方法，这也是近些年深度学习大为流行的原因所在。

表 10.2　　　　　各个分类方法在 CIFAR10 数据集中的分类正确率汇总

分类方法	正确率
K-近邻分类	0.282
逻辑斯蒂分类	0.389
最大熵分类	0.366
连续型特征值朴素贝叶斯分类	0.291
离散型特征值朴素贝叶斯分类	0.289
全连接神经网络	0.542
基础卷积神经网络	0.615
VGGNet 16	0.8577
ResNet	0.930

然而，伴随正确率提升的是学习复杂度的提升，以及对高质量有标注训练数量的需求。在一些计算资料不足，或者有标注训练数据缺失的问题上，传统学习方法还是大有用武之地的。

课后习题

一、选择题

1. 以下哪种分类法的训练速度最慢？（　　　）

A．K-近邻分类　　　　B．逻辑斯蒂分类　　　C．ResNet　　　　　D．VGGNet

2. VGGNet 16 中的 16 表示什么？（　　　）

A．网络层数　　　　　B．2016 年提出来的　C．16 个隐藏单元　　D．以上都不是

二、填空题

1. ResNet 的全称是＿＿＿＿＿＿＿，中文名是＿＿＿＿＿＿＿。

2. CIFAR10 数据集的训练数据、验证数据、测试数据的数量分别是＿＿＿＿＿＿＿、＿＿＿＿＿＿＿、＿＿＿＿＿＿＿，每个数据的特征数量是＿＿＿＿＿＿＿。

三、编程题

1. 试着使用 K-均值聚类法，实现对 CIFAR10 数据集的图像识别，并报告其正确率。

2. 试着使用 TensorFlow 自定义卷积网络层数，设计一个卷积网络，其在 CIFAR10 数据集上的测试正确率至少要超过基础卷积神经网络，最好能超过 VGGNet 16。